养殖致富攻略·一线专家答疑丛书

办好猪场关键技术有问必答

丁伯良　张克刚　主编

中国农业出版社

内容提要

本书由天津市畜牧兽医研究所丁伯良研究员等科技人员与天津市宁河原种猪场、天津市现代畜牧工程技术中心等的生产一线技术人员共同编著。作者以长期的实践经验和研究成果，并查阅、搜集相关资料编成此书。本书以211个问答的形式,贯穿怎样办猪场这一条主线，全书共分六部分，从建猪场开始，按猪的选种、选配、饲养管理、猪群的保健、猪病防治直至经营管理顺序进行阐述。根据规模化猪场特点，介绍了养猪生产模式、生产工艺以及猪场规划和布局；根据健康养殖特点，介绍了猪的营养与饲料以及猪在不同时期的饲养管理；根据种猪育种特点，重点介绍了我国优良地方猪种与优良培育猪种以及从国外引入的优良猪种。本书还配有附录，详细介绍猪场常用药品，免疫程序，生产管理档案卡和国内主要种猪场信息。本书具有一看就懂、一学就会、便于操作的特点，可供不同规模的养猪场、养猪小区等技术人员、经营管理人员以及广大养猪户阅读与使用。

编 者 名 单

主　编　丁伯良　张克刚

副主编　王英珍　孙敬义

　　　　赵秀霞

编　者（以姓氏笔画为序）

　　　　丁伯良　王英珍

　　　　朱荣昌　任卫科

　　　　孙英峰　孙敬义

　　　　李俊奇　张巧利

　　　　张克刚　周伟良

　　　　赵向华　赵秀霞

　　　　韩　伟　韩玉环

本书有关用药的声明

随着兽医科学研究的发展、临床经验的积累及知识的不断更新，治疗方法及用药也必须或有必要做相应的调整。建议读者在使用每一种药物之前，参阅厂家提供的产品说明书以确认推荐的药物用量、用药方法、所需用药的时间及禁忌等，并遵守用药安全注意事项。执业兽医有责任根据经验和对患病动物的了解决定用药量及选择最佳治疗方案。出版社和作者对动物治疗中所发生的损失或损害，不承担任何责任。

中国农业出版社

前　言

我国养猪业在经受高致病性蓝耳病及无名高热等重大疾病严峻考验后，已稳步进入健康养殖的大力发展时机，养猪生产蒸蒸日上。据有关资料统计数据表明：2015 年我国生猪出栏已接近 7 亿头，生猪年末存栏量由 1978 年的 3.01 亿头增加到 2015 年的约 5 亿头，2016 年猪肉产量可达 5000 万吨。养猪存栏量和猪肉总产量均占全世界的 50%左右。迄今，中国仍雄踞全球第一养猪大国的地位。

本书以问答的形式贯穿怎样办猪场这一条主线，重点阐述猪场的建设，猪的选种、选配，猪的饲养管理，猪群的保健与猪病防治。办好猪场既要抓好技术管理，还要注重猪场的经营管理，使之产生更大的经济效益与社会效益。为此，本书还强调了怎样搞好猪场的经营管理，阐述了如何搞好生产管理、数据管理、劳动管理、采购管理与销售管理等 9 个问题。

本书注重理论与生产实践紧密结合，注重实用性与可操作性，便于广大养猪专业户，规模养猪场技术人员、经营管理人员，基层畜牧兽医工作者阅读。书中难免有疏漏与不足之处，恳请读者指正。

丁伯良

2016 年 7 月

目 录

一、怎样建猪场

1. 建造规模化猪场应做哪些前期工作?

(1) 猪场类型决策 猪场的饲养规模大小、类型和生产工艺有密切关系，猪场的格局确定了生产工艺流程的形式，所以建什么样的猪场先要确定生产工艺形式，它是设计猪场时必须考虑的内容。另外，猪场建设还必须符合畜牧行政主管部门的品种区域布局规划和当地饲养习惯。

(2) 科学合理选址 选址主要考虑城镇发展规划、防疫卫生、水源和排污等因素。

(3) 其他论证研究 资源（品种、饲料）和市场预测；确定所建猪场的规模；准备采用何种饲养工艺；需要哪些外部条件（如水、电、路等）；建场周期和发展（扩建）预测；建设所需资金及资金筹措方案；经济、社会、生态效益预测等。

2. 猪场常见的生产工艺有哪几种?

现代化养猪生产一般采用分阶段饲养、全进全出的生产工艺，以便使生产、管理便利化和系统化，从而提高生产效率。猪场的饲养规模、技术水平不同，加上不同猪群的生理要求也不相同，采用的饲养阶段也不一样，常用的生产工艺主要有以下几种：

(1) 三阶段饲养工艺流程 即空怀及妊娠期→泌乳期→育肥期。三阶段饲养两次转群是比较简单的生产工艺流程，它适用于规模较小的养猪场。其特点是简单，转群次数少，猪舍类型少，节约维修费用，还可以重点采取措施。例如分娩哺乳期，可以采用好的环境控制措施，满足仔猪生长的条件，提高成活率，提高生产水平。

（2）四阶段饲养工艺流程 即空怀及妊娠期→泌乳期→仔猪保育期→育肥期。在三阶段饲养工艺流程中，将仔猪保育阶段独立出来就是四段饲养三次转群工艺流程，保育期一般5周，猪的体重达20千克，转入生长育肥舍。断奶仔猪比生长育肥猪对环境条件要求高，这样便于采取措施，提高成活率。在生长育肥舍饲养15～16周，体重达90～110千克时出栏。

（3）五阶段饲养工艺流程 即空怀配种期→妊娠期→泌乳期→仔猪保育期→育肥期。五阶段饲养四次转群与四阶段饲养工艺流程相比，是把空怀待配母猪和妊娠母猪分开，单独组群，有利于配种，提高繁殖率。空怀母猪配种后观察21天，确定妊娠后转入妊娠舍饲养至产前7天转入分娩哺乳舍。这种工艺的优点是断奶母猪复膘快，发情集中，便于发情鉴定，容易把握适时配种。

（4）六阶段饲养工艺流程 空怀配种期→妊娠期→泌乳期→保育期→育成期→育肥期。六阶段饲养五次转群与五阶段饲养工艺流程相比，是将育肥期分成育成期和育肥期，各饲养7～8周。仔猪从出生到出栏，经过哺乳、保育、育成、育肥四阶段。其优点是可以最大限度地满足其生长发育的营养需要、环境管理的不同需求，充分发挥其生长潜力，提高生产效率。

（5）全进全出 以上几种分阶段饲养工艺流程均要求猪群全进全出。最有利于防疫的措施是按每个饲养阶段的猪群设计猪舍，全场以舍为单位全进全出，或者部分以舍为单位实行全进全出，但这仅适合于规模在3万～5万头的猪场。中、小猪场可以采用以猪舍局部若干栏位为单位转群，转群后进行清洗消毒，但这种方式因其舍内空气和排污共用，难以切断传染源，严格防疫比较困难。所以，有的猪场将猪舍按照转群的数量分隔成若干单元，以单元全进全出，虽然有利于防疫，但夏季通风防暑困难，需要经过进一步完善。

3. 如何确定养猪生产工艺？

在规模化养猪生产过程中，为提高猪舍的利用率和养猪生产效率，确定生产工艺需要考虑以下内容：

（1）确定生产模式 采用什么样的生产模式，必须根据当地的经济、气候、能源等综合条件来决定，最终要取得经济效益、社会效益和生态效益。不可生搬硬套不适用的生产模式。例如，养殖规模小的采用集约化饲养，就会投资高，栏位利用率低，从而加大生产成本。同样是集约化饲养，可以采用公猪与待配母猪同舍（不同栏）饲养，也可以采用分舍饲养；母猪可以定位饲养，也可以小群饲养。各类猪群的饲养方式、饲喂方式、饮水方式、清粪方式等，都需要根据生产模式来确定。

（2）确定生产节拍 生产节拍是指相近两群泌乳母猪转群的时间间隔（天数）。在一定时间内，对一群母猪进行人工授精或组织自然交配，使其受胎后及时组成一定规模的生产群，以保证分娩后形成确定规模的泌乳母猪群，并获得规定数量的仔猪。生产节拍一般采用1、2、3、4、7天或10天制，要根据猪场规模而定。例如，年产5万～10万头商品肉猪的大型企业，可实行1天或2天制，即每天有一批母猪配种、产仔、断奶、仔猪保育和肉猪出栏；年产1万～3万头商品肉猪的企业多实行7天制；规模较小的养猪场一般采用10天或12天制。

（3）确定工艺参数 为了准确计算猪群结构，即各类猪群的存栏数，猪舍及各猪舍所需栏位数、饲料用量和产品数量，必须根据养猪的品种、生产力水平、技术水平、经营管理水平和环境设施等，实事求是地确定生产工艺参数。表1列出了一个万头猪场的工艺参数。

表1 万头商品猪场工艺参数

项　　目	参　　数	项　　目	参　　数
妊娠期（天）	114	70 日龄	25～30
哺乳期（天）	35	160～170 日龄	90～100
保育期（天）	28～35	每头母猪年产活仔数（头）	
断奶至受胎（天）	7～14	仔猪出生时	19.8
繁殖周期（天）	159～163	仔猪 35 日龄时	17.8
母猪年产胎次	2.24	仔猪 36～70 日龄时	16.9
母猪窝产仔数（头）	10	仔猪 71～170 日龄时	16.5
窝产活仔数（头）	9	公母猪年更新率（%）	33

（续）

项　目	参　数	项　目	参　数
成活率（%）		母猪发情期受胎率（%）	85
哺乳仔猪	90	公母猪比例	1∶25
断奶仔猪	95	圈舍冲洗消毒时间（天）	7
生长育肥猪	98	生产节律（天）	7
出生至目标体重（千克）		周配种次数	1.2～1.4
初生重	1.2～1.4	母猪临产前进产房时间（天）	7
35 日龄	8～8.5	母猪配种后原圈观察时间（天）	21

（4）计算猪群结构　根据猪场规模，生产工艺流程和生产条件，将生产过程划分为若干阶段，不同阶段组成不同类型的猪群，计算出每一类群猪的存栏量就形成了猪群结构。

以年产万头商品肉猪的猪场为例：年产总窝数为 1 193 窝（窝产仔 10 头，从出生至出栏的成活率为 0.9×0.95×0.98），生产节律为 7 天，每周泌乳母猪数为 23 头；分娩率 95%，发情期受胎率 80%，哺乳仔猪成活率 90%，保育仔猪成活率 95%，生长育肥猪成活率 98%，其猪群结构如表 2 所示。

表 2　万头猪场猪群结构

猪群种类	饲养期（周）	组数（组）	每组头数（头）	存栏数（头）	备　注
空怀配种母猪群	5	5	30	150	配种后观察 21 天
妊娠母猪群	12	12	24	288	
泌乳母猪群	6	6	23	138	
哺乳仔猪群	5	5	230	1 150	按出生头数计算
保育仔猪群	5	5	207	1 035	按转入的头数计算
生长育肥群	13	13	196	2 548	按转入的头数计算
后备母猪群	8	8	8	64	8 个月配种
公猪群	52			23	不转群
后备公猪群	12			8	9 个月使用
总存栏数				5 404	最大存栏头数

（5）猪栏配备　现代化养猪生产能否按照工艺流程进行，关键是猪舍和栏位配置是否合理。猪舍的类型一般是根据猪场规模按猪群种类划分，而栏位数量需要准确计算，计算栏位需要量方法如下：

各饲养群猪栏分组数＝猪群组数＋消毒空舍时间（天）/生产节

律（7天）

每组栏位数＝每组猪群头数/每栏饲养量＋机动栏位数

各饲养群猪栏总数＝每组栏位数×猪栏组数

如果采用空怀待配母猪和妊娠母猪小群饲养、泌乳母猪网上饲养，消毒空舍时间为7天，则万头猪场的栏位数见表3。

表3　万头猪场各饲养群猪栏配置数量（参考）

猪群种类	猪群组数（组）	每组头数（头）	每栏饲养量（头/栏）	猪栏组数	每组栏数	总栏位数
空怀配种母猪群	5	30	4～5	6	7	42
妊娠母猪群	12	24	2～5	13	6	78
泌乳母猪群	6	23	1	7	24	168
保育仔猪群	5	207	8～12	6	20	120
生长育肥群	13	196	8～12	14	20	280
公猪群	—	—	1	—	—	28
后备母猪群	8	8	4～6	9	2	18

4. 养猪生产模式有哪几种？

确定养猪的生产模式主要考虑的因素有猪场的性质、规模、养猪技术水平等。在国内外养猪生产中，养猪生产的模式是多样的，按猪活动的空间可分三类：集约化饲养、半集约化饲养和散放饲养。

（1）集约化饲养　即完全圈养制，也称定位饲养，最早的形式是用皮带或锁链把母猪固定在指定地点，现在采用母猪产床，也叫母猪产仔栏，一般设有仔猪保温设备。它的主要特点是，猪场占地面积少，栏位利用率高，采用的技术和设施先进，可节约人力，提高劳动生产率，增加猪场经济效益。这种模式是典型的工厂化养猪生产，在世界养猪生产中被普遍采用。

（2）半集约化饲养　即不完全圈养制，可以母仔同栏，也可有栏位限制母猪，设有仔猪保温设备，或用垫草冬季取暖。其特点是圈舍占用面积大，设备一次性投资比完全圈养制低，母猪有一定的活动空间，有利于繁殖。在我国有很多养猪企业采用这种模式。

（3）散放饲养　特点是建场投资少，母猪活动增加，有利于母猪繁殖机能的提高，减少母猪的繁殖障碍；仔猪可随着母猪运动，提高抵抗力。这种最古老的养猪模式，因其效率低曾经被养猪场冷落。但随着人们生活水平的提高，环境保护意识的增强，加上动物福利事业的发展，使散放饲养模式生产的猪肉受到欢迎，价格比较高，所以散放饲养模式得到进一步的发展。户外饲养是典型的散放饲养，其投资少，节水、节能，对环境污染少。但这种养猪模式受气候影响较大，占地面积大，应用有一定的局限性。我国南方山地、草坡多，气温较高，可以采用这种模式发展养猪生产。

5. 怎样选择猪场场址？

正确选择猪场的场址对新办猪场今后的生产、防疫起到事半功倍的作用。选择场址应根据猪场的性质、规模和任务，综合考虑场地的地形地势、水源水质、周围环境和当地气候等自然条件，同时应考虑饲料及能源供应，交通运输，产品销售，与周围工厂、居民点及其他畜禽场的距离，当地农业生产，猪场粪污就地处理的能力等社会条件，进行全面调查，综合分析后再作出决定。

(1) 地形、地势 猪场地形最好开阔整齐，并要有足够的面积。地形狭长或多边角的场地不利于规划和布局，而面积不足会使建筑物拥挤，对饲养管理、饲养密度以及猪舍环境和防疫、防火等均能造成不良影响。

选择地势高一点、地下水位低一点，场地干燥、平坦、背风向阳、有点缓坡的地方建猪场。有缓坡的猪场有利于排水，但是坡度不能大于25°，以免造成场内饲料、粪便运输不便。如果是背风向阳坡更好；低洼潮湿的场地，冬季阴冷潮湿，夏季通风不良，在雨季容易受到洪水威胁；而且，这样的环境更有利于病原微生物和寄生虫的生存；既不利于猪的生长发育，也不利于疾病的预防。长期的积水，还会影响猪场建筑的使用寿命。因此，要求猪场所选地面应高出当地历史洪水线以上，且地下水位应在2米以下。

(2) 水源水质 猪场的水源要求水质良好、水量充足、取用方便、易于净化和消毒。大中型猪场必须建造水塔调节用水。冲洗猪舍、猪栏、洗手推车和各种用具、防暑降温、防疫等，每日需要用水100～130吨。特别是在高温季节，即使在节约用水的情况下用水量也惊人。猪场应首选用自来水作猪的饮用水，其次为深井水、湖水、河水，水质必须符合《无公害食品　畜禽饮用水水质》（NY 5027—2008）要求。猪群需水量参见表4，供选择水源时参考。

表4　猪群需水量［升/（头·天）］

猪群类别	需水量	
	总需要量	饮用量
种公猪	40	10
空怀及妊娠母猪	40	12
带仔母猪	75	20
断奶仔猪	5	2
育成猪	15	6
育肥猪	25	6

（3）土壤特性　一般情况下，猪场土壤要求透气性好，易渗水，热容量大。这样可抑制微生物、寄生虫和蚊蝇的孳生，并可使场区昼夜温差较小。土壤化学成分通过饲料或水影响猪的代谢和健康，某些化学元素缺乏或过多，都会造成地方病，如缺碘造成甲状腺肿，缺硒造成白肌病，多氟造成斑釉齿和大骨节病等。土壤里的许多病原微生物可存活多年，而土壤又难以彻底进行消毒，所以，土壤一旦被污染则多年具有危害性，选择场址时应避免在旧猪场场址或其他畜牧场场地上重建或改建。

（4）周围环境　猪场场址的选择必须严格遵守国家相关法规和农业部《猪饲养标准》（NY/T 65—2004）等标准，使其不成为周围环境的污染源，同时也要注意不受周围环境的污染。不要在城市近郊建设养猪场，也不要在化工厂、屠宰厂、制革厂等容易造成环境污染的企业下风处或附近建场。养猪场要远离飞机场、铁路、公路、车站、码头等噪声较大的地方，以免猪只受噪声的影响和疾病的威胁。养猪场的位置要在居民区的下风处，地势要低于居民区，但要避开居民区的排污口和排污道。养猪场与以上各单位最短直线距离要求如表5所示。

表5 养猪场与其他单位最短直线距离（米）

地　点	最短间距
居民区	1 000
畜牧场、养殖场	1 500
化工厂、畜产品加工厂	3 000

养猪场的饲料、产品、废弃物等运输量很大，与外界联系密切，因此要求交通便利。但交通干线往往又是造成疾病传播的途径，故在场址选择时既要考虑方便运输，又要求距交通干线有一定的距离，以满足猪场卫生防疫的要求，一般情况下要求距离如表6所示。

表6 养猪场与交通干线距离要求（米）

地　点	间　距
铁路，高速公路，国家一级、二级公路	1 000
三级及主要公路	500
四级公路、一般道路	200

猪场特别是大型猪场最好要有两条专用道路与公路相连。其中一条为净道，专供猪场的人员、饲料、物品等使用，另一条为污道，运输猪场的生猪和废弃物。

在选择场址时还要保证有足够的电力供应，猪场应尽量靠近输电线路，以减少供电投资。

在选择场址时要避开风景区、自然保护区、水源保护区和环境污染严重的地方，以利于环境保护和避免受到环境的污染。

6. 怎样合理地规划和布局猪场场地？

在进行猪场规划和安排建筑物布局时，应将近期规划与长远规划相结合，因地制宜、合理利用现有条件，在保证生产需要的前提下，尽量做到节约占地。要从有利于卫生防疫、方便饲养管理、节约用地等原则，以及地势和当地主风向等方面全面考虑，进行合理分区。还要根据猪场各种建筑物和设施的尺寸及功能关系，安排朝向、位置，规划全场的道路、排水系统、供水管道、电力照明、绿化隔离带等，并做好猪场粪便和污水处理。猪场规划和布局合理既能方便生产管理，适应生产工艺流程的形式，又能为严格执行防疫制度打下良好的基础。

根据以上原则，一般按功能将猪场分为生活区、生产管理区、生产区和隔离区。为便于防疫，应根据全年主风向及地势由上而下的排列顺序为：生活区→生产管理区→生产区→隔离区。各功能区之间的距离不少于 30 米，并设有防疫隔离带或隔离墙。猪场周围应建围墙或设防疫沟，以防兽害和外来人员随便进入猪场。

（1）生活区 生活区包括职工宿舍、食堂、文化娱乐室等。为保证生活区有良好的卫生条件和减少生产区臭气、尘埃和污水的污染，生活区应设在上风向或偏风方向和靠近大门处。

（2）生产管理区 包括门卫、接待室、行政办公室、财会室、发电修理间、车库、饲料加工车间、饲料储存库、杂品材料库、兽医药品用具库、消毒池、更衣和洗澡间等。该区与日常饲养工作关系密切，应和生产区紧邻。外来车辆需要进入卸料、卸货；外来人员办事都要进入区内，因此是防疫隔离重点区。

（3）生产区 生产区包括各类猪舍，生产、消毒设施和装猪台等，这是猪场中的主要建筑区，一般建筑面积约占全场总建筑面积的70%～80%。

①猪舍 在设计时，使猪舍方向与当地夏季主导风向成30°～60°角，以便每排猪舍在夏季得到最佳的通风条件。猪舍之间的距离应为30 米左右，同类各栋猪舍间应保持 20 米的安全距离。猪舍距离围墙应在 10 米以上，中间可种植草木作为绿化隔离带，以利于净化空气和保护环境。

为管理方便，缩短转群距离，应以产房为中心，保育舍靠近产房，种猪舍也应靠近产房。目前，规模化猪场的生产都应采用阶段饲养的方式，一般分为四个阶段，即空怀和妊娠期→泌乳期→仔猪保育期→育肥期。每阶段实行全进全出。

种猪舍：要求与其他猪舍隔开，形成种猪区。种猪区应设在人流较少和猪场的上风向，种公猪在种猪区的上风向，防止母猪的气味对公猪形成不良刺激，同时可利用公猪的气味刺激母猪发情。

分娩舍（产房）：既要靠近妊娠舍，又要接近保育舍。

保育舍和育肥舍：应设在下风向，且离装猪台较近。

总之，应根据当地的自然条件，充分利用有利因素，从而在布局上做到对生产最为有利。

②消毒设施　消毒设施是重要的防疫隔离设施之一。猪场大门及生产区的入口处，应设专门的消毒池和更衣室，并备有喷雾消毒器，以便进入猪场和生产区的人员及送料车辆的消毒。

消毒池：大门消毒池其宽度略宽于大门，长度为机动车车轮周长的2.5倍；各猪舍出入口处也要建造消毒池（或消毒脚盆），池宽于门，长大于料车一周半为好，内放消毒液。饲养人员和料车必须经过消毒池消毒。所有消毒池均建成能换水的水泥结构。

更衣室：生产区门口边上设更衣换鞋室、消毒室或淋浴室。工作人员进生产区一律经消毒、洗澡更衣、穿上工作服后方可入内。不穿胶靴是无法通过消毒池进入生产区的。

③装猪台和展示厅　装猪台也是重要的防疫隔离设施之一，设在生产区的围墙外面，顾客选好后可从展示厅内的通道赶到外边装猪台装车再出猪场。种猪场可在生产区边缘建立一个带玻璃的展示厅，当顾客观看或选购种猪时能在厅内隔离观察挑选种猪。

（4）隔离区　内设隔离猪舍、兽医室、尸体剖检台、猪粪处理和贮存设施、污水处理设施。该区应设在猪场的下风、地势低处，防止疫病传播或污染周围环境。隔离舍和兽医室应距生产区150米以上，贮粪场应距生产区50米以上，可在粪场附近设置一沉尸井（坑），以便将病死或剖检猪只进行无害化处理。粪便处理场、粪尿池的容量和处理应符合环保要求，防止污染环境。

7. 猪场内道路、排水、排污和粪便处理有哪些要求？

（1）场内道路　从防疫角度出发应分为净道和污道，两种道路互不交叉。净道主要用于运输饲料和产品。污道专运猪粪和死、病猪。场内道路应该铺水泥，便于道路消毒。

（2）排水 道路边上要设明沟排水。屋顶和道路上的雨、雪水应和猪舍内排出的污水分开管道排出，要防止雨季大量雨水流入排污道，增加污水处理成本或来不及处理使污水池溢出来，影响周围环境。

（3）粪便处理 猪场粪便主要来源于猪的排泄物以及少量圈舍垫料。猪场粪便中含有大量的氮、磷、微生物以及药物、饲料添加剂的残留物等。猪场粪便的处理不仅是治理猪场废弃物污染，而且可通过厌氧发酵、好氧堆肥等处理技术和工艺，生产出清洁能源沼气和优质固体有机肥，沼气工程的副产物沼渣、沼液也可作为有机肥、叶面肥等，实现了污染治理、资源节约、增产增效和环境保护。目前，猪粪的处理和利用方式主要有3种：

①生产固体有机肥 猪粪是一种富含有机物和氮、磷、钾等营养元素的肥源。猪粪用作肥料的处理方法主要包括直接利用法、烘干法、腐熟堆肥法3种。最好、最常用的是腐熟堆肥法，即在适宜条件下，利用好氧微生物使粪便及垫草中的有机物分解、矿化和腐殖化，制成无害、优质的固体有机肥。

②生产非常规饲料 干猪粪中含有一定量的粗蛋白、粗纤维和钙等营养成分，可用于非常规饲料的生产。通过对新鲜猪粪采取脱水干燥、发酵、添加化学添加剂（调味剂、抗生素等）所得到的干猪粪可作为养鱼业的理想添加饲料。

③生产能源和肥料 用猪粪进行厌氧发酵，产生的沼气可用于生活和生产用能源，也可用于贮粮防虫、贮藏水果、大棚蔬菜进行二氧化碳气体施肥或温室热能来源，同时沼渣、沼液又是很好的有机肥料，可作农田、果园、菜园、花卉等的肥料，或用于食用菌栽培、蚯蚓养殖、育秧等；沼液可用作饲料添加剂、喂鱼、无土栽培营养液等。

（4）污水处理 猪场污水主要来源于粪水、尿液和圈舍冲洗废水。猪场污水是一种高浓度有机废水，除含有较多的氮、磷、钾等养分外，还含有大量的有机物、悬浮物、重金属、残留的兽药以及病原体等污染物。为避免猪场污水对环境的污染，一般须经两级处理才达到自然排放或农田、果树、蔬菜等灌溉用水的要求，而当需要排入卫生要求较高的河流、湖泊等水体时，还须进行三级处理。目前，猪场污水主要采用厌氧技术进行处理，但单一的厌氧处理技术很难达到预期的处理效果，需要采用组合处理工艺才能实现处理后的出水水质达到自然排放或农田回用标准。

8. 猪场为什么要建绿化隔离带？

搞好猪场绿化对改善猪场小气候有很大作用和意义。它可以净化25%～40%的有害气体和吸附50%左右的粉尘，还可降低噪音、防疫隔离、防暑降温。猪场围墙里外根据场地条件多种一些树木，有条件的猪场最好在场区外围种植5～10米宽的隔离林带。一般要求猪场内的道路两侧种植行道树，每幢猪舍之间都要栽种速生、高大的落叶树（如水杉、白杨树等）。场区绿化植树要考虑到树干高低和树冠大小，要防止热天挡风、冷天遮阳光。场区内的空闲地都要遍种蔬菜、花草和灌木绿化环境。

9. 建筑猪舍有哪些基本要求？其建筑形式有哪几种？

（1）一栋理想的猪舍应具备以下的要求

①猪舍要求冬暖夏凉，能够保温、隔热，使舍内温度保持恒定；

②要具有良好的通风换气设施，使舍内空气保持清洁；

③要有适宜的排污系统，便于猪群调教和清扫；

④要有严格的消毒措施和消毒设施装置；

⑤要有良好的饮水设施，并有在冬季能使饮水加温的设施；

⑥要具有适宜的降温系统，使夏季猪舍内温度保持在适宜范围；

⑦便于实行科学的饲养管理，在建筑猪舍时应充分考虑到符合养猪生产工艺流程，做到操作方便，降低劳动生产强度，提高管理定额，充分提供劳动安全和劳动保护条件。

（2）建筑形式 按墙壁结构与窗户等可分为开放式、半开放式和密闭式。

①开放式猪舍　三面设墙，一面无墙，通风采光好，结构简单，造价低，但受外界影响大，较难解决冬季防寒。

②半开放式猪舍　三面设墙，一面设半截墙，其保温性能略优于开放式，冬季若在半截墙以上挂草帘或钉塑料布，能明显提高其保温性能。

③密闭式猪舍　又可分为有窗式和无窗式。

有窗式猪舍：四面设墙，窗设在纵墙上，窗的大小、数量和结构，可依当地气候条件而定。寒冷地区，猪舍南窗要大，北窗要小，以利于保温。为解决夏季有效通风，夏季炎热的地区，还可在两纵墙上设地窗，或在屋顶设风管、通风屋脊等。有窗式猪舍保温隔热性能较好，根据不同季节启闭窗扇，调节通风和保温隔热。

无窗式猪舍：与外界自然环境隔绝程度较高，墙上只设应急窗，仅供停电应急时用，不作采光和通风用，舍内的通风、光照、舍温全靠人工设备调控，能够较好地给猪只提供适宜的环境条件，有利于猪的生长发育，提高生产率，但这种猪舍土建、设备投资大，设备维修费用高，在外界气候较好时，仍通过人工调控通风和采光，耗能高，采用这种猪舍的多为对环境条件要求较高的猪，如母猪产房、仔猪培育舍。

10. 怎样设计猪舍结构?

猪舍的设计与建筑，首先要符合养猪生产工艺流程，其次要考虑各自的实际情况。黄河以南地区以防潮隔热和防暑降温为主；黄河以北则以防寒保温和防潮防湿为重点。

(1) 一般猪舍的高度应和跨度成正比，跨度8～12米，舍顶高度2.8～3.2米，有窗式或封闭式猪舍的房檐高2.4～2.6米，拱形棚式结构栏墙高度为：种猪1.2米，保育猪1米。猪舍内部猪栏应沿猪舍长轴方向呈单列或多列布置，猪舍两边和中央设置喂料、清粪及管理用通道。

(2) 产房和保育舍可采用网上饲养，其他猪舍采用硬化地面或加漏缝地板。硬化地面要求平整结实、易于冲洗，能耐受各种形式的消毒。地面既不能太光滑，也不能太粗糙，防止猪只滑倒或磨伤肢蹄。地面向粪沟处作1%～3%的倾斜，舍内地面不积水。

(3) 猪场的猪舍结构设计不合理，也会给养猪带来问题，在设计时应注意以下常见问题：

①猪舍建得过于矮小，窗户小，通风面积不够，既不利于空气流通，又不利于夏季猪舍通风降温，容易导致猪患病。

②无防蚊蝇设施。蚊蝇是很多疾病的传播媒介（如日本乙型脑炎、附红细胞体病等），可传播很多疾病，所以在建猪舍时一定要考虑到这一点。有条件的猪场应安装防护网，防止鸟类进场传播疾病。

③饲槽规格不当。饲槽大小应根据猪的种类和猪的数量多少而定。仔猪舍如果料槽过大，有的仔猪喜欢钻进料槽，易造成夹伤、夹死现象。保育猪的饲槽过小会使猪头过大的猪采食后头被卡在槽内导致脖、耳受伤。

④地面坡度不够或过于光滑。坡度不够会造成猪舍内常年积水，不利于粪污排除和清洁卫生；光滑的地面则容易造成猪摔倒和肢蹄损伤。

11. 常用的猪舍种类有哪些？怎样修建？

常用的猪舍有公猪舍、空怀（妊娠）母猪舍、哺乳母猪舍（产房）、仔猪培育舍、育肥猪舍、隔离猪舍等。

(1) 公猪舍 公猪舍一般为单列半开放式，舍内温度要求15～20℃，风速为0.2米/秒，内设走廊，外有小运动场，以增加种公猪的运动量，保持和增加公猪的繁殖能力，一圈一头。

(2) 空怀、妊娠母猪舍 空怀、妊娠母猪舍最常用的一种饲养方式是分组大栏群饲，一般每栏饲养空怀母猪4～5头、妊娠母猪2～4头。圈栏的结构有实体式、栏栅式、综合式三种，猪圈布置多为单走道双列式。猪圈面积一般为7～9米^2，地面坡降不要大于1/45，地表不要太光滑，以防母猪跌倒。也有用单圈饲养，一圈一头。舍温要求15～20℃，风速为0.2米/秒。

(3) 哺乳母猪舍（产房） 舍内设有分娩栏，布置多为两列或三列式。舍内温度要求15～20℃，仔猪保温箱温度要求26～30℃。分娩栏位结构也因条件而异。

①地面分娩栏 采用单体栏，中间部分是母猪限位架，宽一般为0.6～0.65米，两侧是仔猪采食、饮水、取暖等活动的地方，一般设仔猪补饲槽和保温箱，保温箱采用加热地板、红外灯或热风器等给仔猪局部供暖。母猪限位架的前方是前门，前门上设有食槽和饮水器，供母猪采食、饮水，限位架后部有后门，供母猪进入及清粪操作。可在栏位后部设漏缝地板，以排除栏内的粪便和污物。

②网上分娩栏 主要由分娩栏、仔猪围栏、钢筋编织的漏缝地板网、保温箱、支腿等组成。

(4) 仔猪培育舍 舍内温度要求26～30℃，风速为0.2米/秒。可采用网上保育栏，1～2窝一栏网上饲养，用自动落料食槽，自由采食。网上培育能减少仔猪疾病的发生，有利于仔猪健康而提高仔猪成活率。仔猪保育栏主要由钢筋编织的漏缝地板网、围栏、自动落食槽、连接卡等组成。

(5) 育肥猪舍 生长育肥猪可采用多种形式的圈舍饲养，多采用地面群养，每圈8～10头，每头猪的占栏面积和采食宽度分别为0.8～1.0米^{2}和35～40厘米。

(6) 后备母猪舍 后备母猪舍均采用大栏地面群养方式，自由采食，其结构形式基本相同，只是在外形尺寸上因饲养头数和猪体大小的不同而有所变化。

(7) 隔离猪舍 猪隔离区应根据猪场当地的风向情况建在下风、地势较低的地方，隔离舍应独建一处，与其他猪舍至少间隔50米，以免影响生产猪群。猪场隔离舍可以根据情况按种猪、培育猪舍建造，结构不变，外形尺寸可适当缩小。

12. 怎样设置猪栏？

现代化猪场均采用固定栏式饲养，猪栏一般分为公猪栏、配种栏、妊娠栏、分娩栏、保育栏、生长育肥栏等。

(1) 公猪栏和配种栏 这两种猪栏和空怀母猪栏一般都位于同一栋舍内。

①公猪栏 公猪栏可用于饲养公猪并兼作配种栏，每栏饲养种公猪1头，以避免公猪过肥，增强公猪的体质和锻炼其肢蹄，增加种公猪的运动量。猪栏的布置多为单列式，并正对于待配母猪的猪栏。因此，面积一般都相等，栏高一般为1.2～1.4米，面积7～9米^{2}或者更大，栏栅结构可以是金属结构，也可以是混凝土结构，但栏门应采用金属结构，便于通风和管理人员观察和操作（图1）。

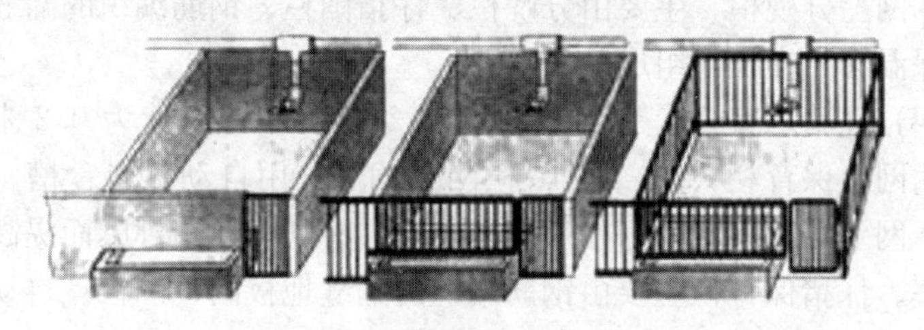

图1 各种公猪栏结构

②配种栏 典型的配种栏的结构形式有两种。一种是结构和尺寸与公猪栏相同，配种时将公、母猪驱赶到配种栏中进行配种（图2）。另一种是由4头空怀待配母猪与1头公猪组成一个配种单元，4头母猪分别饲养在4个单体栏中，公猪饲养在母猪后面的栏中（图3）。空怀母猪达到适配期后，打开后栏门由公猪进行配种，配种结束后将母猪转到空怀母猪栏进行观察，确定妊娠后再转入妊娠栏。这种配种栏的优点是利用公猪诱导空怀母猪提前发情，缩短了空怀期，同时也便于配种。缺点是消耗金属材料较多，一次性投资较大。在采用人工授精技术的猪场不必配备配种栏。

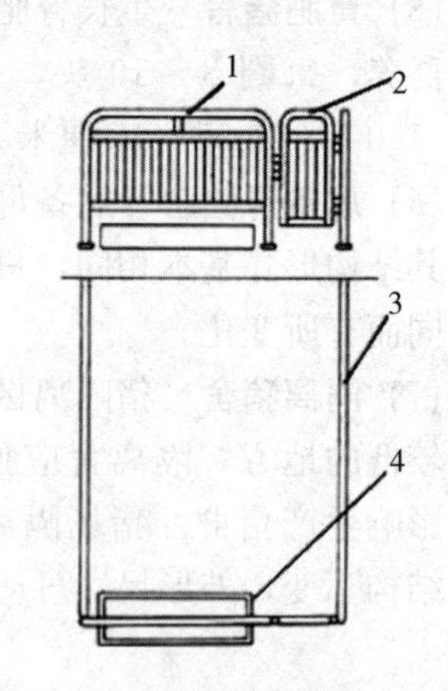

图2 不同形式的配种栏（Ⅰ）
1. 前栏 2. 栏门 3. 隔栏 4. 饲槽

（2）妊娠栏 妊娠猪栏有两种：一种是单体栏，另一种是群养单饲栏。

①单体栏由金属材料焊接而成，每头母猪占有一个固定的栏位，一般栏长 2.1～2.3 米，栏宽 0.65 米，栏高 1 米。该猪栏易于观察猪的发情，同时饲喂、饮水和粪便清理都很集中，且便于精确饲养，也能很好地避免妊娠母猪的争食、咬斗，有效地降低机械性原因的流产。单体母猪限位栏的长、宽度要能使母猪在栏内有一定的前后运动空间，但不能转身为宜。但舍内设备投资增加，母猪肢蹄病相应增加，影响母猪利用年限。

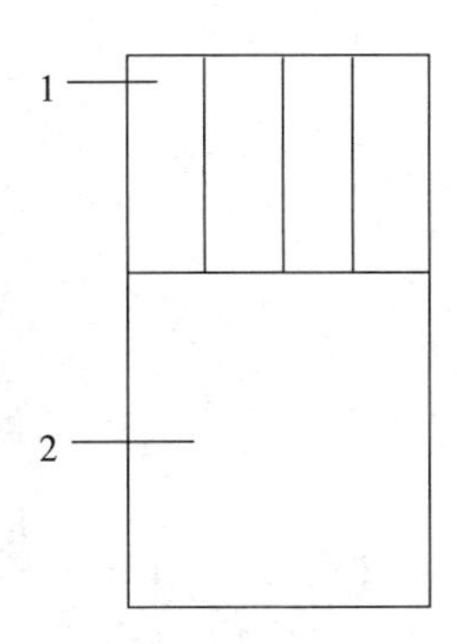

图 3 不同形式的配种栏（Ⅱ）
1. 空怀母猪区 2. 公猪区

②群养单饲栏是在大栏前部安装长 0.6 米、宽 0.55～0.6 米的单饲隔栏，单栏内的每一头母猪相应占有一个小隔栏。当母猪采食时，自动进入小隔栏，平时在大栏内自由活动和休息。群养单饲栏投资相对较小，但不能很方便地观察母猪发情和避免妊娠母猪的争食、咬斗，有可能造成机械性流产和受伤。

（3）分娩栏 分娩栏的尺寸与选用的母猪品种有关，长度一般为 2～2.2 米，宽度为 1.7～2.0 米；母猪限位栏的宽度一般为 0.6～0.65 米，高 1.0 米。仔猪活动围栏每侧的宽度一般为0.6～0.7 米，高 0.5 米左右，栏栅间距 5 厘米。仔猪的保温箱用隔热的板材围栏而成，在一侧开一长 0.35 米、高 0.25 米的小孔供仔猪哺乳、饮水、吃料出入，保温箱内设置红外线加热灯或保温加热垫板等（图 4）。

（4）仔猪培育栏 一般采用金属编织网漏缝地板或金属编织镀塑漏缝地板，后者的饲养效果一般好于前者。大、中型猪场多采用高床网上培育栏，它是由金属编织网漏缝地板、围栏和自动食槽组成，漏缝地板通过支架设在粪沟上或实体水泥地面上，相邻两栏共用一个自动食槽，每栏设一个自动饮水器（图 5）。这种保育栏能保持床面干燥清洁，减少仔猪的发病率，是一种较理想的保育猪栏。仔猪保育栏的栏高一般为 0.6 米，栏栅间距 5～8 厘米，面积因饲养头数不同而

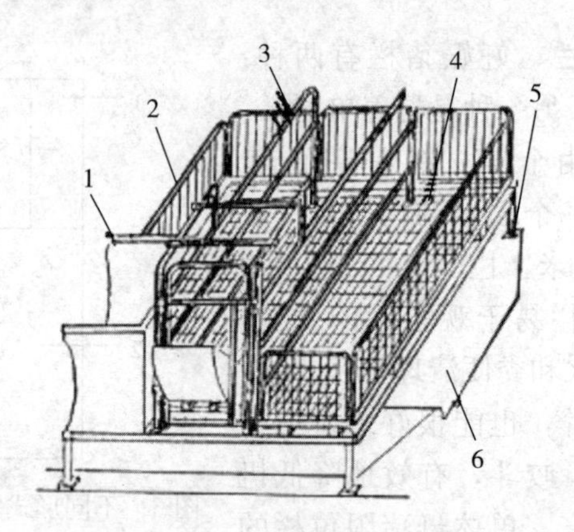

图 4　母猪分娩栏

1. 保温箱　2. 仔猪围栏　3. 分娩栏　4. 漏缝地板　5. 支腿　6. 粪沟

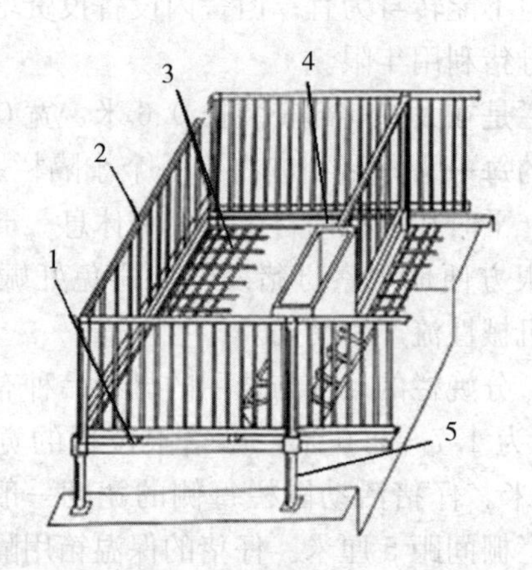

图 5　仔猪培育栏

1. 连接板　2. 围栏　3. 地板网　4. 自动落料饲槽　5. 支腿

不同。小型猪场断奶仔猪也可采用地面饲养的方式，但寒冷季节应在仔猪卧息处铺干净软草或将卧息处设火炕。

（5）育成猪栏与育肥猪栏　现代化猪场的育成猪栏与育肥猪栏均采用大栏饲养。该猪栏有实体、栅栏和综合三种结构。常用的有以下两种：

①采用全金属栅栏和全水泥漏缝地板条，也就是全金属栅栏架安装在钢筋混凝土板条地面上，在相邻两栏间隔处，设有一个双面自动

饲槽，供两栏内的育成猪自由采食，每栏安装一个自动饮水器供自由饮水。

②采用水泥隔墙及金属大栏门，地面为水泥地面，后部有0.8～1米宽的水泥漏缝地板，下面为粪尿沟。育成猪栏的栏栅也可以全部采用水泥结构，只留一金属小门。

13. 漏缝地板有哪些要求和规格?

现代化猪场为了保持栏内的清洁卫生，改善环境条件，减少人工清扫，普遍采用粪尿沟上铺设漏缝地板。

(1) 要求和材质

①要求　对漏缝地板的要求是耐腐蚀，不变形，表面平，不滑，导热性小，坚固耐用，漏粪效果好，易冲洗消毒，适应各种日龄猪的行走站立，不卡猪蹄。

②材质　漏缝地板有钢筋混凝土板条、板块、钢筋编织网、钢筋焊接网、塑料板块、陶瓷板块等。

(2) 规格

①钢筋混凝土板块、板条　其规格可根据猪栏及粪沟设计要求而定，漏缝断面呈梯形、上宽下窄，便于漏粪，其主要结构参数见表7。

表7　不同材料漏缝地板的结构与尺寸（毫米）

猪　群	铸　铁		钢筋混凝土	
	板条宽	缝隙宽	板条宽	缝隙宽
幼猪、育成猪	35～40	14～18	120	18～20
妊娠母猪	35～40	20～25	120	22～25

②金属编织地板网　由直径为5毫米的冷拔圆钢编织成10毫米×40毫米、10毫米×50毫米的缝隙网片与角钢、扁钢焊合，再经防腐处理而成。这种漏缝地板网具有漏粪效果好、易冲洗、栏内清洁、干燥、猪只行走不打滑、使用效果好等特点，适宜分娩母猪和保育猪使用。

③塑料漏缝地板　由工程塑料模压制而成，可将小块连接组合成大面积，具有易冲洗消毒、保温好、防腐蚀、防滑、坚固耐用、漏粪效果好等特点，适用于分娩母猪和保育仔猪栏。

14. 猪用饲槽有哪几种?

在养猪生产中，无论采用机械化送料饲喂还是人工喂饲，都要选配好饲槽和自动落料饲槽。对于限量饲喂的公猪、母猪、分娩母猪，一般都采用钢板饲槽或混凝土地面饲槽，对于自由采食的保育仔猪、生长猪，多采用钢板自动落料饲槽，这种饲槽不仅能保证饲料清洁卫生，而且还可以减少饲料浪费，满足猪的自由采食。

(1) 限量饲槽　采用金属或水泥制成，每头猪喂饲时所需饲槽的长度大约等于猪肩宽，见图6。

(2) 自动饲槽　在保育、生长猪群中，一般采用自动饲槽让猪自由采食。自动饲槽就是在饲槽的顶部装有饲料贮存箱，贮存一定量的饲料。随着猪只的吃食，饲料在重力的作用下不断落入饲槽内。因此，自动饲槽可以隔较长时间加一次料，可大大减少喂饲工作量，提高劳动生产率，同时也便于实现机械化、自动化喂饲。

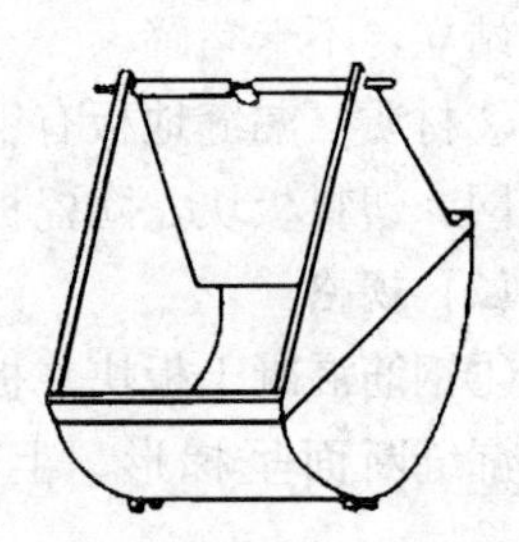

图6　限量饲槽（铸铁或钢制）

①自动饲槽可以用钢板制造（表8），也可以用水泥预制板拼装。在国外还有用聚乙烯塑料制造的自动食槽。

②自动饲槽有长方形、圆形等多种形状。图7、图8即为长方形和圆形自动饲槽。长方形的分双面、单面两种形式，双面自动饲槽供两个猪栏共用，单面自动饲槽供一个猪栏用。每面可同时供4头猪吃料。单面的一面固定在与走廊的隔栏或隔墙上；双面的则安放在两栏的隔栏或隔墙上。圆形自动饲槽用不锈钢制成，较为坚固耐用，底盘也可用铸铁或水泥浇注，适用于高密度、大群体生长猪舍。

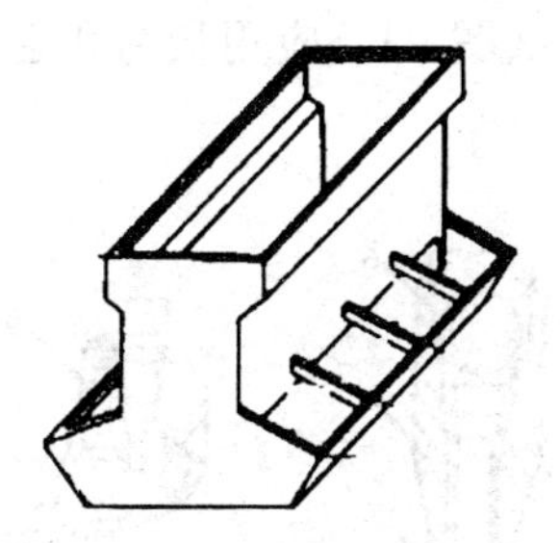
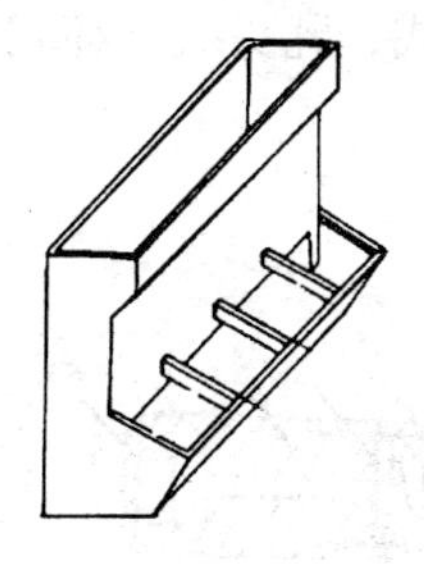

图 7　双面和单面长方形自动饲槽（钢制）

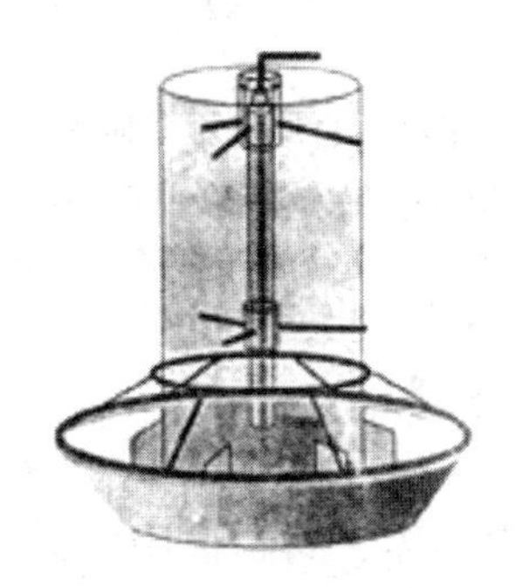

图 8　圆形自动饲槽透视图
（上为不锈钢，下为铸铁）

表 8　钢板制自动饲槽主要结构参数（毫米）

类别		高度	前缘高度	最大宽度	采食间隔
双面	保育猪	700	120	520	150
	生长猪	800	150	650	200
	育肥猪	800	180	690	250
单面	保育猪	700	120	270	150
	生长猪	800	150	330	200
	育肥猪	800	180	350	250

15. 怎样选购自动饮水器?

现代化猪场的供水一般都是压力供水。其供水系统主要包括供水管路、过滤器、减压阀、自动饮水器等。猪用自动饮水器的种类很多，有鸭嘴式、乳头式、杯式等（图 9）。应用最为普遍的是鸭嘴式自动饮水器。

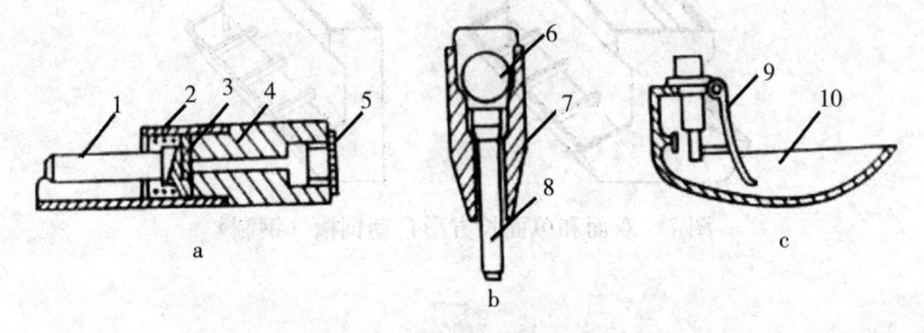

图 9　自动饮水器种类

a. 鸭嘴式饮水器　b. 乳头式饮水器　c. 杯式饮水器

1. 阀门　2. 弹簧　3. 胶垫　4. 阀体　5. 塞盖　6. 钢球
7. 饮水器体　8. 阀杆　9. 活门　10. 杯体

（1）鸭嘴式自动饮水器

①结构　见图 9a。主要由阀体、阀芯、密封圈、回位弹簧、塞盖、滤网等组成。其中阀体、阀芯选用黄铜和不锈钢材料，弹簧、滤网为不锈钢材料，塞盖用工程塑料制造。整体结构简单，耐腐蚀，工作可靠，不漏水，寿命长。猪饮水时，嘴含饮水器，咬压下阀杆，水从阀芯和密封圈的间隙流出，进入猪的口腔，当猪嘴松开后，靠回位弹簧张力，阀杆复位，出水间隙被封闭，水停止流出。鸭嘴式饮水器密封性能好，水流出时压力降低，流速较低，符合猪只饮水要求。

②规格　一般有大、小两种规格，小型的如 9SZY2.5（流量2～3 升/分），大型的如 9SZY3（流量 3～4 升/分），乳猪和保育仔猪用小型的，中猪和大猪用大型的。安装这种饮水器的角度有水平的和45°角两种，离地高度随猪体重变化而不同。

③维护　饮水器要安装在远离猪只休息区的排粪区内。定期检查饮水器的工作状态，清除泥垢，调节和紧固螺钉，发现故障及时更换零件。

（2）乳头式自动饮水器

①乳头式猪用自动饮水器见图 9b。其最大特点是结构简单，由壳体、顶杆和钢球三大件构成。猪饮水时，顶起顶杆，水从钢球、顶

杆与壳体间隙流出至猪的口腔中，猪松嘴后，靠水压及钢球、顶杆的重力，钢球、顶杆落下与壳体密接，水停止流出。这种饮水器对泥沙等杂质有较强的通过能力，但密封性差，并要减压使用，否则，流水过急，不仅猪喝水困难，而且流水飞溅，浪费用水，弄湿猪栏。

②安装乳头式饮水器时，一般应使其与地面成45°～75°倾角，离地高度，仔猪为25～30厘米，生长猪（3～6月龄）为50～60厘米，成年猪75～85厘米。

（3）杯式自动饮水器 杯式自动饮水器（图9c）是一种以盛水容器（水杯）的单体式自动饮水器，现在猪场已很少应用。

16. 怎样选择饲料加工机械设备？

猪场选择饲料加工设备的类型取决于猪场生产场地的面积和设备的成本，同时应结合本场的实际情况来决定。

（1）粉碎机 粉碎机的种类和类型比较多，一般猪场通常采用普通的锤片式粉碎机或对辊式粉碎机。

①锤片式粉碎机 是饲料工业生产中应用最广泛的。锤片式粉碎机内装有多孔筛板。锤片撞击进入粉碎机内的物质，进行粉碎，直到被撞击的物质体积变小可以通过筛子。饲料的精细度取决于筛眼的大小。筛眼越小，需要进行粉碎的动力就越多，生产的饲料量就越少。如图10所示，常用的有917-45型、9FQ-50型和9FQ-50B型等。

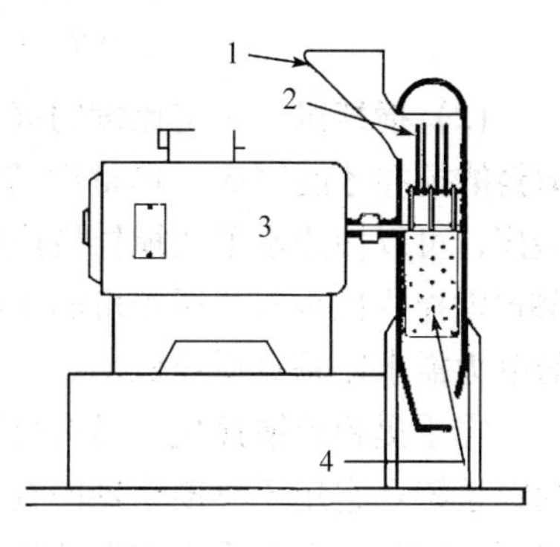

图10 锤片式粉碎机
1. 漏斗 2. 锤片 3. 电动机
4. 可以移动式筛子

②对辊式粉碎机 本设备主要由对辊的剪切、挤压作用而使物料粉碎，其粉碎效率比较高，粉碎过程中物料水分损失少，粉碎产品的粒度均匀性好（图11）。与传统的锤片粉碎机系统相比，对辊式粉碎

机噪声低，节约能量在60%以上，并可减少粉尘产生和维持费用。但对辊式粉碎机只适用于细粉碎，对多种物料的通用性较差，尤其是各种物料混合以后的粉碎性能就更差，多用于小麦制粉业。在饲料加工行业，一般用于二次粉碎作业的第一道工序。

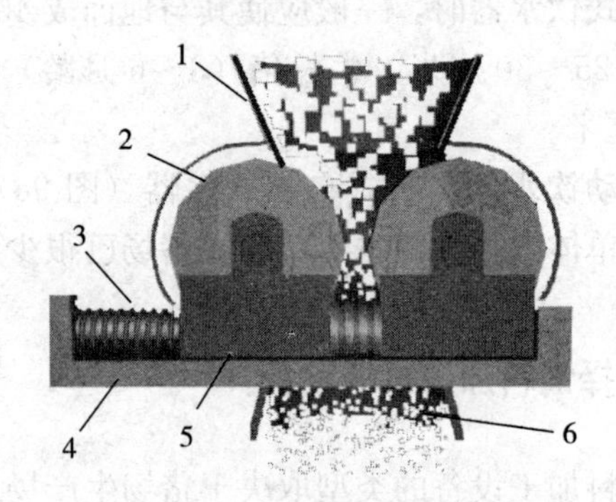

图11 对辊式粉碎机

1. 添料漏斗 2. 辊 3. 弹簧
4. 机座 5. 轴承 6. 出料口

(2) 搅拌机 一定比例的饲料配料连续不断地进入粉碎机，全价饲料的搅拌才能完成。单批次的饲料配料称重（批量处理）、粉碎和搅拌，可以使用水平式搅拌机或选择使用垂直式搅拌机（图12）。水平式搅拌机比垂直式搅拌机的工作速度快、搅拌均匀度好。但是，它的电力需求比垂直搅拌机多。

①手提粉碎搅拌机 具有拖拉机动力输出的粉碎搅拌机是标准的饲料系统，它用于早期猪场的饲料加工，目前仍然在许多小规模猪场使用。它们可以是垂直式搅拌机，也可以是水平式搅拌机。手提粉碎搅拌机可以带一个称重配料用的漏斗计量搅拌罐。尽管这套系统成本低，能在几个地点灵活地提供搅拌饲料，但是它的主要缺点是比其他系统的精确度低，尤其是在同时使用几种配料时。

②固定测容粉碎搅拌机 固定比例的计量器或螺旋式计量器是猪场饲料加工系统常用的仪器。它们的作用是测定容量，由于粉碎、搅拌以及传送从始至终是在同时地、连续不断地进行，它们又常被称为连续作业的搅拌机。通常使用几种螺旋式，每一种只用于一种配料，

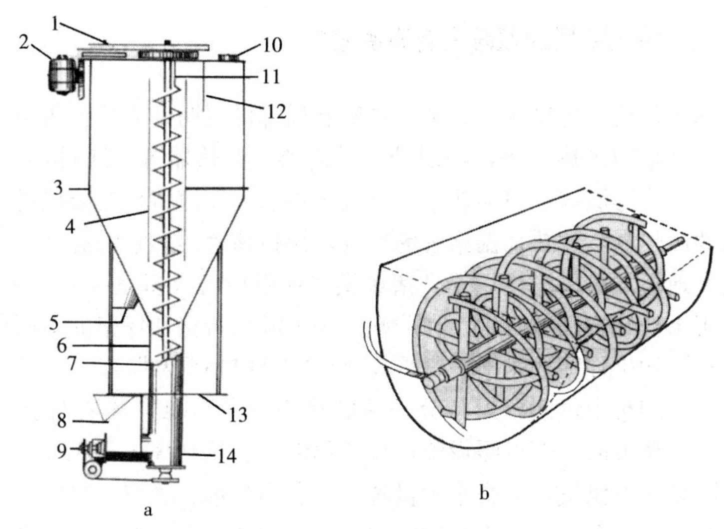

图 12　搅拌机

a. 垂直式搅拌机　b. 水平式搅拌机

1. V 形带　2. 电动机　3. 窗口　4. 搅拌管道

5. 出口　6. 提升螺杆　7. 提升管道　8. 漏斗

9. 强制饲喂器　10. 桥　11. 抛掷器　12. 尘埃流动挡板

13. 托罐板　14. 清洁口

将它们组合在一起构成一套装置。每一种螺旋式在计量饲料时都必须校准，并要定期对计量器的精确度进行检查。当处理新的谷物或新的添加饲料前，也要检查机器的校正情况。同时，也可以使用药物添加器和浓度调节器。这些系统的特点是成本低，耗电力，而每小时的功率却有限。

③固定测重粉碎搅拌机　目前一些大型的规模化养猪场选择较复杂的计算机控制的饲料加工设备。这些系统通常是批量搅拌处理系统，在饲料搅拌前需要将要加工的配料分开。这些系统有一个漏斗测量仪，可以一次称重一批配料。而后，配料进入粉碎机，最后进入搅拌机搅拌。通常这些系统的自动化程度较高，但是开机的成本高，每小时的加工耗电量也较高。这些系统的最大优点是安置了一个精确的配料计量器，搅拌的效率较高。

17. 猪场常用的取暖设备有哪些？

现代化猪舍的供暖，分集中供暖和局部供暖两种方法：集中供暖是由一个集中供热设备，如锅炉、燃烧器、电热器等，通过煤、油、煤气、电能等燃烧产热加热水或空气，再通过管道将热介质输送到猪舍内的散热器，放热加温猪舍的空气，保持猪舍内适宜的温度；局部供暖有地板加热，电热灯等。猪场供热保温设备大多是针对小猪的，主要用于分娩舍和保育舍。在分娩舍为了满足母猪和仔猪的不同的温度要求，初生仔猪要求30～32℃，而对于母猪则要求17～20℃。因此，常采用集中供暖，维持分娩哺乳猪舍舍温18℃。可在仔猪栏内设置可以调节的局部供暖设施，保持局部温度达到30～32℃。

(1) 集中供暖　猪舍集中供暖主要利用热水、蒸汽、热空气及电能等形式。在我国养猪生产实践中，多采用热水供暖系统，该系统包括热水锅炉、供水管路、散热器、回水管路及水泵等设备。

(2) 局部供暖　猪舍局部供暖最常用有电热地板、热水加热地板、电热灯等设备。目前，大多数猪场实行高床分娩和育仔。因此，最常用的局部环境供暖设备是采用红外线灯或远红外板。前者发光发热，后者只发热不发光，功率规格为250瓦。

①红外线灯　这种设备本身的发热量和温度不能调节，但可以调节灯具的吊挂高度来调节小猪群的受热量，如果采用保温箱，则加热效果会更好。这种设备简单，安装方便灵活，只要装上电源插座即可使用。但红外线灯泡使用寿命短，常由于舍内潮湿或清扫猪栏时水滴溅上而损坏，而远红外板优于红外线灯。

②远红外板　远红外板的外壳采用机械强度高、耐酸碱、耐老化、不变形的工程塑料制成，板面附有条棱以防滑。目前，生产上使用的电热板有两类，一类是调温型，另一类是非调温型。电热保温板可直接放在栏内地面适当位置，也可放在特制的保温箱的底板上。

③有些猪场在分娩栏或保育栏采用热水加热地板，即在栏（舍）内水泥地制作之前，先将加热水管预埋于地下，使用时，用水泵加压使热水在加热系统的管道内循环。加热温度的高低，由通入的热水温

度来控制。

18. 猪场常用的通风降温设备有哪些?

(1) 通风设备 为了排除猪舍内的有害气体，降低舍内的温度和局部调节温度，一定要进行通风换气，换气量应据舍内的二氧化碳或水汽含量来计算。

①机械通风的采用 是否采用机械通风，可依据猪场具体情况来确定：对于猪舍面积小、跨度不大、门窗较多的猪场，为节约能源，可利用自然通风；如果猪舍空间大、跨度大、猪的密度高，特别是采用水冲粪或水泡粪的全漏缝或半漏缝地板养猪场，一定要采用机械强制通风。

②通风机配置 通风机配置的方案较多，其中常用的有以下几种：侧进（机械），上排（自然）通风；上进（自然），下排（机械）通风；机械进风（舍内进），地下排风和自然排风；纵向通风，一端进风（自然）一端排风（机械）。见图 13。

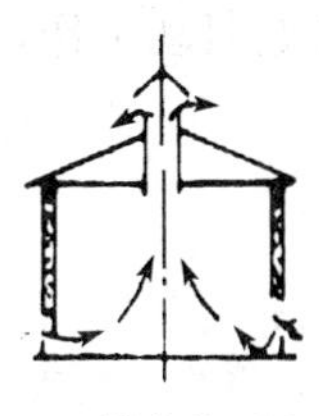
上排自然通风

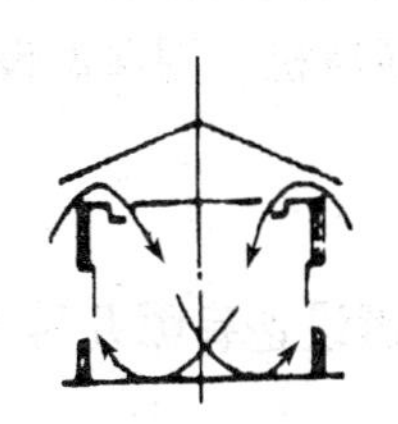
下排机械通风

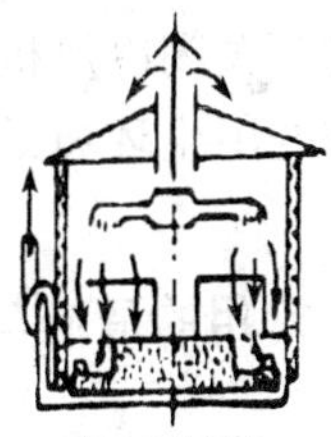
机械进风与地下自然排风

图 13 通风机配置

③注意事项 无论采用哪种通风方案，都应注意以下几点：一要避免风机通风短路，必要时导流板应引导流向，切不可把轴流风机设置在墙上，下边即是通门，使气流形成短路，这样既空耗电能，又无助于舍内换气；二是如果采用单侧排风，应将两侧相邻猪舍的排风口设在相对的一侧，以避免一个猪舍排出的浊气被另一个猪舍立即吸入；三要尽量使气流在猪舍内大部空间通过，特别是粪沟上不要造成

死角，以达到换气的目的。

（2）降温设备

①水蒸发式冷风机　猪舍降温常采用水蒸发式冷风机，由于这种冷风机是靠水蒸发的，在干燥的气候条件下使用时，降温效果好，如果环境空气湿度较高时，降温效果稍差。

②喷雾降温系统　有的猪场采用猪舍内喷雾降温系统，通过喷雾器喷出成水雾，在猪舍内空间蒸发吸热，使猪舍内空气温度降低。如果猪场内自来水系统压力足，可不用水泵加压，但过滤器还是必需的，否则易造成喷雾器孔堵塞，不能正常喷雾。

③滴水降温法　在母猪分娩舍内，由于母猪和仔猪要求不同，有的猪场采用滴水降温法，即冷却水通过管道系统，在母猪上方留有滴水孔对准母猪的头颈部和背部下滴，水滴在母猪背部体表蒸发，吸热降温，未等水滴流到地面上已全部蒸发掉，不易使地面潮湿，这样既满足了仔猪需干燥，又使母猪和栏内局部环境温度降低。实际使用时，要注意调节好适度滴水量。

供热保温、通风降温，可通过自控装置实现自动调节，如温度高、空气污浊时，冷风机或通风机接通工作，进行降温通风换气；如温度低时，关闭冷风机和通风机，则保温设备开始启动工作，使舍内保持适宜的卫生环境条件。

19. 常用的清洁与消毒设备有哪几种？

国内外常用的环境清洁消毒设备有以下两种：

（1）地面冲洗喷雾消毒机　94XP220 冲洗喷雾消毒机工作压力为 1 471～1 961 千帕，流量为 20 升/分，冲洗射程 12～14 米，是工厂化猪场较好的清洗消毒设备。其主要优点是：高压冲洗喷雾，冲洗彻底干净，节约用水和药液；喷枪为可调节式，既可冲洗，又可喷雾；活塞式隔膜泵可靠耐用；体积小，机动灵活，操作方便；工效高，省劳力。

（2）火焰消毒器　用药物消毒平均杀菌率只有 84%，达不到杀菌率 95%以上的要求。因此，一般猪场必须采用药物消毒两遍，这就加大了工作量和作业成本。此外，用药物消毒残留较多，而火焰消毒克服了这些缺点。火焰消毒器是利用煤油高温雾化，剧烈燃烧产生高温火焰对舍内的猪栏、饲槽等设备及建筑物表面进行瞬间高温燃烧，达到杀灭细菌、病毒、虫卵等消毒净化目的。其优点主要有：杀菌率高达97%；操作方便、高效、低耗、低成本；消毒后设备和栏舍干燥，无药液残留。

20. 怎样建立兽医室?

在当今的规模化猪场中，兽医诊断室是必不可少的重要设施，猪场的兽医诊断室不仅能对发病猪进行常规的细菌学检查和血清学检测，并可结合流行病学、临床症状和病理剖检等作出快速而准确的诊断，同时还可以对某些传染病定期进行监测和寄生虫卵检查，从而可有效确保整个猪场的安全生产。建兽医室首先要满足其设施要求，其次准备必要的设备与物品。

(1) 兽医室的设施要求 兽医室应建立在猪场的卫生防疫隔离区内，与生产区及生产管理区之间应保持300米以上的距离。一般面积为50～60米^2，将其隔成大小两间，小间在外，大间在内，地面和墙壁用瓷砖砌成离地1.5米高的墙裙，天花板要光滑，备有门窗、水电等，室内建筑应符合卫生要求。小房间主要用于病、死猪的剖检，病料采集、器皿清洗、试验准备等；大房间用于存放仪器设备、药品试剂柜、工作台、无菌操作间或超净工作台，以及进行细菌的分离、接种培养和实验诊断等。

(2) 兽医室必备的设备物品

①常用剖检器械 解剖板或解剖盘、解剖刀、剪子、镊子、手术刀、骨剪等。

②常用玻璃器皿 不同规格的试管、培养皿、三角烧瓶、烧杯、吸管、载玻片和盖玻片、容量杯、量筒及量杯、离心管、试剂瓶、玻璃缸、研钵、玻璃棒、酒精灯、漏斗等。

③常用消毒药品和清洗剂 酒精、碘酊、新洁尔灭、百毒杀和氯制剂、肥皂、洗衣粉、洗洁精、稀盐酸、清洁液等。

④常用试剂　染色液有美蓝、草酸结晶紫、革兰氏碘液、95%酒精、沙黄染液、姬姆萨染液、抗酸染色液、芽孢染色液等；指示剂有溴钾酚紫、中性红、甲基红、酚红、酚酞、溴麝香草酚蓝、精密pH试纸等；缓冲液有磷酸盐缓冲液、枸橼酸盐缓冲液、醋酸缓冲液、巴比妥盐缓冲液、硼酸盐缓冲液等。

⑤培养基　营养肉汤、营养琼脂、麦康凯琼脂、SS琼脂、M-H琼脂、血琼脂平板、厌氧菌分离和细菌生化鉴定等培养基。

⑥药敏纸片　多种药敏试验纸片。

⑦细菌分离培养的相关仪器设备　有普通光学显微镜、恒温培养箱、干热灭菌箱、手提式高压灭菌器、冰箱、冰柜(−20℃)、离心机、恒温箱、水浴（锅）箱、电动振荡器、超净工作台以及注射器和针头若干。

⑧血清学检测的相关设备及诊断试剂盒　设备有电泳仪、微量移液器、酶标检测仪、96孔微量板、玻板，以及细菌分离所用的一些仪器。诊断试剂盒主要配备猪瘟、伪狂犬病、蓝耳病、细小病毒病和乙型脑炎等诊断抗原、血清等。

⑨寄生虫检验的有关仪器及药品

仪器设备：显微镜、放大镜、血细胞计数板、铜网、搪瓷盅、容量瓶、解剖镊子、解剖针、培养皿等。

药品：姬姆萨染色液、苏木素—伊红染色液、乙醇、甲醛等。

21. 怎样建立人工授精配种室？

现在规模化猪场集约化水平比较高，繁殖技术水平直接影响经济效益，因此规模化的猪场必须建立自己的人工授精配种室，并且应当有一套比较完整的操作规程。

(1) 实验室规格及主要功能区　人工授精实验室面积约为20米^2，要求全封闭。内设空调、足够的电源插座，以及进、出水系统。功能区主要分为：实验室人员消毒更衣区，器械清洗、器械预热、准备区，精液处理区域。下面的人工授精配种室布局图（图14）仅供参考。

（2）主要仪器设备 人工授精配种室主要仪器设备有显微镜、电子台秤（称精液用）、电子天平（称量范围0.001～200克，称取精液稀释剂）、恒温水浴锅、电热干燥箱、恒温载物台、双蒸水设备、精子密度测定仪（可用国产分光光度计或进口的高档精子密度仪）、双显加热磁力搅拌器、微量可调移液器、采精保温杯等。

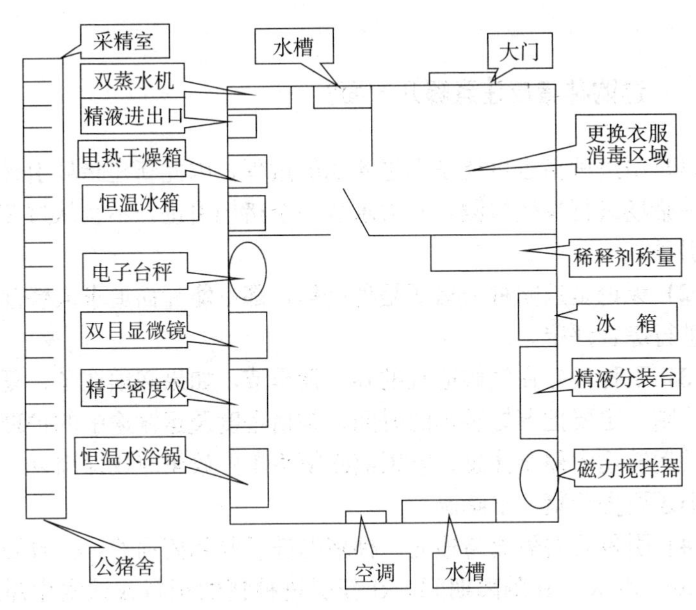

图14 人工授精配种室布局图

（3）易耗器材 人工授精配种室易耗器材有过滤纸（或纱布）、精液分装瓶（袋）、输精管、保鲜袋、胶头滴管、温度计、标签、玻璃棒、载玻片、玻璃烧杯、量筒、盖玻片、剪刀等。卫生消毒用品：实验服、毛巾、帽子、手套、口罩、拖鞋、废物桶、精液输送箱、卫生纸、医用托盘、新洁尔灭、橡皮筋等。

二、怎样选猪和配种

22. 选购种猪应注意哪几方面?

(1) 引进种猪也可能是引进疾病的过程，因此新建猪场引种必须对供种猪场进行疾病检测，并力求从一个猪场引进，不宜从过多的种猪场引种。

(2) 无论是选购种公猪还是种母猪，都不能片面追求大臀部，一定要进行综合评定。

(3) 引种最好在气候适宜的春、秋季节，如果必须在冬、夏季节引种，则一定要把握好装车的时间、装猪密度及运输途中的护理。工作人员运输途中停车休息、吃饭前必须将车停放阴凉或保温处，如果是夏季还要先给猪冲水降温。

(4) 引种后的隔离与适应　种猪引进后要隔离饲养，一般隔离时间为30～45天。在隔离期间，在新引进种猪的饲料或饮水中添加适量的多维电解质，注射必要的疫苗，如果是老猪场引进更新种猪，可以用原猪场内的猪粪、胎衣、木乃伊仔猪等与新引种猪接触，以达到充分混群适应。在隔离期间要注意观察猪群有无异常变化，如无异常变化，则可在适当时候转入后备种猪舍。

(5) 通过肉眼挑选优秀种猪是非常困难的，挑选的种猪最好有测定成绩，通过测定的成绩制订综合选择指数，选那些综合指数值高的，再结合肉眼评定来选出最优秀的种猪。

23. 如何选择种公猪与种母猪？

（1）种公猪的选购标准

①体躯结构　公猪的体躯结构要匀称，头颈、前躯、中躯和后躯结合自然良好，眼观具有非常结实紧凑的感觉。颈短而粗，眼睛有神，前躯舒展，背腰平直，腹部大小适中，后躯丰满，耳、尾摇摆自如而不下垂，四肢强壮，姿势端正、蹄趾粗壮对称。

②生殖器官　种公猪要求睾丸发育良好，轮廓清晰，大小适中，均匀一致，对称饱满，无单睾、隐睾、赫尔尼亚。包皮大小适中，无积尿。

③肢蹄　要求公猪四肢强壮，肢蹄粗壮、对称。关节发炎脓肿、蹄甲裂痕严重的种猪不能选择。尽量避免有如图15所示的不理想肢蹄结构的种猪。

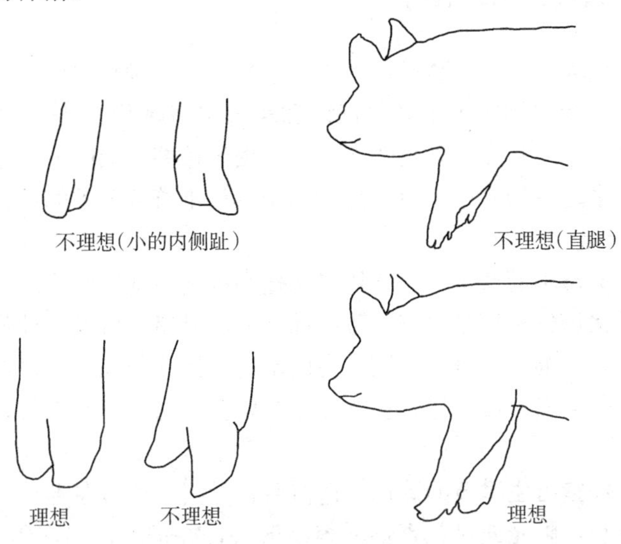

图15　猪肢蹄的几种类型

④应激检验　将公猪在场地上迅速地驱赶运动几圈，如果公猪出现肌肉震颤现象的不能选择。

⑤精液检查　如果所选购的种公猪已达到性成熟期，可以检查精

液的质量，根据精液质量来确定。

（2）种母猪的选购标准

①体躯结构　体躯紧凑结实，身腰不太长，但体躯要深，背腰部稍弓起，尾根高，骨盆腔大，四肢粗壮。

②乳头发育　乳房膨软发育良好，有效乳头6对以上，乳头排列整齐对称，间隔适宜，第一对乳头在胸骨前方。尽量避免选择有瞎乳头、内翻乳头、副乳头、间隔不整齐及乳头密集在腹后部的母猪。

③阴户　后备母猪的外阴户明显，大小正常不上翘，应与其年龄相称，阴户太小的母猪不宜作种用。

④肢蹄　四肢强壮，行走稳健，蹄趾结实，后肢后踏，两后肢间距宽。后肢前踏、系部软弱的母猪支撑不住身体，尤其是在母猪配种和妊娠后期。

24. 如何选留后备猪？

为了使养猪生产保持较高的生产水平，保持种猪群以青壮年种猪为群体的结构比例，每年必须选留和培育出占种猪25%～30%的后备公、母猪，来补充、替代年老体弱、繁殖性能降低的公、母猪。下面介绍几个选留的阶段，每一阶段逐步淘汰不符合要求的后备猪直至配种。

（1）父母本的选择　育种场要从核心母猪与优秀公猪的后代中挑选。商品猪场也必须是血统清楚的优秀公、母猪的后代。种公猪要生长发育良好，饲料报酬高，胴体瘦肉率高，无遗传隐患。种母猪要产仔多，哺乳力强，母性好，且产仔2窝以上，窝产仔猪头数多，初生体重大。

（2）仔猪出生季节的选择　选留后备母猪一般多在春季，因为春季气候温和，阳光充足，青饲料容易解决，好饲养，到当年8～9月份体重、月龄均可达到配种的要求，体况、体质和生理机构均已成熟，能及时参加配种。

（3）窝选　仔猪断奶后，公、母猪分开饲养，直到小母猪体重达到65千克左右时，依据其父母的性能，再参考个体发育情况，从同窝仔猪中挑选初生重大，生长发育好，增重快，体质强壮，断奶体重大，有效乳头不少于 14 个，并且排列整齐均匀，无瞎乳头、内翻乳头，外形无重大缺陷的母仔猪。其选留的头数应是选留猪的 2.5～3 倍。选留的小母猪按 5～10 头分组饲养。

（4）第 18 周龄　淘汰四肢短粗、体格不匀称、生长发育不良或者是有突出缺陷的个体。挑选体躯结构合理、肢体结构理想、健壮的个体。

（5）第 26 周龄　后备猪 26 周龄时各组织器官已经发育到一定程度，优缺点更加突出。可根据体形外貌、生长发育状况、性成熟表现、外生殖器官的好坏、背膘厚薄等性状进行严格的选择，淘汰量较大。

（6）配种前的选留　后备母猪在转入配种舍前，即初配前进行最后一次挑选。在 31 周龄左右，淘汰个别品种特征不明显、性器官发育不良、生长发育慢、发情周期不规律、发情征状不明显的后备母猪。凡是在 18～24 天发情，且征兆明显，四肢、乳头数、生长速度和背膘厚度等指标均符合品种特征的，可鉴定为合格的小母猪。在其第三次发情时可进行配种。

（7）母猪繁殖配种和繁殖阶段的选留　该时期选留的主要依据是个体本身的繁殖性能。对下列情况的母猪可考虑淘汰：至 7 月龄后毫无发情征兆者；在一个发情期内连续配种 3 次未受胎者；断奶后 2～3 个月无发情征兆者；母性太差者和产仔数过少者。

25. 常用的杂交模式有哪几种？各有什么特点？

杂交模式是指杂交方式和亲本群体选配的总称；杂交方式是指采用什么方法进行杂交；而亲本选配则指选择什么品种或系参与杂交。常用的杂交模式包括二元杂交、三元杂交、四元杂交和轮回杂交。以下仅介绍最常用的二元杂交与三元杂交。

（1）二元杂交　是用 1 个外来瘦肉型品种做父本与 1 个地方良种母猪杂交称二元杂交，所生产的后代称为二元杂交猪（图 16）。二元杂交方法的优点是简单易行，可获得最大的个体杂种优势，

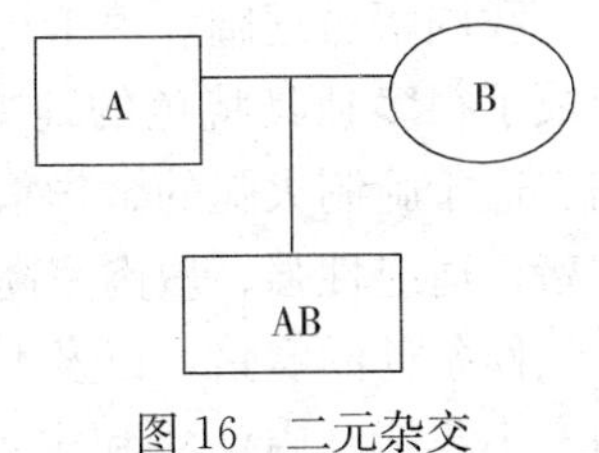

图 16　二元杂交

是我国养猪生产应用最多的一种杂交方法。许多养猪户常采用二元杂交方式，将本地母猪与外种公猪（长白猪或约克夏猪）杂交，生产商品肉猪。这种二元杂交猪适合于我国农村大多数地方，特别是边远山区广大农户、小型专业户、重点户饲养。这种杂种猪可充分利用当地的青、粗饲料和农副产品，提高经济效益。

（2）三元杂交 2个外来瘦肉型品种与1个地方良种母猪杂交［即3个品种（系）参加的杂交］称为三元杂交，所生产的后代称为三元杂交猪（图17）。这种猪适宜城市郊区和粮食充足、饲养条件好、商品饲料有保障的地方的专业大户饲养。在我国农村常采用本地母猪与外种公猪（如长白猪或约克夏猪）杂交，生产的杂种母猪再与外种公猪（如杜洛克）杂交，生产三元杂种肉猪。在经济发达的大中城市及沿海地区的规模化猪场，普遍采用杜洛克猪×（长白猪×约克夏猪）生产三元商品肉猪。

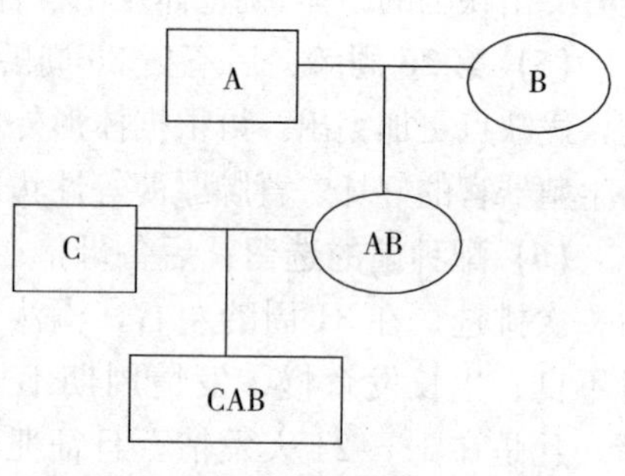

图17　三元杂交

三元杂交方法的优点，主要在于它既能获得最大的个体杂种优势，也能获得效果十分显著的母本杂种优势。一般三元杂交方法在繁殖性能上的杂种优势率，较二元杂交方法高出1倍以上。三元杂交的缺点是需要饲养3个纯种（系），不能利用父本杂种优势。

26. 我国有哪些优良地方猪种？

我国幅员辽阔，由于自然及社会经济条件的差异，不同地区之间形成了很多独具特色的地方猪种，如繁殖力极高的太湖猪，皮薄骨细、适于腌制火腿的金华猪，体型矮小、早熟易肥、适于做烤乳猪的香猪，适应性强、瘦肉率高的荣昌猪，抗寒高产的东北民猪和适应恶劣气候条件的藏猪，以及西北八眉猪、里岔黑猪、莱芜黑猪、番猪、两广小花猪、内江猪和宁乡猪等。据不完全统计，我国地方猪种有

100 余个。这里仅介绍一些有代表性的猪种。

太湖猪

太湖猪分布在长江中下游，按照体形及性能上的某些差异，太湖猪可以分为若干个地方品系，即二花脸、梅山、嘉兴黑、枫泾、横泾等。因其繁殖性能极高而备受国内外青睐，美国、日本、英国、法国等国家先后引入太湖猪，对其高繁殖力的繁殖生理和遗传机制进行深入研究。

（1）体形外貌 太湖猪体型中等，头大额宽，额部皱褶多而深，耳大下垂，形似蒲扇。全身被毛黑色或青灰色，被毛稀疏。腹部皮肤多呈紫红色。其中，梅山猪四肢末端为白色，俗称“四脚白”。乳头 8～9 对。

（2）生产性能 该品种日增重较低，为 440 克左右，耗料增重比在 4.5 以上，胴体瘦肉率 40%。太湖猪繁殖性能极高，是目前世界上产仔数最高的猪种，经产母猪平均产仔数 16 头。

（3）杂交利用 太湖猪极高的繁殖性能使其成为理想的杂交母本。实践证明，以太湖猪为母本，与杜洛克猪、长白猪、汉普夏猪及大白猪进行二元、三元杂交，都可获得较好的杂交效果。但在进行二元杂交时，商品代的日增重和胴体瘦肉率都较低，只能满足中小城市和农村市场。国外也在其母系中引入太湖猪血液，以期提高母本的繁殖性。

金华猪

金华猪原产浙江金华地区，该地区腌制火腿时要求肉猪的体型大小适中，皮薄脚细，肉质细嫩，肥瘦适度。金华猪的特点是皮薄骨细，早熟易肥，肉质优良，是适于腌制火腿的优良猪种。

（1）体形外貌 金华猪体型中等偏小，耳中等大小，下垂但不超过嘴角，额有皱纹，颈短粗，背微凹，腹大微下垂，臀较倾斜，四肢细短，蹄质坚实呈玉色，皮薄，毛疏，骨细，毛色以中间白、两头黑为特征，故又称“两头乌”。乳头 8 对。

（2）生产性能 金华猪经产母猪产仔数 13.8 头，初生个体重

0.65千克。肥育期平均日增重460克左右，胴体瘦肉率43%，腿臀比31%。

(3) 杂交利用 金华猪与引进的肉用型品种进行二元、三元杂交，均有明显的杂种优势。

香猪

香猪原产贵州和广西壮族自治区的部分地区，是一种特殊的小型地方猪种，早熟易肥，肉质香嫩，宰食哺乳仔猪或断乳仔猪时，无奶腥味，故称为香猪。

(1) 体形外貌 香猪体躯矮小，头较直，额部皱纹浅而少，耳较小而薄，略向两侧平伸或稍下垂。背腰宽而微凹，腹大丰圆触地，后躯较丰满。四肢短细，后肢多卧系。毛色多全黑，少数具有“六白”或不完全“六白”特征。乳头5～6对。

(2) 生产性能 香猪经产母猪产仔数为5～8头。经测定，从90日龄、体重3.7千克左右开始肥育，养至180日龄、体重达22千克左右，日增重210克，每千克活重消耗混合料3千克左右。

(3) 开发利用 香猪用做烤乳猪，在我国香港和一些大城市以及东南亚地区很有市场。香猪进一步小型化，选育成体型更小的微型猪，可用做医学实验动物。

东北民猪

东北民猪分布在东北三省及河北、内蒙古等地。该品种猪以适应性强、繁殖性能高而闻名，在我国猪新品种的选育及北方地区养猪生产中起到了重要作用，并先后被引至日本、美国。

(1) 体形外貌 东北民猪头中等大小，面部直长，耳大下垂，体躯扁平，背部狭窄，臀部倾斜，四肢粗壮，腹部下垂。全身被毛黑色，毛密而长，冬季长毛下密生绒毛，猪鬃多而长，乳头7～8对。

(2) 生产性能 东北民猪增重速度较慢，平均日增重460克左右，90千克屠宰胴体瘦肉率46%，这在我国地方猪种中是较高的。东北民猪繁殖性能高，经产母猪平均产仔13.5头，母猪哺育能力强，母性好，发情征状明显。

(3) 杂交利用 由于东北民猪繁殖性能高，适应性强（在－15℃条件下可正常产仔和哺乳），故多用其做杂交母本，与长白猪、大白猪、杜洛克猪及哈白猪进行二元、三元杂交，都可获得较好的杂交效果。除东北地区外，华北地区也有用做杂交母本。

宁乡猪

产于湖南省宁乡县流沙河、草冲一带，又称草冲猪、流沙河猪，是湖南省四大名猪种之一。已有1 000余年的历史。全国除西藏、台湾外，其余省、市、自治区均引进宁乡猪，省内则几乎遍及各地，它具有繁殖率高、早熟易肥、肉质松疏等特点，且在饲养过程中性情温顺，适应性强。

(1) 体形外貌 宁乡猪体型中等，头中等大小，额部有形状和深浅不一的横行皱纹，耳较小、下垂，颈粗短，有垂肉，背腰宽，背线多凹陷，肋骨拱曲，腹大下垂，四肢粗短，大腿欠丰满，多卧系，群众称之为“猴子脚板”，被毛为黑白花。依毛色不同有乌云盖雪、大黑花、烂布花三种类型；依头型差异，有狮子头、福字头、阉鸡头三种。

(2) 生产性能 宁乡猪属偏脂肪型猪种，具有早熟易肥，边长边肥，蓄脂力强，肉质细嫩，味道鲜美，性情温顺，适应性强等特点。宁乡猪肥育期日增重为368克，饲料利用率较高，体重75～80千克时屠宰为宜，屠宰率为70%，膘厚4.6厘米，瘦肉率为34.7%。宁乡猪三胎以上产仔10头。

(3) 杂交利用 宁乡猪在华北、东北、西北、华南等地饲养，均具有较强的适应性，与外种猪杂交具有明显的杂种优势。宁乡猪曾被确定为全国三大优良地方品种之一。

荣昌猪

荣昌猪原产于成都市荣昌和四川隆昌两县，后扩大到永川、泸县、泸州、宜宾及重庆等10余县、市。据统计，中心产区荣昌、隆昌两县，每年向外提供仔猪达10万头以上。荣昌猪除分布在本省许多县、市外，并推广到云南、陕西、湖北、安徽、浙江、北京、天津、辽宁等20多个省、直辖市。

（1）体形外貌 荣昌猪体型较大，除两眼四周或头部有大小不等的黑斑外，其余皮毛均为白色。也有少数在尾根及体躯出现黑斑而全身纯白的。群众按毛色特征分为"金架眼""黑眼膛""黑头""两头黑""飞花"和"洋眼"等。其中"黑眼膛"和"黑头"约占一半以上。荣昌猪头大小适中，面微凹，耳中等大、下垂，额面皱纹横行、有旋毛；体躯较长，发育匀称，背腰微凹，腹大而深，臀部稍倾斜，四肢细致、结实；鬃毛洁白、刚韧；乳头6～7对。

（2）生产性能 日增重313克，以7～8月龄体重80千克左右为宜，屠宰率为69%，瘦肉率42%～46%，腿臀比例29%。荣昌猪肌肉呈鲜红或深红色。初产母猪产仔数7头，3胎以上经产母猪产仔数10头。

内江猪

主要产于四川省的内江市和内江县，历史上曾称为"东乡猪"。内江猪具有适应性强和杂交配合力好等特点，是我国华北、东北、西北和西南地区开展猪杂种优势利用的良好亲本之一，但存在屠宰率较低、皮较厚等缺点。

（1）体形外貌 体型大，体质疏松，头大，嘴筒短，额面横纹深陷成沟，额皮中部隆起成块，俗称"盖碗"。耳中等大、下垂，体躯宽深，背腰微凹，腹大不拖地，四肢较粗壮，皮厚，被毛全黑，鬃毛粗长。乳头粗大，6～7对。一般将额面皱纹特深、嘴筒特短、舌尖常外露者称"狮子头"型；将嘴稍长、额面皱纹较浅者称"二方头"型。目前以"二方头"型居多。成年公猪体重170千克左右，成年母猪155千克左右。

（2）生产性能 日增重410克左右，6月龄体重可达90千克，屠宰率67.5%，母猪产仔数为9～10头。

（3）杂交利用 内江猪遗传性强，杂种后代均不同程度表现额

宽、额面皱褶多、有旋毛等外貌特征，胴体也呈现屠宰率较低、皮厚等性状。以内江猪为父本，与长白猪、苏白猪、巴克夏猪等猪种杂交，一代杂种猪的日增重率优势分别为36.2%、12.2%和5.7%。杂种猪皮变薄，眼肌面积增大，胴体瘦肉率增加。例如，内×长杂种猪的皮厚为0.48厘米（内江猪为0.68厘米），胴体瘦肉率为44.6%（内江猪为41.6%）。

藏猪

藏猪主产于青藏高原，是世界上少有的高原型猪种。藏猪长期生活于无污染、纯天然的高寒山区，具有皮薄、胴体瘦肉率高、肌肉纤维特细、肉质细嫩、野味较浓、适口性极好等特点。可生产酱、卤、烤、烧等多种制品，其中烤乳猪是极受消费者青睐的高档产品。

（1）体形外貌 藏猪被毛多为黑色，部分猪具有不完全“六白”特征，少数猪为棕色，也有仔猪被毛具有棕黄色纵行条纹。鬃毛长而密，被毛下密生绒毛。体小，嘴筒长、直，呈锥形，额面窄，额部皱纹少。耳小直立、转动灵活。胸较窄，体躯较短，背腰平直或微弓，后躯略高于前躯，臀倾斜，四肢结实紧凑、直立，蹄质坚实，乳头多为5对。

藏猪能适应严酷的高寒气候、终年放牧和低劣的饲养管理条件，在海拔2 500～3 500米的青藏高原半山区，年平均气温7～12℃，冬季最低－15℃，无霜期110～190天，饲料资源缺乏，每天放牧10小时左右的严酷条件下，藏猪仍能很好地生存下来。这种极强的适应能力和抗逆性，是其他猪种所不具备的独特种质特性。

（2）生产性能 藏猪在终年放牧饲养条件下，育肥猪增重缓慢，12月龄体重20～25千克，24月龄时35～40千克。屠宰率66.6%，胴体瘦肉率52.55%，脂肪率28.38%。母猪一般年产1窝，初产母猪平均产仔5头，二胎6头，经产7头。

梅山猪

梅山猪是我国优良地方品种太湖猪的一个品系，以高繁殖力和肉质鲜美而著称于世。作为世界产仔冠军的梅山猪，是遗传资源中经济杂交和培育新品种的优良亲本。该猪主要适宜于圈养的饲养方式，宜用精、青、辅料适当搭配饲喂。

（1）体形外貌 梅山猪体型小、皮薄、早熟、繁殖力高、泌乳力强、使用年限长和肉质鲜美而著称于世。小梅山猪外貌清秀，头较小，额面皱纹浅而少，耳中等大小、薄而下垂，皮薄毛稀，背腰平直，四肢结实有力，四肢蹄部白色，乳头排列均匀，乳头数多为8～9对。

（2）生产性能 梅山猪性成熟早，小母猪85日龄可发情，7月龄即可配种。梅山猪繁殖力高，产仔多，平均每胎产仔16头。利用年限长，统计资料表明：8～12胎的小梅山母猪窝产仔数仍在15头以上。母猪温顺，奶水多，护仔性强，大多数母猪能在哺乳期配种妊娠。梅山猪具有较强的环境适应能力，耐粗性能好。商品猪肉质鲜美，细嫩多汁，肌间脂肪丰富，五花肉多。

（3）杂交利用 梅山猪杂交优势明显，与瘦肉型公猪杂交后胴体瘦肉多（52%左右）、生长速度快，抗病力强，其二元杂交母猪基本保持梅山猪的高产性能，产仔达到14头，生产的三元杂交商品猪瘦肉率达到56%以上。

八眉猪

八眉猪又称川猪或西猪。中心产区为陕西泾河流域、甘肃陇东和宁夏的固原地区。主要分布于陕西、甘肃、宁夏、青海等省、自治区，在邻近的新疆和内蒙古亦有分布。八眉猪具有适应力强、抗逆性强、肉质好、脂肪沉积能力强、耐粗放管理、遗传性稳定等特点，但八眉猪也存在着生长慢、后躯发育差、皮厚等缺点。

（1）体形外貌 头较狭长，耳大下垂，额面纵行“八”字皱纹，故名八眉。被毛黑色。按体形外貌和生产特点可分大八眉、二八眉和小伙猪三大类型。

大八眉：体格较大。头粗重，面微凹，额较宽，皱纹粗而深，纵横交错，有“万”字或“寿”字头之称；耳大下垂、长过嘴角，嘴

直。背腰稍长，腹大下垂。肢稍高，后肢多卧系、尾粗长。皮厚松弛，体侧和后肢多皱襞，呈套叠状，俗称“套裤”。被毛粗长。乳头6～7对，多达9对。

二八眉：介于大八眉和小伙猪之间的中间类型。头较狭长，额有明显细而浅的“八”字皱纹，耳大下垂、长与嘴齐。背腰狭长，腹大下垂。大腿欠丰满，后肢多卧系，皱褶较少，且不明显。乳头有6对，多达7～8对。

小伙猪：体型较小，侧面呈椭圆形。体质紧凑，性情灵活。头轻小，面直，额部多有旋毛，皱纹少而浅细，耳较小下垂，耳壳较硬，俗称杏叶耳；嘴尖，俗称黄瓜嘴。背短宽较平，腹大稍下垂，后躯较丰满，四肢较短，皮薄骨细。乳头多为6对。早熟易肥，适合农村散养户饲养。

（2）生产性能 八眉猪生长较慢，育肥期较长。大八眉猪12月龄体重才50千克，2～3年体重达150～200千克时屠宰；二八眉猪肥育期较短，10～14月龄、体重75～85千克时即可出栏；小伙猪10月龄、体重50～60千克时即可屠宰。育肥期日增重为458克，瘦肉率为43.2%。八眉猪的肉质好，肉色鲜红，肌肉呈大理石纹状，肉嫩，味香。八眉猪头胎产仔数6.4头，三胎以上12头。

两广小花猪

两广小花猪分布于广东、广西相邻的浔江、西江流域的南部，中心产区有陆川、玉林、合浦、高州、化州、吴川、郁南等地。

（1）体形外貌 体短和腿矮为其特征，表现为头短、颈短、耳短、身短、脚短、尾短，故又称为六短猪，额较宽，有Y形或菱形皱纹，中有白斑三角星，耳小向外平伸，背腰宽而凹下，腹大多拖地，体长与胸围几乎相等，被毛稀疏，毛色均为黑白花，黑白交界处有4～5厘米宽的晕带，乳头6～7对。

（2）生产性能 6月龄母猪体重38千克，成年母猪体重112千克，小母猪4～5月龄体重不到30千克即开始发情，多在6～7月龄、体重40千克时初配，平均产仔8头。

里岔黑猪

(1) 体形外貌 全身被毛与皮肤为黑色，极个别的有棕毛，体躯长、胸部浅、胸围比体长小15厘米，头中等大小，嘴筒长直，前额有明显的菱形皱纹，耳大前倾，背腰平直，腹大而不下垂。乳头一般为7对，肢蹄结实，后躯稍欠丰满。

(2) 生产性能 在一般饲养情况下，育肥猪6月龄体重达90千克，平均日增重600克左右，育肥猪屠宰率71%，瘦肉率50%以上。初产母猪平均产仔9头，经产母猪平均产仔12头。

(3) 杂交利用 以里岔黑猪为基础，导入杜洛克猪血统，培育的里岔黑猪新品系具有繁殖率高、抗病力强、肉质好的优良性能，同时生长发育快、瘦肉率高、饲料转化率高。以里岔黑猪新品系猪为母本，与长白猪、大约克猪等杂交，杂种后代育肥猪日增重800克以上，饲料利用率在3以下。

27. 我国有哪些优良的培育猪种？

我国培育猪种主要是指新中国成立以来，利用从国外引入的猪种与地方猪种经杂交育种而育成的品种。此类猪种既具有地方品种适应性强、繁殖力高、肉质优良的优点，又吸收了引入品种生长速度快、胴体瘦肉率高的特性，因而很受欢迎，在我国养猪业中发挥了重要的作用。以下介绍其中应用较多、影响较大的几种。

上海白猪

上海白猪产于上海市近郊的原上海和宝山两县，分布于上海市近郊及周边地区。

(1) 体形外貌 上海白猪体型中等偏大，体质结实，头面平直或微凹，耳中等大小、略向前倾，背宽，腹稍大，腿臀较丰满，被毛白色。乳头7对左右。

(2) 生产性能 上海白猪经产母猪平均产仔数12.9头，肥育期平均日增重615克，90千克屠宰胴体瘦肉率52.5%。

(3) 杂交利用 上海白猪在产地用做杂交母本，与杜洛克猪、大白猪、梅山猪等猪种进行二元、三元杂交，具有较好的杂交效果。

北京黑猪

北京黑猪主要在北京双桥农场和北郊农场育成，分布于京郊各区、县。

(1) 体形外貌 北京黑猪体质结实，结构匀称，头大小适中，两耳向前上方直立或平伸，面微凹，额较宽。背腰较平直且宽，四肢健壮，腿臀较丰满。全身被毛黑色。乳头7对以上。

(2) 生产性能 北京黑猪经产母猪平均产仔数11.5头。肥育期平均日增重610克，90千克体重屠宰胴体瘦肉率为51.5%。

(3) 杂交利用 以北京黑猪为母本与杜洛克猪、大白猪、长白猪等进行杂交，具有较好的杂交效果。“长北”“约长北”“杜长北”是较常用的杂交组合。

哈尔滨白猪

哈尔滨白猪简称哈白猪，产于黑龙江省南部和中部地区，以哈尔滨市及其周围市县分布较多。哈白猪是由东北农业大学主持培育的我国第一个培育猪种，育成之时属肉脂兼用型，因其增重速度较快，适应性很强，而深受养猪场（户）欢迎，成为黑龙江省的当家品种。近年来，东北农业大学有关专家进行了哈白猪肉用性能的选育，使哈白猪的胴体瘦肉率、生长速度都有了显著的提高。

(1) 体形外貌 哈尔滨白猪体型较大，结构匀称。头中等大小，两耳直立，胸宽深，背腰平直，腹线稍大，但不下垂，后躯较丰满，四肢强健，体质结实，全身被毛白色。乳头7对以上。

(2) 生产性能 经选育的哈白猪肥育期平均日增重可达650克以上，耗料增重比3.3以下，90千克体重屠宰胴体瘦肉率56%以上。哈白猪的繁殖性能中等，经产母猪平均产仔数11.5头，母猪哺育能力较强。

（3）杂交利用 作为黑龙江省的当家猪种，哈白猪被广泛用做杂交母本，与杜洛克猪、长白猪、大白猪进行二元、三元杂交，均具有较好的杂交效果。“杜哈”“杜长哈”“杜大哈”是当前应用较多的杂交组合。

三江白猪

三江白猪产于黑龙江省东部的三江平原地区，是我国自行培育的肉用型猪种。三江白猪育种首先用长白猪和民猪正反杂交，再与长白猪回交，经闭锁繁育而成。

（1）体形外貌 头轻嘴直，耳下垂，背腰宽平，腿臀丰满。被毛全白，毛丛稍密。体形近似长白猪，具有肉用型猪的典型体躯结构。乳头7对，排列整齐。

（2）生产性能 该品种猪增重快，平均日增重可达620克以上，耗料增重比3.5以下，胴体瘦肉率58.5%。经产母猪平均产仔12.4头，且母猪发情征状明显，受胎率高。

（3）杂交利用 三江白猪具有肉用性能好、繁殖力高、肉质优良的特性，做杂交父本和母本都可获得较好的杂交效果。以三江白猪做亲本的杂种商品猪，已成为广东供给香港市场胴体等级较高的产品。

湖北白猪

湖北白猪原产于湖北，主要分布于华中地区。

（1）体形外貌 湖北白猪全身被毛全白，头稍轻、直长，两耳前倾或稍下垂，背腰平直，中躯较长，腹小，腿臀丰满，肢蹄结实，乳头6对以上。

（2）生产性能 成年公猪体重250～300千克，母猪体重200～250千克。该品种具有瘦肉率高、肉质好、生长发育快、繁殖性能优良等特点。产仔数初产母猪为9.5～10.5头，经产母猪12头以上。

（3）杂交利用 以湖北白猪为母本与杜洛克猪和汉普夏猪杂交均有较好的配合力，特别与杜洛克猪杂交效果明显。杜×湖杂交种一代肥育猪20～90千克体重阶段，日增重0.65～0.75千克，杂交种优势率10%，胴体瘦肉率62%以上，是开展杂交利用的优良母本。

28. 我国从国外引入的优良猪种主要有哪些?

我国从国外引入的优良猪种主要有长白猪、约克夏猪、大约克夏猪、巴克夏猪、汉普夏猪、杜洛克猪、皮特兰猪以及苏联大白猪、比利时长白猪。以下仅介绍在目前养猪生产中常见的几个国外品种。

长白猪

长白猪原产于丹麦，原名兰德瑞斯猪，是目前世界上分布最广的瘦肉型品种之一。因性能优异，被引至许多国家，经风土驯化与选育形成许多适合当地条件的分支或品系，如比利时长白猪、德系长白猪等。

(1) 体形外貌 长白猪全身被毛白色，头小而清秀，嘴尖，耳大下垂，背腰长而平直，四肢纤细，后躯丰满，被毛稀疏，体躯呈前窄后宽的流线型。乳头 7 对。

(2) 生产性能 长白猪增重快，平均日增重 700 克以上，90 千克体重的屠宰胴体瘦肉率在 62%以上，产仔 11 头左右。

(3) 杂交利用 在我国的商品猪生产中多用长白猪做经济杂交的父本，以其作为二元杂交的父本、三元杂交的第一父本或终端父本，均可获得较好的杂交效果。

大白猪

大白猪原产于英国，又称大约克夏猪。很多国家从英国引入大白猪，结合本国具体情况培育出适合于本国的大白猪，如法国大白猪、美国约克夏猪、加拿大约克夏猪等，各国大白猪在体形和生产性能上略有差异。

(1) 体形外貌 大白猪体型较大，耳直立，颜面微凹，身腰长，背腰微弓，四肢高而强健。被毛全白色，少数个体额角有暗斑。乳头 7～8 对。

(2) 生产性能 该品种生长快，饲料利用率高，日增重可达 700

克以上，饲料利用率 3.2 以下。90 千克体重的屠宰胴体瘦肉率在61%以上。繁殖性能高是大白猪的突出特点，经产母猪产仔可达13 头。

(3) 杂交利用 大白猪在国外以繁殖性能高、适应性强而闻名，因此多用做杂交母本。在我国则多用做杂交父本，与地方猪种或地方培育猪种杂交，以生产二元杂种母猪或杂交商品猪。

杜洛克猪

杜洛克猪原产于美国东部，由于被毛为金黄色或红褐色，故在我国俗称红毛猪。它是目前世界上生长速度最快、饲料利用率最高的品种，并因此而成为应用最多的杂交父本品种。

(1) 体形外貌 杜洛克猪体躯较长，背腰微弓，头较小而清秀，脸部微凹，耳中等大小，略向前倾。后躯丰满，四肢粗壮，蹄黑色。全身被毛红色，较浅的是金黄色，有些深至红褐色。

(2) 生产性能 该品种生长快，日增重可达 750 克以上，耗料增重比在 2.9 以下，胴体瘦肉率可达 63%以上。与长白猪和大白猪相比，杜洛克猪的繁殖性能略低，产仔数 10 头左右。引入初期普遍反映在我国北方公猪配种能力低，性欲差，目前这一状况有很大改善。

(3) 杂交利用 由于其生长速度快、饲料利用率高，因此最适宜做杂交父本，以其做父本进行二元、三元杂交，可明显提高商品代肉猪的增重速度和饲料利用率。“杜长大”“杜长哈”“杜汉大”等都是性能优良的杂交组合。

皮特兰猪

皮特兰猪原产于比利时的布拉邦特附近，是近 30 年来在欧洲流行的瘦肉型新品种，20 世纪 80 年代引入我国。

(1) 体形外貌 皮特兰猪毛色灰白，夹有黑色斑点，有的还夹有部分红色。耳中等大小、向前倾，体躯宽而短，肌肉特别发达，四肢粗壮。

(2) 生产性能 皮特兰猪体重 90 千克时屠宰，其胴体瘦肉率可达67%左右。母猪产仔数为10头，断奶成活7.5头，肉猪平均日增重750克，料重比2.61∶1。

（3）杂交利用 近年来有些地方用皮特兰与杜洛克进行杂交，即所说“皮杜杂交”，与杜洛克母猪杂交后，其杂交后代公猪作为四元杂交方式的优秀终端父本。与其他品种母猪杂交，其后代瘦肉率提高显著。其主要缺点是，皮特兰猪应激反应特别强，怕冷、怕热、怕意外刺激等。

汉普夏猪

汉普夏猪原产于美国，以其瘦肉率高而闻名。

（1）体形外貌 汉普夏猪体躯较长，后躯丰满，肌肉发达。嘴较长而直，耳中等大小直立。围绕前肢和肩部有一条白带，身体其他部分为黑色（白带宽度不超过体长的1/4）。乳头数6～7对。

（2）生产性能 汉普夏猪增重速度中等，平均日增重620克，饲料利用率也不高。但其背膘薄，瘦肉率很高，可达66%。繁殖性能较低，平均产仔数9头左右。

（3）杂交利用 由于汉普夏猪背膘薄，瘦肉率高，而繁殖性能较低，故在经济杂交中多用做终端父本。

29. 母猪的生殖器官包括哪些？

了解母猪的生殖器官，对猪场的人工授精工作（如输精管的定位）非常重要。母猪的生殖器官包括：卵巢、生殖道（包括输卵管、子宫、阴道）、外生殖器（包括尿生殖前庭、阴唇和阴蒂）。其主要功能是产生卵子、排出卵子，与公猪交配，孕育胎儿、分娩排出胎儿。

（1）卵巢 母猪有2个卵巢，分居身体两侧。卵巢的功能是产生卵子和激素。母猪在性成熟前，卵巢中有成千上万的潜在卵子，但直到母猪达性成熟，这些卵子才发育并释放。卵子自卵巢内放出叫做排卵。一般排卵数和每胎仔猪数有关，一头成熟母猪会周期性地在某一特殊阶段排出一定数目的卵子，除了偶尔有少数母猪只排出3～4枚成熟的卵子外，通常在16～18枚之间，多者可达20枚以上。但有30%的受精卵死于胚胎发育的初期。母猪的排卵数与品种有着密切的关系，我国的太湖猪是世界著名的高产仔品种，平均窝产仔为15头，如果按排卵成活率60%计算，则每次发情排卵在25枚以上，而一般引进品种的窝产仔数在9～12头。排卵数不仅与品种有关，而且还受胎次、营养状况、环境因素及产后哺乳时间长短等影响。

(2) 生殖道

①母猪有两条输卵管，每一条输卵管分别连一个卵巢，输卵管邻近卵巢的部分膨大成漏斗状结构，称为输卵管喇叭口，便于接受卵巢排出的卵子，精子和卵子在输卵管相会并受精，输卵管将受精卵输导到对应的子宫角。

②子宫是孕育胎儿的场所，由子宫颈、子宫体和两个子宫角组成。母猪的子宫体很小，长约5厘米，子宫角的长度在120～150厘米，受精卵通过胎盘组织附着在子宫角的壁上，在多数情况下平均分布在每一子宫角。子宫颈是从阴道进入子宫的门户，母猪发情或分娩时，子宫颈变得松弛，便于公猪阴茎插入或胎儿娩出。妊娠期间，子宫颈口紧闭，防止异物侵入子宫。子宫颈的内表布满一系列的螺旋脊，本交时公猪阴茎的螺旋端可以被牢牢锁定，据此，在人工授精时，常通过向外轻轻地拉动输精管来感觉输精管是否插到位。母猪发情时，子宫以有节律的收缩帮助精子以超过自身运行的速率进入输卵管；分娩时，子宫以强烈的阵缩排出胎儿。

③阴道是母猪的交媾器官，也是产道的一部分。

(3) 外生殖器 外生殖器在母猪发情期间发生明显而有规律的变化，是人们掌握适宜配种时机的重要依据。人工授精时，输精员常通过对阴蒂施加一定的刺激引起子宫收缩，有助于将精子运送到受精部位。

30. 公猪的生殖器官包括哪些？

每头小猪都是由受精卵发育而成，受精卵的形成离不开精子的“功劳”。精子是由公猪提供的，由公猪的生殖器官产生并输送到母猪的子宫。公猪的生殖器官包括：性腺即睾丸；输精管道（包括附睾、

输精管和尿生殖道)；副性腺(包括精囊腺、前列腺和尿道球腺)；外生殖器(包括阴茎、包皮和阴囊)。

(1)睾丸 左右各1个，正常的睾丸，两个大小相同。在体腔外，被阴囊包裹。睾丸的功能是产生精子和雄性激素睾酮，睾酮是使公猪表现和维持雄性特征的激素，公猪表现出性欲，产生性行为，都与它有关。

(2)输精管道 附睾是精子最后成熟的地方，也是贮藏精子的场所。从睾丸中运送来的精子发育还不成熟，没有受精能力，在附睾中经过大约10天的发育，才能成为有受精能力的成熟精子，贮藏在附睾中等待交配，60天内具有受精能力。公猪每次射精并不是将贮藏的全部精子排出，但如果配种过于频繁，会导致精子还没来得及完全成熟就被排出，影响受精。但若久不配种，则精子老化，死亡，最终被分解吸收。

(3)外生殖器 阴茎是公猪的交配器官，精液通过阴茎中的尿道射出。自然交配时，勃起的阴茎可以达到母猪的子宫颈，猪的阴茎顶端呈尖锐并逆时针方向螺旋捻的形状，用于锁住子宫颈，防止精液倒流。在休止状态下，阴茎被包皮所覆盖，如果公猪的包皮过长，容易造成尿液或精液滞留，时间长了就容易感染细菌，造成精液污染或母猪生殖道疾病。配种或人工采精前应将公猪的包皮积液挤出，用清水冲洗干净。

31. 隐睾公猪能作种用吗?

正常情况下，公猪的2个睾丸位于阴囊腔内。在胎儿期的一定时期，睾丸才由腹腔下降到阴囊内。如果成年公猪有时一侧或两侧睾丸未降入阴囊，从外观上只看到1个或看不到睾丸的现象，称为隐睾。由于隐睾在腹腔内温度高于精子产生和成熟所需的正常温度，所以有隐睾的公猪不能以正常的速度产生精子，甚至没有生殖能力，这样的公猪不能作种用。同样的道理，当公猪生病发热或夏季持续高温，精子不能产生和正常成熟，死精增多，活力下降，用来配种，造成母猪产仔数减少，甚至不能受胎。

32. 什么叫性成熟和体成熟？什么是猪的初情期？

（1）性成熟 性成熟是指青年公猪开始产生精子，青年母猪出现发情、排卵、有性欲，此时如配种即可繁殖后代。猪达到性成熟后，其身体仍处在生长发育阶段，经过一段时间后，一般在 9～10 月龄，才能达到体成熟。性成熟只表明生殖器官开始具有正常的生殖机能，并不意味着身体发育完全。如果此时就开始配种，则会影响其身体的发育，降低使用价值，缩短使用年限。一般达到体成熟后配种最合适。

（2）猪的初情期 留种的公、母猪长到一定的年龄，性机能开始成熟。当公猪射出的精液中精子活率达到 10%，有效精子每毫升含 5 000万时的年龄，称之为性成熟初期，又叫初情期。此期间一旦交配，就有使母猪受胎的可能；母猪进入初情期的明显标志是开始发情。

①公猪 我国地方猪种公猪的初情期普遍较早。如四川内江猪，长到 63 日龄以后，即能产生精子，3～5 月龄就有可能参加配种。广东大花白猪，40 日龄就有性行为，3～4 月龄即可能参加配种。国外引入的瘦肉型猪种初情期较晚，一般在 6～7 月龄。我国培育品种及其杂种猪，一般在 4～5 月龄。

②母猪 母猪初次发情的年龄，也随品种、气候和饲养管理条件而有不同。我国地方早熟猪种，3～4 月龄、体重达 30～50 千克就开始发情；培育品种及其杂种性成熟时间稍迟，在 4～6 月龄；引入大型猪种，达到初情期的平均日龄为 200 天（其范围为 5～9 月龄）。气候温暖，饲养条件较好，生长发育加快，性成熟期提前。刚达性成熟期的后备母猪，虽有性欲要求和受胎可能，但绝不能用来繁殖。配种过早，不仅头胎产仔少而弱，而且会严重影响小母猪本身的发育。

33. 影响后备母猪初情年龄的因素有哪些？怎样诱导发情？

（1）影响初情年龄的因素

①基因 遗传因素所占比例相对较高，约 35%～50%。

②氨气水平　氨气浓度高（25～35 毫升/米^3）会推迟发情，导致 200 日龄之内达到初情期的小母猪数量下降 30%。

③温度　29℃以上会影响到发情的表现，减少排卵数。

（2）诱导发情的方法

①混群和移动　将小母猪从圈中赶出来，活动（移动）一下再放回到原来的圈舍或重新混圈，可以帮助诱情。

②公猪诱导　刺激发情最有效的方法是用试情公猪追逐久不发情的小母猪，或让小母猪和一头性欲高、成熟的公猪进行身体接触。

34. 青年种猪什么时候开始配种合适？

（1）公猪　刚达到性成熟初期的小公猪，如果就让其配种，虽有使母猪受胎的可能，但由于这时正是小公猪生长发育最旺盛的时候，它的生殖系统同样也在继续发育，过早交配会妨碍小公猪本身的发育，而且所配母猪也往往产仔少而弱，生长缓慢。不仅对生产不利，长期下去还会缩短种公猪利用年限，甚至造成猪群的退化。所以在性成熟期到来之前，就应当实行公、母分群，以防偷配。但过晚使用对生产也不利，一方面会增加培育期的成本，另一方面如小公猪性成熟后长期不使用，则会造成公猪的性情不安，影响正常发育，有时甚至造成自淫的恶癖。那么，什么时候开始配种比较合适呢？

由于猪的品种、饲养管理条件的不同，小公猪开始配种的年龄很不一致。公猪的适配年龄不应小于 9 个月。由于我国地方品种具有早熟的特点，则配种年龄可以适当提前。一般来讲，生长发育正常的公猪，配种时的体重最好能达到成年时体重的 50%以上，国外引入的瘦肉型猪生长发育快，体重应控制在 110～120 千克。公猪的初配年龄一般在 8～10 月龄。

（2）母猪　母猪适宜的配种时间，不仅与年龄有关，也与生长发育（体重）有关。大多数大体型后备母猪，在体重达 120 千克时都可以安全配种生产。而且后备母猪的体重在 110～130 千克范围内，采用第二个发情期配种与采用第三个情期配种，其窝产仔数是相同的。对于早熟的地方品种6～8月龄，体重50～60千克配种。

有的饲养员认为，母猪达到应当配种的年龄以后，如果体重较轻，生长缓慢，最好还是让它配种。妊娠后的母猪，表现性情温顺，食欲增加。相反的，如不让它配种，每发情一次都有好几天精神不安，不爱吃食，影响发育，对生产不利。但应指出，体重小的母猪配种后，产仔时体格仍小，不能很好地负担哺乳任务，影响仔猪和它本身的发育。

35. 母猪发情有什么表现和规律？

（1）母猪发情的表现 个体间存在一定的差异。其一般特征是：从外表观察，首先是阴门潮红肿胀，而其红肿程度有轻有重，白毛猪较易看出，黑毛猪不易看出。母猪食欲减退，采食明显减少，精神兴奋，躁动不安。随着阴门的肿胀加重，阴道逐渐流出黏液，但黏液较稀，这时的母猪不让公猪爬跨。此阶段称为发情前期，持续1～2天。接下去食欲进一步下降，有的猪根本就不采食，在圈内起卧不安，频频排尿，常互相爬跨、爬圈墙等。此时的母猪喜欢公猪爬跨，如用手或棍按压腰部，则往往呆立不动，这称为"压背反射"；阴道黏液这时也变得非常浓稠，此阶段称为发情中期。到了后期，母猪阴道逐渐消肿，压背反射消失，也不再接受公猪爬跨，食欲也逐渐趋于正常。

（2）母猪发情持续时间 一般3～4天，但随品种、年龄、个体不同而有差异。后备母猪发情时间比经产母猪长，壮年母猪比老年母猪长，地方品种比国外品种及培育品种时间长。如果在发情期间不配种或配而不孕，那么在下一个发情周期还会发情。哺乳仔猪断奶后，多数母猪在3～10天又会出现发情。少数母猪也会在哺乳期发情，但征状不太明显。

（3）假发情 妊娠母猪有时会出现一种不明显的发情，俗称假发情。这种发情与真发情不同，发情表现不明显，一般只有阴门略见红肿，母猪稍有不安，但食欲不减，且食后能安静地卧下休息；当把母猪轰起时，其尾巴不像真发情母猪那样举起摇晃，而是自然下垂或夹着尾巴走；假发情母猪，对公猪的反应不明显，并且一般都拒绝交配。根据以上表现，就可以断定是假发情。

36. 怎样训练青年公猪配种？

对后备公猪进行早期配种训练，对其将来的性行为和配种性能有着决定性的作用。后备公猪一般在8月龄以后、体重达120千克以上时开始进行第一次试配。

(1) 对于刚转入配种舍的后备公猪，可关在配种习惯良好的成年公猪隔壁，熟悉栏舍，学习经验。

(2) 先调教训练性欲旺盛的公猪，下一头隔栏观察、学习。试配前清洗公猪的腹部及包皮部，挤出包皮积尿，按摩公猪的包皮部。

(3) 用发情母猪的尿或阴道分泌物涂在假台猪上，同时模仿母猪叫声，也可以用其他公猪的尿或口水涂在假台猪上，目的都是诱发公猪的爬跨欲。

(4) 上述方法都不奏效时，挑选一头反应良好、性情温顺、发情明显、体格较小的经产母猪与之交配。尽量避开发情不太好、攻击性强的母猪，以免在爬跨时遭到母猪的攻击，产生心理障碍，从此害怕配种。将公、母猪安排在圈内最合适的地方，使后备公猪有足够的时间接触或爬跨母猪。让公猪空爬几次，在公猪高度兴奋时赶走发情母猪，诱发公猪爬跨假台猪，公猪爬上假台猪后即可进行采精。

试配完毕应记录后备公猪在试配中出现的问题，计划下次训练时间。

(5) 调教训练成功的公猪在1周内每隔2天采1次，巩固其记忆，以形成条件反射。对于难以训练的公猪，可实行多次短暂训练，每周3～4次，每次至多15～20分钟。如果公猪表现任何厌烦、受挫或失去兴趣，应该立即停止调教训练。

(6) 注意事项

①避免任何引起公猪紧张的因素，尽量避免与那些有攻击性的母猪交配，否则将来的配种性能会大大下降。

②试配需配种人员在旁看护，细心照顾，及时辅助，防止公猪打滑从母猪或假台猪身上掉下来。在公猪高度兴奋时，要注意公猪和采精员自己的安全，采精栏必须设有安全角。

③无论哪种调教训练方法，公猪爬跨后一定要进行采精，不然，公猪很容易对爬跨假台猪失去兴趣。

④调教训练时，不能让两头或两头以上公猪同时在一起，以免引起公猪争斗等，影响调教的进行和造成不必要的经济损失。

⑤注意调教试配不是等于开始配种，过早配种会影响公猪的生长发育，使其早衰；过晚配种又会降低公猪的性欲，影响正常配种。

37. 什么是猪的人工授精？猪人工授精有哪些好处？

猪的人工授精，就是用人工的方法，把公猪的精液采出来，经过处理，再把它输到发情母猪的子宫内，使母猪受胎。该技术是现代养猪生产的一项繁殖技术，已在一些发达国家和我国的规模化猪场得到广泛的应用。

猪人工授精是进行科学养猪、实现养猪产业化的重要手段，其好处概括起来大致有以下几个方面：

（1）可以增加遗传上优良公猪的利用机会，从而加快种猪的遗传改良速度。在本交的情况下，1 头公猪一次只能和 1 头母猪交配，一年所配种的母猪也只有 25～35 头，优良基因的传播仅局限在本场，数量也有限。可是，用人工授精，1 头公猪一次射出的精液经过稀释后就可以配 5～10 头的母猪，精液可以输给几百公里甚至几千公里外的母猪。从而可以将优良基因迅速而广泛地传播。

（2）可以减少公猪饲养量，进而减少饲料消耗。人工授精 1 头公猪可顶 10 多头公猪使用，在商品肉猪生产中，就可以大大减少公猪的饲养量，减少公猪喂养的饲料消耗，若按 1 头公猪一年需要 800～1 000 千克的全价配合饲料计，一头人工授精公猪可节约饲料 7～9 吨。

（3）避免过度使用公猪。当出现母猪集中发情，配种任务重时，人工授精可避免因公猪使用过度，而导致的母猪受胎率降低。

（4）解决公、母猪体格大小悬殊、本交困难的矛盾。

(5) 避免疫病传染。采用人工授精，公母猪不直接接触，避免了疫病的传播，特别是有效地防止了生殖器官疾病的传播。

(6) 定期检测精液，可以检出精液品质不良的公猪，特别是能降低高温环境下的配种失败率。高温会造成精液不良，而人工授精前的精液品质检查，可以检出这些公猪，从而提高受胎率。

38. 怎样采集公猪精液?

目前，采集种公猪的精液方法一般有两种，一种是假阴道采精法，另一种是手握采精法。目前常用的是手握采精法，因为此种方法可灵活掌握公猪射精所需要的压力，操作简便，且精液品质好。

(1) 采精前的准备

①调节室温至25℃，加热水浴锅至37℃，准备好25℃左右的温水；备好恒温载物台、显微镜、载玻片、盖玻片、吸管、玻璃棒等；配制精液稀释剂。

②消毒好采精所用的器械，在保温杯内衬一只一次性食品袋，再在杯口覆四层脱脂纱布，用橡皮筋固定，要松一些，使其能沉入2厘米左右。制好后放在37℃恒温箱备用。

(2) 手握采精法工作程序

①将待采精公猪赶至采精栏，用0.1%高锰酸钾溶液清洗其腹部及包皮，再用清水洗净，抹干。在采精之前先剪去公猪包皮上的被毛，防止干扰采精及细菌污染。

②采精者应先剪平指甲，洗净消毒或戴上消毒过的软胶手套，穿上清洁工作服。当公猪爬上台猪时，采精员立即蹲在公猪一侧，惯用右手采精时，伸出左手用温水清洗公猪包皮和阴茎，要将包皮内的积尿、分泌物挤出、洗净擦干，并按摩公猪的包皮部。

③采精操作要领为“握、拉、擦、收”。握：用温暖清洁的手（有无手套皆可）握紧伸出的龟头。拉：顺公猪前冲时将阴茎的S状弯曲拉直，在公猪前冲时允许阴茎自然伸展，不必强拉。擦：握紧阴茎螺旋部的第一和第二褶，将拇指轻轻顶住并按摩阴茎前端，增加公猪快感，以促进完全射精。阴茎充分伸展后，将停止推进，

达到强直、“锁定”状态，开始射精。收：当公猪静伏射精时，左手应有节奏地一松一紧地捏动，以刺激公猪充分射精，一般先去掉最先射出的混有尿液等污物的精液，等射出乳白色精液时，再用右手持集精瓶收集。当排出胶样凝块时用手清除，以免影响精液的滤过。

④当公猪第一次射精完毕后，不要急于松手，而是要耐心重复上述有节奏地挤压，等待公猪再次射精。当公猪射精完毕后，要顺势将阴茎送入包皮，让公猪自己从台猪上下来，送回公猪栏。

(3) 注意事项

①射精过程中不要松手，否则压力减轻将导致射精中断。收集浓份精液，直至公猪射精完毕时才放手。注意在收集精液过程中防止包皮部液体或其他如雨水等进入采精杯。在采精过程中不要碰阴茎体，否则阴茎将迅速缩回。

②由于紫外线会损伤精子细胞，因此要避免阳光对精液的直接照射。

③采精的频率一定程度地影响着公猪的射精量和精液质量。因此，对8～12月龄的公猪，以每周采精1次为宜，周岁以上的公猪每周2次，每周采精不超过3次。

39. 怎样检查精液品质？

每次采精后应立即进行检查、鉴定精液品质的优劣，以便决定精液的取舍，从而保证较高的受胎率和产仔数。生产中评定精液品质的主要指标有：射精量、颜色、气味、酸碱度、精子活力、精子密度等。检查前，将精液转移到37℃水浴锅内预热的烧杯中，以免因温度下降而影响精子活力。整个检查过程要准确、迅速，一般在5～10分钟完成。

(1) 射精量 后备公猪的射精量一般为150～200毫升，成年公猪为200～400毫升，每次射出的精子总数200亿～800亿。精液量的多少，因猪的品种、年龄、采精时间间隔、气候以及营养水平等的不同而有差别。

(2) 颜色和气味 正常精液为灰白至乳白色，精液浓度越浓，乳白色越深。正常精液具有特殊的腥味，但绝不是不良的气味或臭味，一般呈弱碱性或中性。如果精液颜色略呈微红色或发绿色，且气味异常，多是有炎症；如果过滤精液的纱布上有不正常的颗粒，也是炎症的一种表现；精液呈淡黄色时，可能混有尿液等；很稀并呈微黑色的精液，质量通常较差。异常精液应弃去不用，同时，要针对精液的异常情况或对公猪做对症治疗，或检查和改进采精操作。

(3) 形态和活力

①形态 精液中精子断尾、断头、有原生质、头大的、双头的、双尾、折尾等，一般不能超过20%。

②活力 指精液中呈直线运动的精子占精子总数的百分率。精子活力的高低关系到配种母猪受胎率和产仔数的高低，每次采精后及输精前，都要进行活力检查。检查方法是，取1滴鲜精或稀释后的精液，滴在预热35～37℃的载玻片上，用盖玻片盖好，以精液溢满盖玻片而不外流，中间无气泡为准。放在200～400倍显微镜下观察。每个样品观测3～5个视野，取其平均数。如果是保存温度下取出的精液，活力检查前应升温到35～37℃，2分钟以后再镜检。镜检时应保持恒温，更不要强光照射或有其他不良刺激，以免影响判断的准确性。

显微镜下精子的活动有直线运动、原地摆动和旋转运动三种，以直线运动的精子活力最强，具有受精能力；原地摆动的精子已濒临死亡；呈旋转运动的精子往往是因冷休克或稀释后造成不等渗而致，有可能恢复正常运动。精子活力评定一般用“十级制”，即如果一个视野中有90%的精子在前进运动，则评分0.9级，以此类推，如活力低于0.6级，则不宜使用。在实际工作中，鲜精、精液稀释和输精前，都要进行活力检查。

(4) 密度 即精子的浓度，指1毫升精液中所含的精子数。是了解精液品质的另一个重要指标。根据精子活力和密度，可以确定出精液稀释的倍数。测定精子密度的主要方法有：目测法、血细胞记数法和精子密度仪法，其中以血细胞记数法最为常用。

①目测法 可结合精子活力观察，在显微镜下观察，一般精子所

占面积比空隙大的为“密”，反之为“稀”，密稀之间者为“中”。“稀”级精液也能用来输精，但不能再稀释。这种方法只能是对精子密度的粗略估计，受检验人员的主观经验影响较大，误差也较大，故本法通常不被采用。

②血细胞记数法　用人的血细胞记数板在显微镜下来完成。由于猪精液的数目测定不需要太高的准确度，下面介绍一种比较简单的方法：

用微量吸液管或1毫升注射器吸取被检精液0.1毫升，放到10毫升的水中，则精液被稀释100倍。沿记数板与盖片边缘空隙，缓缓将稀释后的精液加到计算室（不能出现气泡），低倍镜下找到400个小方格组成的25个中方格计算室，面积为1毫米^2，转到高倍镜下找到四角和中间的中方格，记数这5个中方格中的精子。每个中方格由16个小方格组成，压在中方格边线上的精子计上不计下，计左不计右，反之也可。每数一个精子按一下计数器。按照下面公式计算精子密度：

精子密度＝精子数（5个中方格中精子数总和）×0.5（亿/毫升）

③精子密度仪法　现在已有自动化程度很高的专门仪器，将分光光度计、电脑处理机和打印机匹配，只要滴1滴精液加入分光光度计，就可以很快测出精子密度。

40. 为什么要稀释精液？常用的稀释液有哪几种？

(1) 精液稀释的目的，在于增加精液量，扩大配种头数，提高种公猪的利用率。一份优良的稀释液，必须具备给精子提供最优良的生存环境，保护精子细胞膜的完整性，减少一切不良因素对精子的影响，给精子供应养分，在不影响精子活力和受精力的前提下，抑制精子的代谢，使之处于可逆的休眠状态，延长精子寿命，便于精子的保存和运输。

(2) 稀释液的种类很多，可以购买国外进口产品，也可以自己配制。配制时应根据保存精液的效果以及稀释液成分是否容易得到来确定，现列举近年来国内常见的几种配方。

配方一：蒸馏水 1 000 毫升、葡萄糖 11.5 克、柠檬酸三钠 11.65 克、碳酸氢钠 1.75 克、乙二胺四乙酸二钠 2.35 克、聚乙烯醇（PVP，Type 11）1.0 克、三羧甲基氨基甲烷（Tris）5.5 克、柠檬酸 4.1 克、半胱氨酸 0.07 克、青霉素 160 万国际单位、链霉素 160 万国际单位。

配方二：蒸馏水 1 000 毫升、葡萄糖 50 克、柠檬酸三钠 3 克、乙二胺四乙酸二钠 1 克、青霉素 100 万国际单位、链霉素 100 万国际单位。

配方三（日本 Modena 配方）：蒸馏水 1 000 毫升、葡萄糖 27.5 克、柠檬酸三钠 6.9 克、碳酸氢钠 1 克、乙二胺四乙酸二钠 2.35 克、柠檬酸 2.9 克、三羧基氨基甲烷（tris）5.65 克、庆大霉素 240 毫克。

（3）注意事项　稀释液以现用现配为好；如加卵黄，鸡蛋越新鲜越好；抗生素在使用之前加入；液态状稀释液，冰箱保存不超过 24 小时。

41. 怎样稀释、分装、保存精液？

精液采出后，经检查合格，应立即稀释，稀释愈早效果愈好。精液稀释倍数主要根据精子密度和需要保存时间的长短而定。如果需要贮存几天才能用完，以稀释 2～3 倍为宜。稀释后每毫升含精子数 0.3 亿～0.5 亿，每头母猪每次输精量需 80～100 毫升，含总精子数 30 亿～50 亿。最好稀释后的精液可以一次用完，不做任何贮存。

（1）可以根据精子密度、活力，确定出稀释液的用量。计算公式如下：

稀释液用量＝鲜精液量×精子密度×精子活力/30 亿×80（鲜精液量）

注：30 亿为一次配种所需的有效精子数；80 为稀释精液的输精量，以毫升为单位。常用的输精量有 80 和 100 两种。

（2）精液与稀释液混合时，至多允许±1℃的差异，两者的温度最好一致。可将两者同放在室温下或同时温水浴。先用少量稀释液冲洗容量为 2 000～3 000 毫升的稀释瓶 1～2 次，将精液缓缓移入稀释瓶，用量筒或量杯量取所需容量的稀释液，然后沿着玻璃棒缓缓加入精液中，轻轻转动稀释瓶，使精液和稀释液充分混合均匀。精液高倍稀释时应分段进行，第一次稀释 0.5 倍，然后 1 倍，2 倍，……每次稀释间隔 5～10 分钟。

(3) 将稀释好的精液进行分装。精液分装常用两种方式：瓶装和袋装。装精液用的瓶或袋均为对精子无毒害作用的塑料制品。瓶装精液分装时简单方便，易于操作，但输精时需要在瓶底扎一小孔；袋装精液需专门的精液分装机，输精时，精液可以通过母猪子宫的收缩而被吸入母猪子宫内，受精过程均由子宫收缩控制完成。精液分装后，要加盖、密封，贴上标签，标明公猪品种、耳号、采精日期、精液数量等。

(4) 精液稀释分装后，需在室温下（22～25℃）静置 1～2 小时，方可用于输精或保存，这样，可使精子获得更多的能量，同时也让精子得到休息，以保持强的受精能力。静置休息后，再做活力检查。

(5) 精液保存的适宜温度为 16～18℃，这是因为温度越高，精子运动越快，保存时间越短；温度越低，精子运动速度越慢，保存时间越长。但是当温度降至 10℃以下时，精子将出现冷休克而死亡。由于紫外线会损伤精子细胞，因此贮存精液应放在光线较暗的地方，保持温度恒定。在精液保存过程中，瓶底或袋底会出现含有精子的白色沉淀物，应每天至少摇匀（上下颠倒）2 次，使精子细胞重新浮起，避免精子沉积，营养供应不足。

42. 猪人工授精需要准备哪些仪器设备和主要物品？

采用人工授精时，需要准备的仪器设备和物品介绍如下：

(1) 主要仪器设备 相差显微镜（配摄像系统）或普通显微镜、电子天平或感量 0.01 克天平、精子密度仪、恒温板（38℃）、精液保存箱（17℃）、干燥箱、双蒸水器、台猪、磁力搅拌机、37℃恒温箱、普通水箱、恒温水浴锅、冷暖空调、电脑。

（2）采精、输精用物品 精液过滤纸或消毒纱布、标签仪、一次性手套、保温杯、一次性输精瓶或输精袋、输精管或一次性输精管、2 000～3 000 毫升塑料杯、2 000～3 000 毫升烧杯、10 000毫升玻璃瓶。

（3）精子检查用具 擦镜纸、玻璃棒、载玻片及盖玻片、50℃精密温度计、计数器、血细胞计数仪、直刃剪刀、试管刷、药勺、微量加样器、润滑剂、冰壶、试管瓶、防滑垫、稀释剂。

（4）其他物品 工作服、拖鞋、胶鞋、塑料台布、毛巾、肥皂、消毒液、酒精，以及桌、椅、柜橱等。

43. 发情母猪什么时候配种最合适？

（1） 发情母猪适时配种。比较实用而准确的办法是掌握母猪发情后的表征，根据其特征选择配种时机，我国有如下谚语：阴户沾草，输精正好；神情发呆，输精受胎；站立不动，正好配种；黏液变稠，正是火候。可归纳为“四看”。

一看阴户：发情母猪阴户由充血红肿变为紫红暗淡，肿胀开始消退，出现皱纹。

二看黏液：发情母猪阴门流出浓浊黏液，往往沾有垫草。

三看表情：发情母猪呆滞，喜伏卧，人以手触摸其背腰，呆立不动，双耳直竖，用手推按臀部，不但不拒绝，而且向人手方向靠拢，此时配种，受胎率高。

四看年龄：俗话说“老配早，少配晚，不老不少配中间”，即老龄母猪发情持续期短，当天发情下午配；后备母猪（年龄小）发情期较长，一般于第三天配种；中间母猪（经产母猪）宜在第二天配。只要掌握好适期配种，一般配种一次即可，但为了确保受胎增加产仔数，通常进行重复配种，即用同一公猪，隔8～12 小时再交配一次。

（2） 母猪发情的观察宜早晚各一次，尽量做到确定母猪发情开始的时间，为了安排在白天完成配种工作，则建议配种时间为：

经产母猪：上午发情，下午配第一次，次日上、下午配第二、三次；下午发情，次日早配第一次，第三日上、下午配第二、三次，经产母猪两日内配完。断奶后发情较迟（7天以上）的母猪及复发情的母猪，要早配（发情即配）。

初产母猪：当日发情，次日起配第一次，随后每间隔8～12小时配第二、三次，一般来说，两日内配完；个别的三日内配完（一、二次配种情况不稳定时，其后配种间隔时间拉长）。超期发情（8.5月龄以上）的后备母猪，要早配（发情即配）。

人工授精：在实际生产中，为了提高受胎率，在一个发情期内输精2～3次。人工输精时间应比本交时间迟8～12小时，如上午发现母猪出现静立反应，下午输精；下午发现母猪出现静立反应，则在第二天上午输精。第二次输精与第一次输精相隔24小时为宜，如果发现母猪在第二次输精后仍有不安，相隔12小时后第三次输精。有经验的输精员可以根据母猪的发情表现及输精管插入母猪子宫颈的难易程度来判断发情程度，并作出相应的调整。

在高温季节宜在上午8时前，下午5时后进行配种。最好饲前空腹配种，以防高温影响受胎率和产仔头数。冬天清早太冷，则应适当延后。

关于母猪适宜配种时机的选择，对于个别母猪，特别是引进品种，有时往往看不出任何明显发情表征，常常造成失配空怀，必须留心察看，采用试情交配，适时配种。

44. 怎样给发情母猪人工输精？

输精是人工授精的关键技术环节，输精效果的好坏关系到母猪发情期受胎率和产仔数的高低。输精前，首先将精液温度升高到35～38℃，如果精液温度过冷，会刺激母猪子宫、阴道强烈收缩，造成精液倒流，影响配种效果。可根据精液的温度，分次升温，每次将贮精瓶置于高于精液温度5～10℃的温水中，逐步提高精液的温度。升温后，做精子活力检查，活力高于0.6，才能用于输精。

(1) 准备好输精栏、0.1%高锰酸钾消毒水、清水、抹布、精液、剪刀、针头、干燥清洁毛巾等。

(2) 采用背压法使母猪静立。先用消毒水清洁母猪外阴周围、尾根，再用温和清水洗去消毒水，用纸巾擦干阴唇、阴户周围。

(3) 将试情公猪赶至待配母猪栏前（注：发情鉴定后，公、母猪不再见面，直至输精），使母猪在输精时与公猪有口鼻接触，输完几头母猪更换一头公猪，以提高公、母猪的兴奋度。

(4) 从密封袋中取出无污染的一次性输精管（手不准触其前2/3部），在前端涂上对精子无毒的润滑油。插入输精管前温和地按摩母猪侧面以及对其背部和腰角施加压力来刺激母猪，引起母猪的快感。

(5) 当母猪呆立不动时，一手将母猪阴唇分开，将输精管轻轻插入母猪阴门，先尖部稍向上抬倾斜45°（以防误入尿道口）朝前推进约15厘米，然后平直地慢慢插入，边逆时针捻转，边抽送，边插入，输精管插入要求过子宫颈阴道结合部，子宫颈锁定输精管头部。也就是说当插入深度为输精管总长度的1/2～2/3，感觉有阻力，继续缓慢旋转同时前后移动，直到感觉输精管前端有被锁紧的感觉，回拉时也会有一定的阻力，说明输精管已达到正确的部位，可以进行输精。

(6) 从贮存箱中取出精液，确认标签正确。小心混匀精液，剪去瓶嘴，将装有100毫升精液瓶连接上输精管，开始输精。

(7) 轻压输精瓶，确认精液能流出，用针头在瓶底扎一小孔，按摩母猪乳房、阴蒂或胁部，输精员倒骑在母猪背上，并进行按摩，效果也很理想。输精过程中，如果精液停止了流动，可来回轻轻移动输精管，同时保持被锁定在子宫颈。要使子宫产生负压将精液吸纳，绝不允许将精液挤入母猪的生殖道内。

(8) 通过调节输精瓶的高低来控制输精时间，一般4～8分钟输完，最快不要低于3分钟，防止吸得快，倒流得也快。

(9) 为了防止精液倒流，精液输完后，不要急于拔出输精管，将精液瓶或袋取下，应该将输精管尾部打折，插入去盖的精液瓶或袋孔内，等待约1分钟，直到子宫颈口松开，然后边顺时针捻转，边逐步向外抽拉输精管，直至完全抽出。于下班前收集输精管，冲洗输精栏。

(10) 输完一头母猪后，母猪赶回原猪栏，立即登记配种记录，填写配种卡、母猪卡。如实评分，建立配种母猪档案。

45. 怎样进行猪的自然交配（本交）?

在我国，许多规模化猪场、养猪小区和部分农村散养户已普遍采用人工授精方法，但迄今仍有相当部分农村散养户和少数养猪小区沿袭传统的自然交配方式进行配种。本交配种方法如下：

（1）根据母猪的体况、大小、四肢的情况来选择大小合适的公猪与之交配，确保交配过程稳定。把公、母猪赶到配种舍内宽敞处进行交配，要防止地面打滑。

（2）一旦公猪开始爬跨，立即给予必要的辅助，当公猪爬上母猪背后，要及时拉开母猪尾巴，避免公猪阴茎长时间在外边摩擦受伤或引起体外射精。必要时，用腿顶住交配的公、母猪，防止公猪抽动过猛母猪承受不住而中止交配。

（3）配种员站在公猪后面，带上乳胶手套，将公猪阴茎对准母猪阴门，辅助阴茎插入阴道。注意不要让阴茎打弯。

（4）观察交配过程，保证阴茎锁在子宫内，确认射精，射精要充分（射精的基本表现是公猪尾根下方肛门扩张肌有节律地收缩，力量充分），每次交配大约射精2～3次，有些副性腺或液体从阴道流出。

（5）整个交配过程要保持环境安静，严禁大声喊叫和鞭打公猪。配种后，母猪赶回原猪栏，填写配种卡、公猪卡，准确记录配种日期和公、母猪耳号。

46. 配种应注意哪些事项?

（1）避开公、母猪血缘关系，防止近亲交配。近交会产生退化，使产仔数减少，死胎、畸形胎大量增加，即使产下活的仔猪，也往往体质不强，生长缓慢。一般应事先做好配种计划，配种时严格按配种计划进行。

（2）配种前后都要善待母猪，不能让它受到任何惊吓，这会影响受胎率。公、母猪配种或采精后不宜马上沐浴和剧烈运动，也不宜马上饮水。如喂饲后配种必须间隔半小时以上，刚采食完的公猪腹内充满食物，行动不便，影响配种质量。

(3) 配种前 2 分钟，注射 20 单位的催产素，可使受胎率提高 5%～10%，窝产仔数增加 1.5～2.0 头。配种后最好供给温开水。若母猪患有皮肤病，应在配种前及时用 1%～2%敌百虫溶液喷洒猪身进行治疗。但配种后不可用药，否则可能造成胚胎早期死亡。

(4) 给猪配种宜选择在早、晚饲喂前 1 小时或饲喂后 2 小时进行。交配场地要求平坦、安静，周围没有任何突出的锐利物，以免扎伤公、母猪。配种场地的长、宽以种猪身长的 2 倍为宜。交配后，公、母猪都不能马上洗澡或喂食。

(5) 公猪是多次射精的家畜，一次交配时间可长达 15～20 分钟，射精时间累计约为 6 分钟，体力消耗较大。本交配种时，如果公猪配种量不大，可以不控制其射精次数，任其配完下来。但当公猪配种负担量大又很集中时，为减轻公猪体力消耗，则可把每次交配的射精次数控制在 2 次为宜，公猪射精 2 次，完全能保证母猪正常受胎。方法是，当公猪射精 2 次后，慢慢赶母猪向前走动，当公猪跟不上时，自然就会从母猪背上滑下来。切忌用鞭子赶公猪下来。可根据肛门是否波动来判断公猪射精次数。射精时，公猪停止抽动，睾丸紧缩，肛门不停地波动。在射精间隙时间，公猪又重新抽动，睾丸松弛，肛门停止波动。据此，可准确地判断射精次数。

(6) 本交配种时，公、母猪大小比例要合理，体格不能差别太大。宁可用一头小公猪配一头大母猪，也不要用一头大公猪配一头小母猪；有些第一次配种的母猪不愿接受爬跨，性欲较强的公猪可有利于完成交配；先配断奶母猪和返情母猪，然后根据满负荷配种计划有选择地配后备母猪，后备母猪和返情母猪须配够三次。

(7) 采用本交方式中公猪的最大交配次数见表 9。

表 9　本交方式中公猪的最大交配次数

时间	6～8 月龄	9～12 月龄	1 岁以上
每天	1	1	2
每周	2	4	6
每月	8	16	24

（8）配种场地不宜太滑。太光滑的地面，再加上交配时流出的精液等洒在地上，容易使公猪滑倒受伤。禁止在公猪舍附近场地配种，以免引起其他公猪的骚动不安。

（9）做好发情检查及配种记录。发现发情猪，及时登记耳号、栏号及发情时间。上午发现，下午首配；下午发现，次日早首配。连配2～3次，做好配种记录，建立配种母猪档案。配种记录每周上报一次。

47. 怎样判断母猪已经怀胎？

母猪是否妊娠，这对养猪生产来说，能越早确定越好。如果知道已经妊娠，就可以按妊娠母猪来管理；如未妊娠，则仍须作催情处理，等待母猪发情后再配种。这样可以尽量缩短母猪的空怀期，以避免浪费饲料、劳力和设备。早期检查母猪是否妊娠，目前已可采用很多方法，比较实用的方法还是靠饲养员的认真观察，以及利用母猪妊娠诊断仪。

（1）根据发情周期和妊娠征兆诊断 如果母猪在配种后大约3周没有再出现发情，并且有食欲渐增，毛顺发亮，增膘明显，性情温驯，行动稳重，贪睡，尾巴自然下垂，阴户缩成一条线，驱赶时夹着尾巴走路等现象，就可以初步判断为妊娠。但要注意个别母猪的“假发情”现象，“假发情”与真发情不同，表现为发情征状不明显，持续时间短，不愿接近公猪，不接受爬跨。采用这种方法需要具有一定的生产经验。

（2）根据乳头的变化判断 约克夏母猪配种后30天乳头变黑，轻轻拉长乳头，如果乳头基部呈现黑紫色的晕轮时，则可判断为已经妊娠。但此法不适宜长白猪的妊娠诊断。

（3）验尿液 取配种后5～10天的母猪晨尿10毫升左右，放入试管内测出相对密度（在1.01～1.025），若过浓，则需加水稀释到上述比重，然后滴入1毫升5%～7%的碘酒，在酒精灯上加热达沸点时，会出现颜色变化。若已妊娠，尿液呈淡黄色或褐绿色，而且尿液冷却后颜色会消失。

(4) 超声波妊娠诊断 将超声波妊娠诊断仪的探头紧贴在母猪腹部最后一对乳头前，自此向前移动，操作人员通过听胎儿的心跳来判断母猪是否妊娠。研究表明，配种后20～29天诊断的准确率约为80%，40天以后的准确率为100%。超声波妊娠诊断仪携带方便，操作简单，但仪器价格较贵。

48. 怎样推算妊娠母猪预产期?

母猪的妊娠期为110～120天，平均为114天。预产期的推算方法有2种。

(1) "三三三"推算法 在配种的月份上加3，在配种的日数上加上3周零3天，例如3月15日配种，其预产期为3+3=6月，15+21+3=39天（一个月按30天计算，39天为1个月零9天）。故7月9日为预产期。

(2) "进四去六"推算法 在配种的月份上加4，在日数上减去6（不够减时可在月份上减1，在日数上加30计算），例如3月15日配种，其预产期为3+4=7月，15−6=9日，故7月9日是预产期。

49. 母猪临产前有何征兆?

母猪的妊娠期平均是114天，一般只要登记上配种的确切日期，就可以推算出预产期。但真正的产仔日期不一定都这样准确，有的母猪可能提前4～5天，也有的可能推迟5～6天。所以在生产中，准确掌握母猪产仔预兆，按时接产，对保证母仔安全、提高仔猪成活率是很必要的。

随着胎儿的发育成熟，母猪在生理上会发生一系列的变化，如乳房膨大，产道松弛，阴户红肿和行动异常，等等，都是准备分娩的表现。但这一系列的征象，常常是有先后次序和差异的，只有充分掌握它的规律，找出共性，综合判断，才能较准确地知道产仔时间。

母猪分娩前15～20天，乳房就由后向前逐渐膨大，乳房基部与腹部之间呈现出明显的界限，饲养员叫做"奶铃子"。

到产前1周左右，乳房膨胀得更加厉害，两排乳头胀得向外张成八字形，色红发亮。经产母猪比初产母猪更加明显。

产前3～5天，阴户开始红肿，尾根两侧逐渐下陷，俗称“松胯”或“塌胯”，但较肥的母猪下陷常不明显。

产前2～3天，乳头可挤出乳汁。一般来说，当前部乳头能挤出乳汁，产仔时间常不会超过一天；如最后一对乳头能挤出乳汁，约6小时左右即可产仔。这时如母猪来回翻身躺卧，常会出现乳水外流，如果猪圈中铺有垫草，常会看到乳头周围沾满草屑，但这种情况对膘情差、乳水不足的母猪来说常不明显。

在产前6～8小时，母猪会衔草做窝，这是母猪临产前的特有征象。观察表明，初产母猪比经产母猪做窝早；冷天比热天做窝早；而国外引进的猪种，则无明显的衔草表现，仅是拱圈围窝，即把圈内的垫草或干土拱到一处。同时，食欲减退或不吃。

如发现母猪精神极度不安，呼吸急促，挥尾，流泪，时而来回走动，时而呈犬坐姿势，拉屎、排尿频繁，俗话叫“拉零碎屎，洒滴嗒尿”，则数小时内就要产仔。

如母猪躺卧，四肢伸直，每隔1小时左右发生阵痛一次，而且间隔时间越来越短，全身用力努责，阴户流出羊水，则很快就要产出第一头仔猪。

以上临产征状中，以衔草作窝和最后一对乳头能挤出量多汁浓的乳汁，是临产前参考价值最大的征状。这时就必须做好接产准备工作，随时准备接产。

50. 母猪产前应做哪些准备工作？

(1) 受伤乳头应在产前治好，对不能利用的乳头应在产前封好。产前1周应停止驱赶运动或大群放牧。

(2) 做好产房的清扫和消毒。断奶后的产房是相对最脏区，必须进行彻底清洗和消毒。步骤是：首先彻底清扫产房；再用高压冲洗机冲洗产房，包括：水泥地面、漏缝网、料槽、中间挡板、四周墙壁、粪沟、顶棚以及常用工具如铁铲、铁锹等。最后消毒：用3%～5%

火碱溶液消毒产床、地面、隔栏和仔猪料槽等；火碱溶液浸泡保温箱和育仔板。清扫和消毒完毕后进行干燥。

(3) 产仔栏应舒适，并根据母、仔猪不同的温度需求设置护仔栏和仔猪保温区。冬季使用垫草时应提前将垫草放入舍内，使其温度与舍温相同。垫草应干燥、柔软、清洁、长短适中（10～15 厘米）。

(4) 产房放有高低温度表，每栏有准备好的保温设备，按产房最佳温度渐渐提高产房温度和湿度，温度 27℃，湿度 65%～70%；饮水器有充足水量；门前的消毒脚盆内有消毒水；仔猪料槽清洗过；每栏后门打开；通风设备运转正常。

(5) 应准备毛巾、碘酒、0.1%高锰酸钾溶液、剪刀等接产用具。

(6) 准备好所有表格。

51. 怎样给母猪接产？

接产人员要充分给予母猪分娩照顾。例如，解除覆盖仔猪的胎膜及对弱小的进行急救等，将能减少在生产时或生产后数小时内小猪夭折的数目，同时可以减少生产后头几天的其他死亡情况，因此分娩时必须做到：

(1) 首先要保持环境安静，可以缩短产仔时间和防止难产。母猪分娩时，一般多侧卧，经几次剧烈阵缩与努责后，胎衣破裂，血水、羊水流出，随后产出仔猪。一般每 5～25 分钟产出 1 头仔猪，整个分娩过程为 2～4 小时，最快的仅 1 个多小时，最长的 5～6 小时。个别母猪如腹压微弱，分娩时间可拖延到十几个小时以上。产仔间隔时间，经产母猪短，初产母猪长；土种母猪短，培育品种母猪长；杂种母猪介于两者之间。最后产出的仔猪或个体特别大的仔猪，间隔时间往往较长。当产圈有生人时，敏感的母猪也会延长产仔时间，故应尽量避免生人进入产房。

(2) 接产员在接产前，应把指甲剪短，用肥皂洗手，然后用毛巾蘸 0.1%的高锰酸钾温水溶液将母猪乳房擦拭干净，然后等待接产。接产动作要迅速准确。仔猪产出后，接产人员用左手握住胎儿，右手将连于胎盘的脐带轻轻拉出，立即用手指将其耳、口、鼻的黏液掏除，并用毛巾擦净，使仔猪尽快利用肺呼吸。再用抹布将全身黏液擦净，尤其在冬季，擦得越快越干净越好。

(3) 断脐，为防止仔猪流血过多，一般不用剪刀。先把脐带中的血反复向仔猪腹腔方向边挤压边捋，当脐带停止波动后即可在距仔猪腹部 5～6 厘米处用手指使劲捏住脐带片刻，用手指掐断脐带，断面用 5%碘酒等消毒。若断脐时流血，可用手指捏住，直到不出血为止。若断脐后出血不止，可用棉线结扎，然后消毒。当仔猪娩出，脐带还在产道里时，不要抓着仔猪硬扯，以防止脐带从肚脐处断裂，造成大出血。遇到这种情况，应一手固定脐带基部，一手捏住脐带，将脐带慢慢从产道中拉出。

(4) 新生仔猪擦干断脐后立即剪掉獠牙，称量个体重或窝重，立刻把仔猪放入保温箱里烘干，给仔猪补热，保证仔猪温暖。然后尽快帮助仔猪吃上初乳。

(5) 母猪产下第一头仔猪后，其他仔猪产出的速度就快了。胎衣一般都是在仔猪全部产出后约半小时，胎衣常分数次排出，木乃伊一般多包在胎衣内一并排出。如看出产下的胎衣最后一端形成堵头，就说明胎衣已完全排出，只有胎衣全部排出，才标志产仔过程结束。

(6) 对分娩过程较慢的母猪，接产员可适当用力按摩其乳房和腹部，令母猪改变躺卧姿势，或让仔猪拱乳头、吃初乳等方法来促进其产仔。对护仔性较强、不让接产的母猪，除产前多与接近外，也可以利用“醉酒”的办法来达到目的。即在煮熟的粉状精料内加入0.25～0.5 千克白酒制成团子，用来喂母猪，这样母猪不久就会醉倒，达到顺利接产的目的。

(7) 在胎衣排出之后，应及时将其打扫出圈，避免让母猪吃掉，否则可能会造成母猪消化不良，吃仔猪的情况。最后用来苏儿或高锰酸钾溶液擦洗母猪阴门周围及乳房，以免发生阴道炎、乳房炎与子宫炎，同时打扫产房。

(8) 所有工作完毕，给仔猪打耳号，称重，在分娩卡（12～24 小时内分娩母猪卡）做记录。

52. 如何给难产母猪助产?

母猪分娩过程中，胎儿因多种原因不能顺利产出，如果仔猪出生间隔在45分钟以上，母猪反复努责而不见产仔，或母猪破水后30分钟仍不产出仔猪，即可能出现难产，需要进行人工助产。在人工助产前，首先要仔细分析造成难产的原因。

(1) 对老龄体弱、娩力不足的母猪，可肌内注射催产素20～40单位，促进子宫收缩，必要时同时注射强心剂。如注射30分钟后仍不能产出仔猪，即应当助产。

(2) 如母猪产力正常，只是仔猪过大或有2头仔猪同时卡在产道，这种情况下，先不忙着给母猪注射催产素，而是要实行人工助产。助产人员先将母猪阴门及周围清洗消毒，再将手及手臂彻底清洗消毒，涂上凡士林，趁母猪努责间歇将五指并拢成锥状慢慢穿过阴道，进入子宫颈，手一进入子宫，常可摸到仔猪的头或后腿，如果是2头仔猪堵在一起，可将其中1头推回，抓住另1头的腿或下颌，再随母猪努责慢慢往外拉。当子宫阵缩停止时，不要往外拉，以免引起子宫内膜脱落和伤害子宫及子宫颈。掏出仔猪后，再注射20～40国际单位的催产素。

(3) 实行助产后，要给母猪注射抗生素，防止感染发病。

53. 怎样抢救刚生下的假死仔猪?

在生产上有时会碰到刚落地的仔猪，全身发软，张嘴抽气，甚至停止呼吸，但脐带基部仍在跳动。这样的仔猪一般都叫做假死仔猪。造成假死的原因很多，有的是由于黏液堵塞气管，仔猪透不过气来；有的是母猪过肥，仔猪在产道内停留过久；有的是由于胎位不正，产仔时胎儿脐带受到压迫或扭转；有的由于胎儿尚未落地吸到空气，脐带就在产道内被拉断。

当接产人员碰到这样的仔猪以后，应立即进行抢救。一般来说，凡脐带基部跳动厉害的，大多能救活。抢救方法是，迅速将仔猪口腔内的黏液掏出，擦干口鼻部，然后：

（1）倒提仔猪后腿，用手连续轻拍其胸背部，促使黏液从气管内排出，直至发出叫声为止。

（2）对准仔猪鼻孔吹气，或往口中灌点水。人工呼吸运动：仔猪腹部朝天，一手托住仔猪的臀部，另一手托住仔猪的头部，两手配合，做一屈一伸运动。

（3）用药棉蘸上酒精或白酒，涂抹仔猪鼻镜，刺激仔猪呼吸。

（4）在寒冷的冬季，可将假死仔猪放入37～39℃的温水中，同时进行人工呼吸，但要注意仔猪的头和脐带断头端不能放入水中。待仔猪呼吸恢复后立即擦干皮肤。

（5）被胎衣包裹的仔猪应立即撕开胎衣，如为假死，可用上述方法进行救助。

（6）救过来的假死仔猪一般较弱，需进行人工辅助哺乳和特殊护理，直到仔猪恢复正常。

三、怎样搞好猪的饲养管理

54. 猪的科学饲养管理包括哪几方面?

猪的科学饲养管理一般包括以下几方面：

(1) 给猪群一个适宜的生活环境

①猪是恒温动物，对环境温度非常敏感，给猪群一个适宜的生活环境十分重要，合适的环境温度不仅对猪的正常生长非常重要，而且是减少猪病发生率的重要措施。在南方养猪夏季要考虑降温的问题，北方养猪既要防暑又要防寒。尤其仔猪对温度变化更为敏感，对仔猪进行防寒保温是生产中的重中之重。对不同阶段猪只也要提供相应适宜的温度，有利于生长发育和繁殖。

②做好猪舍的通风、换气，可以降低氨气浓度，保证和改善猪舍的空气质量，调节舍内的温度与湿度，促进猪只生长，同时还能减慢致病微生物繁衍速度，减少流行性感冒、气喘病、猪肺疫等传染病的发生。

③保持猪舍的干燥、清洁、卫生；猪舍、用具及环境定期消毒，给猪只健康成长创造良好环境。

④饲养密度过大，除了造成空气环境污浊以外，还容易造成猪相互挤压、抢食和争斗，引起外伤。所以应按照不同日龄猪只的要求，减少猪群的饲养密度。

(2) 保证不同猪只的营养和饮水需要 按照不同日龄猪只的要求，供给营养齐全、均衡的饲料，为猪只提供充足的蛋白质、氨基酸、维生素、矿物质和微量元素，以保证猪只各阶段生长发育的需要，使猪只有较强的抗病能力。禁止饲喂不清洁、发霉或变质或含有真菌毒素的饲料，以及未经无害化处理的畜禽副产品。

供给充足的清洁饮水。猪每天都需要大量地饮水，尤其是在高温、炎热季节，充足的饮水对于猪的正常生长更是非常重要。猪对水的需要因饲料的性质、气候条件不同而变化，因此，建造自动给水装置较为理想，考虑到通过饮水投药的需要，可以建造小型水塔或水缸。

（3）实施猪群“全进全出”的饲养方式 为了避免不同年龄、不同批次猪群之间相互传染疾病，从防疫的要求出发，规模化猪场应该实行养猪生产各个阶段的全进全出，防止任何情况下的猪只倒流。对于不同生产阶段的猪群，应分批次安排保育猪、育肥猪、后备猪和基础母猪的生产，做到同一批次猪在同一时间进入猪舍，并在同一时间全部转移到下一生产阶段的猪舍中或进入市场销售（即全进全出），尽量一次倒空整个分区，使每栋猪舍中不同批次的猪在生产时间上拉开距离，以便两批之间的清扫和消毒。每批猪转出后，彻底清洗、消毒圈舍、地面、猪床及饲养用具，经检查合格，并空舍一段时间后再进下一批猪。按目前我国规模化猪场的现状，至少要做到产房和保育两个饲养阶段的全进全出，从而减少或避免猪群间母猪与子代间的疾病感染机会。

（4）建立健康的种猪群 健康种猪群是取得经济效益的前提和基础，要保证猪群的健康必须建立健康的种猪群。

①对新建猪场，要注意从国外或国内达到健康要求标准的种猪场引入全部种猪。

②对于老猪场，在弄清现有猪群健康状况的基础上，制定净化及猪群康复方案并严格长期实施。检疫净化要求对全群种猪编号、逐头采血，鼻汁和粪便等进行化验室检查，检出的阳性猪按规定淘汰处理，直至达到种猪群全部健康的目的。

③有条件的规模化猪场，也可推行早期断奶隔离的技术，以阻断和控制传染病病原在种猪与子代间疫病的传播。

55. 猪常用饲料有哪些？各有什么特点？

（1）能量饲料 饲料中的碳水化合物和脂肪是动物的主要能量来

源。生产中把含碳水化合物多、来源广、产量高、价格低的饲料作为能量饲料。能量饲料在猪饲粮中占70%～80%，因而是基础饲料。其共同的特点是含有较多的淀粉，有机物消化率高。其共同的缺点是蛋白质含量低，且氨基酸不平衡，尤其是赖氨酸和色氨酸含量较低。此类饲料不适宜单独喂猪，需与蛋白质饲料合理搭配使用。猪常用的能量饲料有：玉米、大麦、稻谷、小麦、甘薯干、高粱等。

(2) 蛋白质饲料 动物生长发育、繁殖、维持生命与生产都需要大量的蛋白质，供给不足就会出现生产性能下降、发育受阻、发病，甚至死亡。因而蛋白质是饲粮中必不可少的成分。在猪的饲粮中，作为基础的能量饲料如玉米等谷物籽实及其副产物都含有一定量的蛋白质，但无论在数量和质量上都不能满足猪只的需求，也保证不了氨基酸种类的齐全及比例均衡，因此必须用富含蛋白质的饲料加以补充。常用于猪饲料的蛋白质饲料有：鱼粉、豆饼（粕）、花生饼、菜籽饼、酵母、棉籽饼、血粉等。

(3) 粗饲料 粗饲料作为填充饲料或替代部分能量饲料，可填充猪的肠胃，给猪有饱的感觉，并可增加胃肠蠕动，刺激消化功能。如干草、秕壳等，其共同特点是粗纤维含量高、营养成分少、不易消化。

(4) 青饲料 青绿饲料具有蛋白质品质好、维生素含量高、适口性好等特点，作为辅助饲料对增进食欲、改善健康状况、提高种猪繁殖能力等具有良好的作用。我国青绿饲料资源极为丰富，广大农村早就有用青草、野菜喂猪的习惯。常做猪饲料的有苣荬菜、聚合草、苋菜、紫花苜蓿、紫云英、野菜及绿萍等。

(5) 青贮饲料 青贮饲料是利用乳酸菌对原料进行厌氧发酵，产生乳酸。当酸度降到pH 4.0左右时，包括乳酸菌在内的所有微生物停止活动，且原料养分不再继续分解消耗，从而长期将原料保存下来，如青贮玉米秸、青贮牧草等。

(6) 矿物质饲料 矿物元素是猪只正常生命活动与生产所必需的。在饲粮中，无论是能量饲料，还是蛋白质饲料，都含有一定量的矿物元素，能够满足猪只所需的大部分。不足的部分应由矿物质饲料或矿物元素添加剂来补充。用于补充微量元素的饲料有食盐、贝壳粉、骨粉、石粉、磷酸钙等。

(7) 饲料添加剂 一般分为营养性添加剂和非营养性添加剂两大类：

①营养性添加剂有维生素、微量元素、氨基酸等。

②非营养性添加剂主要包括促生长剂、驱虫剂、保存剂、食欲增进剂及产品质量改良剂等。

56. 猪常用的能量饲料有哪几种？

(1) 玉米 玉米含能量高，粗纤维少，适口性好，但蛋白质含量低，品质差，且脂肪内不饱和脂肪酸的含量高，如大量用作育肥猪饲料，会使脂肪变软，影响肉的品质。因此，在肉猪的日粮中玉米含量最好不超过50%。玉米作为饲料，必须搭配其他饲料和添加剂才能达到营养平衡。用玉米喂猪时应粉碎，以利于消化。粉碎的玉米不宜多贮，否则易霉变。

(2) 大麦 大麦是谷类饲料中含蛋白质较高的一种精料，粗蛋白质占10%～12%，比玉米略高。大麦的赖氨酸含量高。消化能相当于玉米的90%。用大麦喂猪可以获得高质量的胴体。

(3) 高粱 高粱的营养价值低于玉米、大麦。高粱籽实中含有单宁，适口性差，易发生便秘，影响营养物质的消化利用，不宜做妊娠母猪饲料，最好是去壳粉碎或糖化后喂猪。

(4) 糠麸类 此类饲料含粗纤维高，淀粉相对减少，容积大，属于低热能饲料。米糠具有良好的适口性，是各种猪的好饲料。米糠由于含脂肪较多（为15%左右），因此夏季容易氧化变质，不宜贮存。在猪日粮中，米糠的含量不宜超过25%。幼猪喂量过多时，易引起腹泻。麸皮质地疏松，具有轻泻作用，是产仔母猪的主要精料。

(5) 甘薯 甘薯是我国广泛栽培、产量最高的薯类作物。干物质含量29%～30%，主体是淀粉，尤适喂猪，生喂、熟喂消化率均较高，但煮熟喂比生喂效果好。饲用价值接近玉米。

(6) 马铃薯 马铃薯含有相当多的淀粉，干物质中能量超过玉米，粗纤维比甘薯少，蛋白质比甘薯多，含有较多的B族维生素。

马铃薯煮熟喂，效果明显优于生喂。发芽和被阳光晒绿的马铃薯，其所含龙葵素明显增加（有毒），因此，应避免马铃薯受阳光照射。发芽的马铃薯喂前应将芽去掉。

(7) 糟渣类 糟渣类主要有酒糟、醋糟、酱油糟、豆腐渣、粉渣等，营养价值高低与原料有关。应注意的是此类饲料的饲喂量一般只能占饲料干物质的10%～20%。

57. 猪常用的蛋白质饲料有哪几种?

蛋白质饲料主要有植物性蛋白质饲料和动物性蛋白质饲料两大类。

(1) 植物性蛋白质饲料 植物性蛋白质饲料是提供猪蛋白质营养最多的饲料，主要有豆科籽实和饼类。

①大豆 大豆含有丰富的蛋白质（35%左右），与玉米比较，赖氨酸高10倍，蛋氨酸高2倍，胱氨酸高3.5倍，色氨酸高4倍。但大豆含有胰蛋白酶抑制物，进入猪体内可抑制胰蛋白酶的活性，从而降低饲料的转化率，所以用大豆喂猪时，一定要将其煮熟或炒熟后饲喂。

②豆饼 豆饼蛋白质含量高，平均达43%，且赖氨酸、蛋氨酸、色氨酸、胱氨酸比大豆高15%以上，是目前使用最广泛、饲用价值最高的植物性蛋白质饲料。其缺点是：蛋氨酸偏低，含胡萝卜素、硫胺素和核黄素较低，在配制日粮时，添加少量动物性蛋白质饲料如鱼粉，即可达到蛋白质的互补作用。但在生榨豆饼中同样含有抗胰蛋白酶、血细胞凝集素、甲状腺肿诱发因子等有害物质，使用时一定要加热处理，破坏这些不良因子，以提高蛋白质利用率。豆饼的饲喂量一般占日粮的10%～20%为宜。

③花生饼 花生饼含蛋白质40%左右，大部分氨基酸基本平衡，适口性好，无毒性。但脂肪含量高，不宜贮存，易产生黄曲霉毒素，限制了其在猪饲料中的使用量，一般多与豆饼合并使用。

④棉籽饼 棉籽饼含蛋白质34%左右，但由于游离棉酚的存在，喂猪后易发生累积性中毒，加之粗纤维含量高，因而在猪饲料中要限

制使用，不去毒处理时，饲料中含量以不超过5%为宜。

⑤菜籽饼　菜籽饼含蛋白质36%左右，可代替部分豆饼喂猪。菜籽饼由于含有毒物质，喂前宜采取脱毒措施。未经脱毒处理的菜籽饼要严格控制喂量。在饲料中，菜籽饼一般不宜超过5%～7%。妊娠后期母猪和泌乳母猪不宜饲用。

（2）动物性蛋白质饲料　动物性蛋白质饲料主要有鱼粉、肉骨粉、蚕蛹粉、乳类等。其共同特点是蛋白质含量高，品质好，不含粗纤维，维生素、矿物质含量丰富，是猪的优良蛋白质饲料。

除以上两类外，还有一些蛋白质含量较高的豆科牧草、单细胞蛋白质饲料，也是猪较好的蛋白质补充饲料。特别是豆科牧草，既能提供蛋白质，又能起到青饲料的作用，对母猪尤为重要。

58. 猪常用的粗饲料有哪些？

猪常用的粗饲料主要包括干草类和秸秕类等农副产品。干草类要适时收割，不能太晚，因收割较迟的劣质干草和秸秕类中，木质素和硅的含量增加，从而阻碍微生物对纤维素的降解，导致猪饲料能量和各种养分消化率低。

（1） 干草类为青草或青绿饲料，在结籽形成之前割下来晒干，制成干草。其营养价值虽不如精料和青饲料，但比其他种类的饲料为好，可适当搭配在精、青饲料中喂养母猪和肥育猪。

（2） 农作物籽实的外壳或荚皮称为秕壳，收获籽实后的茎叶部分称为秸秆。秸秕含粗纤维达30%～50%，木质素含量占粗纤维的6%～12%。因此，除薯秧、豌豆秸、青绿豆秸、花生秧外，绝大部分秸秆、秕壳饲料质地很差，粗蛋白质含量低，不宜用于喂猪，但鲜嫩的青绿饲料可以用于喂猪，并可节省饲料，降低养猪成本。

59. 猪常用的矿物质饲料有哪些？

矿物质饲料主要有食盐、贝壳粉、石粉、红黏土等，添加在猪日粮中以补充猪体矿物质元素的不足。

(1) 食盐 食盐主要是补充氯化钠的饲料。在日粮中加入适量的食盐，可改善饲料的适口性，增进猪的食欲，帮助消化。如果喂量过大，轻则腹泻，重则中毒，甚至死亡。一般情况下，每头每天最适宜喂量：大猪为 15 克，架子猪为 8～10 克，小猪为 5～6 克。

(2) 贝壳粉 贝壳粉由贝壳、蛎壳粉碎而得，用做钙的补充原料。贝壳含钙 4%，贝壳粉常用量为 1%。

(3) 骨粉 骨粉是优质的钙、磷补充饲料，分蒸骨粉、生骨粉和骨灰粉 3 种。蒸骨粉是用新鲜兽骨经高压蒸煮、除去有机物后磨成的粉状物，含钙 38.7%，含磷 20%，养猪中应用较为普遍。生骨粉为蒸煮非高压处理过的兽骨粉，含有多种有机物，质地硬，易消化，但易腐败，很少使用。

(4) 石粉 将石灰石用球磨机加工而成的粉末，含钙 35%以上，并含有少量的铁和碘，是最便宜、最可靠的钙补充料，常用量为 1%。

60. 用青贮饲料喂猪有什么好处？

(1) 旺季生产的青贮饲料贮存起来供冬季使用，保证全年青饲料供应不断。

(2) 青贮饲料营养丰富，适口性好，被青贮后柔软湿润，芳香味甜，色泽鲜艳，猪喜欢吃。

(3) 各种作物的青绿茎叶、牧草、蔬菜、野菜等，均可通过青贮用来喂猪，扩大了养猪饲料的来源。

(4) 青饲料养猪的习惯用法是煮熟饲喂，需消耗燃料。青贮可以直接喂猪，减少了燃料浪费。

(5) 饲料在青贮过程中产生乳酸能杀死饲料中的病菌及产生的虫卵，从而减少对生猪的危害。

61. 猪常用的添加饲料有哪些？

(1) 氨基酸添加剂 常用蛋白质饲料多为植物性蛋白饲料，缺乏赖氨酸和蛋氨酸，动物性蛋白饲料如鱼粉，虽富含这两种氨基酸，但成本较高，因此常在饲粮中添加合成氨基酸来提高饲料蛋白质利用率和整体饲养效益。添加剂量应根据饲料中有效氨基酸的数量来确定。

(2) 维生素添加剂 猪只所需的维生素绝大部分需由饲料供给，机体能够合成的很少，合成速度也很慢。很多精饲料中虽含有维生素，但种类较少，含量有限，并且因加工、贮藏损失量大，因此需用维生素添加剂来满足维生素的需要。常用的维生素添加剂含有维生素A、维生素D、维生素E、维生素K、维生素B_1、维生素B_2、维生素B_6、维生素B_{12}等。

为防止维生素添加剂中某些成分变质失效，应注意贮藏条件，并且贮藏时间不能过长。贮藏时间不应超过2个月，最长不能超过半年。

(3) 微量元素添加剂 常量矿物元素由矿物质饲料来添加，微量矿物元素主要由微量元素添加剂来满足。常用微量元素添加剂主要含有铁、铜、钴、锰、锌、碘、硒等。应用微量元素添加剂时，应注意充分混匀，混合不均匀会使某些猪只因采食过多而导致中毒。

(4) 抗生素添加剂 抗生素添加剂在养猪生产上应用较广。尽管某些国家或地区禁止某些抗生素在家畜上应用，抗生素的饲喂效果仍吸引了越来越多的养猪生产者和饲料加工业者。抗生素可以起到促进生长、提高饲料利用效率、控制疾病感染等方面的作用，在饲养条件较差时，效果尤为明显。添加抗生素可使增重速度提高10%～20%，饲料报酬提高5%左右。用于猪饲料的抗生素种类不同，其在饲料中的添加量也不同。

(5) 其他添加剂 用做饲料添加剂的还有一些化学合成药物（喹乙醇等）、酶制剂、香味剂等。化学合成药物的作用与抗生素的作用类似。酶制剂主要是一些消化酶类，可以促进饲料的消化吸收、提高饲料利用效率、促进生长，应用于仔猪饲料效果更明显。香味剂可以诱导采食，增加采食量，从而促进生长。

62. 种公猪的饲喂与日粮有哪些要求？

饲养种公猪的目的就是用来配种。种公猪的营养水平和饲料喂

量，与其品种类型、体重大小、配种利用强度等因素有关。种公猪的日粮中应该有较多的精料，最好是全价配合饲料，这有利于提高精液品质以及公猪的配种能力。

(1) 种公猪常年担负配种任务，所以全年都要均衡地保持种公猪配种所需的高营养水平。实行季节性产仔的地区和猪场宜采用“季节加强”法，在配种季节开始前1个月，对种公猪逐渐增加营养，在配种季节保持较高的营养水平。配种季节过后，逐步降低营养水平，但需供给种公猪维持种用体况的营养需要。

(2) 种公猪日粮应以精料型为主，不能饲喂太多的粗饲料，因为粗饲料体积大、营养价值低，如果公猪的日粮体积太大，就容易把肚子撑得太大，从而影响配种。有条件的地区可适当喂些胡萝卜或优质青饲料，但不宜过多，以免造成腹大下垂，影响配种。

(3) 种公猪的饲料要有良好的适口性，保持每天的进食量，日饲喂量为2.5～3.0千克，每日喂三次，供足清洁饮水；饲喂时一般只能喂到八九成饱，以控制其膘情，维持其种用体况；夏季要加喂青饲料，并要长年不断，冬季加喂块根、块茎饲料或青贮饲料；配种负担重时，每天加喂2～4个熟鸡蛋。饲料严禁混入发霉变质和有毒饲料。

(4) 种公猪日粮要求日粮全价化，有足够的营养水平，特别是蛋白质、维生素、钙、磷等。建议日粮配方（%）：玉米45.0，大麦27.5，麸皮7.0，豆饼8.0，干草粉5.0，鱼粉7.0，食盐0.5。

63. 怎样管理好种公猪？

为了提高与配母猪的受胎率和产仔头数，对种公猪要进行良好的饲养管理，使种公猪具有健壮的体质和旺盛的性欲。

(1) 人员安排和职责　一人可负责25～30头种公猪的饲养管理，再配一人专职配种。要求饲养的种公猪体格健壮，每次采精液量达到200～300毫升，畸形精子率在10%以下，并能保证与所配母猪一次情期受胎率达85%以上，且平均窝产仔数达到该品种（品系）公猪的平均水平。

(2) 管理　种公猪性情比较暴躁，无论是饲喂、训练或是配种采精都严禁大声喊骂或随意赶打，否则会引起公猪反感，对人产生敌意，影响公猪射精效果，甚至养成咬人恶癖。所以，种公猪管理和采精人员要固定。同时，采用科学的饲养管理制度，定时饲喂、饲水、运动、洗浴、刷拭和修蹄，合理安排配种，使公猪建立条件反射，养成良好的习惯。

(3) 单栏饲养 种公猪一般实行单栏饲养（圈舍面积6～8米^2，最好设有运动场），单栏饲养种公猪能保持安静，减少外界的干扰，食欲正常，杜绝了爬跨其他公猪和养成自淫的恶习。

(4) 五固定 日常管理要规律化，做到“五固定”，即固定饲喂、运动、采精等工作时间，固定工作程序，固定工作场所，实行定量饲喂，固定专人管理。

(5) 合理使用 12月龄以下的初配青年公猪每周使用1～2次；1岁以上的成年公猪每周可配3～5次，最好隔1天使用1次，若连配2～3天需休息1天，配种或采精每周最多不超过5次；2～4岁的成年公猪每天配种或采精1次，连续配种或采精2天后休息1天；成年公猪每周配5～6次，休息1～2天；健康公猪连续休息天数不得超过2周。使用过频会影响到公猪精液品质和射精量，从而影响受胎率。配种时间安排在早晨或傍晚，最好在早饲和晚饲前1小时配种。

(6) 适当运动 运动能促进种公猪食欲、帮助消化、增强体质，提高生殖功能，改善精液品质。种公猪每天运动不少于1 000米，每天运动1～2次，每次1～2小时。夏季安排在早晚，冬季安排在中午。

(7) 定期检查精液品质和称重 定期检查精液品质，应每隔10天检查1次，根据精液品质的好坏，调整营养、运动和配种次数，这是保证种公猪健壮和提高受胎率的重要措施之一；定期称重，检查种公猪是否过肥或过瘦，是否符合种用体况要求。

(8) 定期免疫 定期对种公猪进行疫苗注射和驱虫。

(9) 定期刷拭、修蹄 坚持每天用梳子或硬刷对种公猪的皮肤进行刷拭，保持其身体清洁，可预防疥癣及各种皮肤病，促进血液循环，并且还可使种公猪温驯、听从管教。要经常修整种公猪的蹄子，以免在交配时擦伤母猪。

(10) 给予良好的生活条件 种公猪最适宜的温度是18～20℃。圈舍应保持清洁干燥和阳光充足，做好通风和卫生工作；一般低温对公猪的繁殖力影响不大，高温可影响精子质量。因此，夏季要注意防暑降温，防止公猪热应激；冬季注意保温防寒，可减少饲料的消耗和疾病的发生。

(11) 防止种公猪热应激 要做好防暑降温工作。由于公猪个体大，皮下脂肪厚，汗腺不发达，高温影响尤为严重，特别要防止热应激。当环境温度高于30℃时，公猪通常会发生热应激，精子活力下降，总精子数和活精子数减少，畸形精子数增加。如果公猪经受3天33℃高温，其精液品质需2个月才能恢复正常。高温还影响性兴奋和性欲，在高温环境下公猪只能勉强配种或根本不配种。所以夏季炎热时要注意遮阳，每天冲洗公猪，必要时使用机械通风和洒水喷雾降温，并选择在早、晚凉爽时配种。

(12) 及时淘汰不合格种公猪 及时淘汰阴茎畸形、不爬跨或爬跨但阴茎不伸出及与之交配母猪不妊娠的公猪。对老龄公猪也要进行正常淘汰更新，种公猪一般使用3年，年淘汰更新30%～40%。

(13) 建立种公猪档案 认真填写公猪配种卡，对种公猪的来源、品种（系）、父母耳号和选择指数、个体生长情况、精液检查结果、繁殖性能测验结果等项均应有相应卡片记录在案。

64. 后备母猪的饲喂与日粮有哪些要求？

根据后备母猪不同的生长发育阶段，对日粮进行适当调整，合理地配制饲料。在长骨骼阶段，要保证供给足够的矿物质，尤其是供应足够的钙、磷，使骨骼长得细密结实，骨架大；在长肌肉阶段，则应供给足量优质蛋白质饲料；在防止脂肪沉积阶段，要注意日粮的营养结构，少搭配含碳水化合物的饲料。

(1) 根据体况饲喂后备母猪，使其达到种用体况。应注意饲料中能量浓度和蛋白质水平，特别是矿物质、维生素的补充。否则容易导致后备母猪过瘦或过肥，使骨骼发育不充分。后备母猪的食量可根据一次饲喂后，猪自动离开食槽时所摄进饲料的数量判定，每天应饲喂

3 顿，其中饲喂量早晨为 35%，中午为 25%，下午为 40%。

(2) 后备母猪应采取前敞后限的饲养方式，即后备母猪从断奶到 6 月龄左右应让猪自由采食，吃饱为原则，让其充分发育生长；6 月龄以后到配种前则应适当限制采食量，后期的限饲极为关键，适当的限饲，既可保证后备母猪良好的生长发育，又可控制体重的高速增长，防止过度肥胖，影响繁殖。

(3) 一般情况下，当后备母猪体重达到 50～80 千克时（根据品种大小）开始适当限料，日喂量在 2.0～2.5 千克/头，后期限食的较好办法是增喂优质的青粗饲料。在配种前 2 周应结束限量饲喂，以提高排卵数。实行短期优饲，一般可增加产仔数 2 头左右。配种结束后立即降低饲养水平，否则，会导致胚胎死亡数增加。

(4) 建议日粮配方

后备母猪培育初期配方（%）：玉米 40.0，麸皮 25.0，统糠 11.0，蚕豆 12.0，菜籽饼 10.0，骨粉 1.0，复合添加剂 0.5，食盐 0.5。

后备母猪培育中、后期配方（%）：玉米 30.0，麸皮 30.0，统糠 22.0，蚕豆 6.0，菜籽饼 10.0，骨粉 1.0，复合添加剂 0.5，食盐 0.5。

65. 怎样管理好后备母猪?

(1) 后备母猪一定要专人喂养。

(2) 后备母猪不能放在肉猪舍饲养，最好和肉猪舍隔离开来饲养 45 天。当后备母猪体重达到 110～120 千克、7.5 月龄时转入配种区；进入配种区的后备母猪每天用公猪试情。

(3) 后备母猪以小群饲养为好，可以促进小母猪的采食、生长发育以及发情。按强弱分群饲养，群内个体间体重相差不超过 4 千克，初期每栏可养 4～6 头，0.8～1.0 米^2/头，后期应减少到每栏 3～4 头，最好是单槽饲喂。

(4) 后备母猪的运动十分必要，它能促使猪体发育匀称和正常发情，特别是增强四肢的灵活性和坚实性。栏舍最好设有活动场，让猪

自由活动，冬春季节可进行驱赶运动，也可放牧运动。每天上午和下午各运动1次，每天1～1.5小时。

(5) 后备猪培育时就应进行调教。一是训练猪养成良好的生活规律，如定时饲喂，定点排便、排尿等；二是进行人猪亲和训练，后备母猪生长到一定年龄后，要进行人猪亲和训练，饲养员通过接触猪只，抚摩猪只的腹部、乳房、颈部等，建立人与猪的和睦关系，严禁粗暴对待猪只，从而有利于以后的配种、接产、产后护理等管理工作。

(6) 定期测量体尺和称重。定期测量体尺有利于及时淘汰不合格母猪；定期称量个体，既可作为后备猪选择的依据，又可根据体重适时调整饲料营养水平和饲喂量，从而达到控制其生长发育的目的。

(7) 后备母猪应健康状况良好。小型养猪场（户）从外场购入后备母猪时，更应注意后备母猪的健康状况，以免带入传染病。至少应在配种前60天购入，经隔离观察、确认健康并适应新的环境后方可使用。

(8) 后备母猪在进入配种区前大约经过2～3个发情期，凡进入配种区63天不发情的后备母猪均应淘汰。

(9) 每头后备母猪都应建立一张配种卡，记录转入配种群日期及预计转入配种区的日期。

(10) 应保持猪舍温度为17～25℃，相对湿度为50%～75%，并保持猪舍清洁、干燥，空气清新。

(11) 疾病防治

①经常保持栏舍清洁卫生。定期进行胃肠道和体外寄生虫的驱虫工作。发生疾病，及时给予治疗，以确保后备母猪健康。

②后备母猪应注意防治猪弓形虫病、猪水肿病、猪副伤寒、猪流行性感冒、猪繁殖和呼吸综合征（蓝耳病）、口蹄疫、猪传染性萎缩性鼻炎、猪副伤寒、猪瘟等疫病。

③按照传染病的发病规律，打好各种预防针。后备母猪一般在5月龄后才能注射疫苗。对5月龄至2岁的后备母猪，在蚊子到来的前一个月（为每年的4～5月初）用乙型脑炎弱毒疫苗免疫接种一次，本疫苗只用于疫区和周围受威胁区。

④后备母猪注射完全部疫苗后1周就可以转入配种舍。后备母猪在转入配种舍前半个月应驱除体内外寄生虫一次。在配种舍条件允许的情况下，尽早转入生产线，让后备母猪尽快适应，融入新的环境。

66. 空怀母猪的饲喂与日粮有哪些要求？

空怀母猪包括：配种前第7～14天的后备母猪和从仔猪断奶至发情配种期间的经产母猪。此期间也是配种期，时间大约2周以内，主要任务是保持母猪正常的种用体况（不肥不瘦），能正常发情、排卵，并能及时配上种。

(1) 后备母猪 对后备母猪配种前进行短期优饲，有促进发情排卵和容易受胎的良好作用。可根据体型大小、体质强弱，日给标准全价饲料1.9～2.2千克，每天喂2次。对将要配种的后备母猪，在第一次发情后不配，在配种前10～14日内，将其饲喂量增加约1千克，短期优饲至第二次发情时再配种。配种后日粮立即恢复到常用量。

(2) 经产空怀母猪 膘情较好、奶量充足的经产空怀母猪，在断乳前后各3天应适当减料，使母猪尽快干乳，以防发生乳房炎；但对膘情较差、奶量不多的经产空怀母猪，不会发生乳房炎，可少减料或不减料，以利恢复体况，在断乳3天，干乳后，应适当增加饲喂量。

在正常的饲养管理条件下的哺乳母猪在仔猪断奶后7～10天能再发情配种，开始下一个繁殖周期。

(3) 供给空怀母猪营养全面的饲料，特别是蛋白质饲料十分重要。一般情况下，每千克日粮中，蛋白质饲料应占11%左右，而且在蛋白质饲料组成中还应有一定数量的动物蛋白质。同时还要满足母猪对各种矿物质和维生素的需要，供给足够的钙、维生素A和维生素D，使母猪保持适度的膘体和充沛的精力。采取潮拌生料、限制性饲喂，根据母猪膘情适当进行调整，要保证母猪的状况在七、八成膘。每日每头定量2～2.5千克，其中，夏季日喂量2～2.2千克，冬季日喂量2.3～2.5千克，日喂2次，上午7：30，下午4：30。喂料区要保持清洁卫生，供给充足饮水。

(4) 建议空怀期饲料配方

第一周龄（%）：玉米 25.0，麸皮 30.0，统糠 26.0，蚕豆 10.0，菜籽饼 7.0，骨粉 1.0，复合添加剂 0.5，食盐 0.5。

第二周龄（%）：玉米 27.5，麸皮 26.0，统糠 29.0，蚕豆 9.0，菜籽饼 7.0，骨粉 1.0，复合添加剂 0.5。

67. 怎样管理好空怀母猪?

(1) 发情配种 此阶段主要判断发情母猪和及时配种。经产母猪的发情表现将持续 2～3 天，处女母猪持续 1～2 天。母猪发情后24～36 小时开始排卵，排卵持续时间为 10～15 小时，由此可推算：母猪发情后 20～30 小时之内为适宜的配种时间。本阶段要认真观察母猪发情表现，做到一个情期适时配种 2 次以上，并及时做好记录。

(2) 管理要求 对已配种的母猪，在交配后 21 天内一定要保持配种舍环境安静，不使母猪受到任何形式的干扰刺激，同时限制饲喂量至 1.8 千克以下，以免增加胚胎死亡率。另外，注意检查母猪是否重发情。经 21～28 天观察，确认配上后的母猪，按单元数，经体表消毒后转入妊娠舍，并填好转群日报表。

(3) 环境要求 定期进行配种母猪舍清洁消毒，调整舍内温度。配种期间应保持猪舍温度为 15～20℃，相对湿度为 50%～75%，空气清新。环境条件的好坏对母猪发情和排卵都有很大影响。充足的阳光和新鲜的空气有利于促进母猪发情和排卵；室内清洁卫生、温度适宜对保证母猪多排卵、排壮卵有好处。因此，要驱使母猪在室外运动，并保持圈舍通风、干燥、洁净，做好防暑降温工作。

(4) 疾病防治 本阶段主要防治猪瘟、猪肺疫、水肿病、弓形虫病、气喘病、口蹄疫、猪蛔虫病。

68. 配种期每天应做哪些工作?

空怀母猪配种期每天的工作内容主要有以下几项：

(1) 喂料 每日定时喂料，根据母猪体况、食欲等适当增减；及时清扫散落在饲槽外面的饲料，做好清洁卫生；调节舍内空气环境；给产前1周及便秘母猪投服轻泻剂。

（2）清粪 定时清理圈内或限位栏后门的粪便；对刚空出的单元进行彻底清洁消毒，每周全舍消毒一次，每月舍内外大消毒一次。

（3）发情鉴定与配种 将后备母猪及断乳3天后的母猪赶到配种栏内，用公猪进行试情，以刺激发情和检出发情母猪。

（4）发情的母猪进行人工授精或本交配种，每周配种2～3次。

（5）给后备母猪进行免疫和驱虫（这两项工作不能同一天进行），同时放进公猪，以利发情配种。

（6）将断奶母猪从分娩舍赶到配种舍，观察母猪发情情况，根据事先拟订的配种计划组织配种，填写母猪卡片。

（7）检查返情 对配种后18～24天和38～44天的母猪进行重点检查或试情，落实是否受胎。将已配上28天的母猪赶到妊娠舍；收集和分析最近几周配种工作记录，制定下一批配种计划。

（8）填写公、母猪交配记录。

69. 妊娠母猪的饲喂方式有哪几种？

总体来讲，对母猪采取“低妊娠、高泌乳”是最经济的饲喂方式。母猪在妊娠期要求营养合适，不宜过高。如果妊娠期营养过于丰富，体脂肪贮备过多，则会使哺乳期母猪食欲不良、泌乳少，影响断奶后发情配种。所以，国内普遍推行妊娠母猪采取限饲，哺乳母猪实行充分饲养的方法。

（1）抓两头带中间的营养方式 对于断奶后膘情差的经产母猪采用这种方式。从配种前10天开始至妊娠初期阶段应加强营养，前后共约1个月，加喂适量精料，特别是富含蛋白质的饲料。通过加强饲养，使其迅速恢复繁殖体况，待体况恢复后再回到青粗饲料为主饲料。到妊娠80～110天后由于胎儿增重速度加快，再次提高营养水平，增加精料喂量，既保证胎儿对营养的要求，又使母猪为产后泌乳贮备一定量的营养。

（2）步步登高的饲养方式 这种方式适用于初产母猪和哺乳期配

种的母猪。应按胎儿体重的增长，随妊娠期的延伸，逐步提高饲喂量和营养水平。因为，初产的母猪配种后本身仍处在生长发育阶段，而哺乳母猪担负着双重的生产任务，因此，整个妊娠期的营养水平应随胎儿体重的增大而逐步提高，到分娩前 1 个月达到最高峰，但在产前 5 天左右，日粮再减少 30%，以免造成难产。

（3）前粗后精的饲养方式 对配种前膘情好的母猪采用这种方式。应在配种后至 80 天，在妊娠期胎儿发育慢、母猪膘情又好者可适当降低营养水平，日粮组成以青粗饲料为主，相应减少精料喂养；到 80 天以后妊娠后期，胎儿发育加快，需要营养增多，再按标准饲养，以满足胎儿迅速生长的需要。

（4）日粮安排 为保持母猪适度膘情，不使母猪过肥或过瘦，即骨盆不外露。通常日喂 1.8～2.2 千克中等偏低营养水平饲料，到妊娠最后 3 周，以高水平饲料增加饲喂量至 2.5～3.2 千克。饲喂时间、次数要有规律，换料时注意应激，切忌喂霉败变质饲料。母猪妊娠期日粮安排：

1～3 周：每天每头限食不超过 2 千克。建议日粮配方（%）：玉米 38.5，大麦 33.0，麸皮 4.0，豆饼 10.0，鱼粉 6.0，槐叶粉 6.0，食盐 0.5，蛎粉 0.6，磷酸钙 0.6，多维素 0.3，微量元素添加剂 0.5。

4～10 周：每天每头 2.5～2.8 千克。建议日粮配方（%）：玉米 38.5，大麦 33.0，麸皮 4.0，豆饼 10.0，鱼粉 6.0，槐叶粉 6.0，食盐 0.5，蛎粉 0.6，磷酸钙 0.6，多维素 0.3，微量元素添加剂 0.5。

11～13 周：每天每头 2.8～3.5 千克。建议日粮配方（%）：玉米 40.0，大麦 10.0，麸皮 16.7，豆饼 11.0，鱼粉 6.0，干草粉 14.0，食盐 0.5，骨粉 1.0，多维素 0.3，微量元素添加剂 0.5。

14～15 周：每日饲喂全价饲料 2.8～3.5 千克。建议日粮配方（%）：玉米 36.7，大麦 28.0，麸皮 8.0，豆饼 5.0，花生粉 7.0，鱼粉 6.0，干草粉 7.0，食盐 0.5，骨粉 1.0，多维素 0.3，微量元素添加剂 0.5。

产前 1 周到分娩：每天逐渐降低饲喂量，直至产仔当日，降至每天每头 2 千克。饲料种类也逐渐更换成产后饲料。

（5）饲喂注意事项

①根据天气及气候情况适当增减饲料喂量；

②加料时不可太快，以免饲料溢出料槽导致浪费；

③加料工具应有一定标准，应定期测量一次加料的重量，每个人都应对此有充分了解，并达到熟练程度；

④每天检查饲料质量，观察颜色、颗粒状态等，发现异常及时处理。

70. 妊娠母猪舍日常工作有哪些？

（1）做好猪群健康检查，仔细观察每个圈里的每一头猪，评价全群健康状况；

（2）根据母猪妊娠日期，定时定量饲喂母猪，供给清洁饮水；

（3）做好粪污清扫和刚空出单元清洁消毒工作；

（4）调节舍内空气环境，防止高温应激；

（5）记录并治疗病猪，处理死猪；

（6）在产前 4 周，用左旋咪唑驱虫，产前 1 个月注射猪丹毒和猪肺疫疫苗，产前 40 天、15 天对母猪接种大肠杆菌疫苗；

（7）将临产前 1 周的母猪冲洗消毒后转入产仔舍等候分娩，洗后喷 1%敌百虫液；

（8）填写妊娠母猪记录表、日报表，登记转入、转出的母猪，反映存栏和周转情况。做报表。

71. 怎样管理好妊娠前期的母猪？

母猪妊娠前期，即妊娠第 1～21 天，应根据妊娠前期母猪的特点进行特殊管理。

（1）这一时期由于胚胎还未形成胎盘而没有保护物，对来自外界不良条件的刺激很敏感，这时如果给母猪饲喂发霉变质或有毒的饲料，胚胎就容易中毒死亡；如母猪饲料营养不全面，缺乏维生素等，也能引起部分胚胎中途停止发育而死亡。因此，在妊娠的头 21 天，胚胎处于强烈的分化时期，需要对母猪进行耐心细致的饲养管理。只要保证饲料营养平衡，保证饲料质量，不必增加饲喂量，每头母猪每

天的全价配合饲料喂量以 1.8～2.0 千克为宜。

(2) 正常发育的胎儿，在受精后即开始吸食子宫乳来得到营养。第 11～13 天胚胎附植于子宫，18～24 天胎盘形成，30 天时胚胎重 2.0 克。因此，在妊娠前期必须保证母猪充分安静，禁止驱赶、并圈等不利于胚胎着床的情况发生，同时，母猪一旦配种后立即将饲喂量降到妊娠前期的饲喂水平。

(3) 猪舍的调整：母猪配种后 4 周内不发情可调入妊娠舍饲养，前期每圈饲养不超过 5 头，并且将体重、年龄、配种时间一致的母猪饲养在同一圈中。

(4) 环境要求：猪舍环境条件应保持良好，保持日常圈舍通风。注意防寒、防暑，炎夏可采用自来水喷雾降温，舍温不宜超过 24℃。每日清扫圈舍，使地面尽量干燥、平整和防滑，要有干净充足的饮水。

72. 怎样管理好妊娠中期的母猪？

(1) 饲喂量 母猪在妊娠中期（妊娠第 22～89 天）的两个多月中，胎儿发育仍然较慢，需要营养不多，此阶段母猪的饲喂量一般控制在 2.2～2.8 千克左右。为了增加母猪适量的体重，同时也使母猪在哺乳期时有很好的食欲，这个阶段根据母猪的体重和膘情，通过采食量来调整母猪的体况：

①体况正常的母猪，可以继续保持前 21 天的饲喂量。

②太肥的母猪到哺乳期时就没有很好的食欲，这样将会导致母猪体重下降，延长断奶到发情的间隔，减少妊娠率及胚胎成活率。所以对于体况过肥的母猪，在妊娠前 21 天喂量的基础上减少 0.5 千克左右精料的喂量。为了避免母猪因日粮减少而产生不安或呆滞行为，可以给母猪多提供一些青绿饲料，或日粮中添加 25%左右的苜蓿草粉或青刈黑麦草粉，少量加喂精料，一定要让母猪吃饱。

③如果母猪的体况偏瘦，需要调整饲喂量 10%，可以增加 0.5 千克左右的饲料喂量，直至母猪体况恢复。如果母猪的体况不是理想体况，直到体况评分调整到理想体况为止。

(2) 这一时期要保证饲料品质，饲料应新鲜，防止霉烂变质、冰冷、有毒，饮水要干净；防止咬架、挤压，不可鞭打、追赶和惊吓，以免造成机械性损伤，引起死胎或流产。另外，要做好防暑防寒工作：降温措施一般有洒水、洗浴、搭凉棚、通风等，冬季要搞好猪舍的防寒保温，防止母猪因感冒发热造成胚胎死亡或流产。猪舍温度15～20℃，相对湿度50%～75%，清洁安静，空气新鲜。

(3) 适当运动。妊娠母猪应给予适当运动。无运动场的猪舍，要赶至圈外运动，但产前5～7天停止驱赶运动。

(4) 在妊娠中期，应对妊娠母猪进行调圈、并圈。母猪配种后4周内不发情可调入妊娠舍饲养，前期每圈饲养不超过5头，并且将体重、年龄、配种时间一致的母猪饲养在同一圈中。

(5) 本阶段主要防治猪瘟、口蹄疫、轮状病毒等。

73. 妊娠后期母猪的饲喂有哪些要求?

加强母猪妊娠后期（第90～114天）的饲养，俗称“攻胎”，是保证胎儿正常发育、获得初生仔猪个大、确保母猪泌乳量多、仔猪断奶体重大的第二个关键时期。

(1) 妊娠后期是胎儿增重最快的一个时期。如果每头仔猪初生体重按1 400克计算，在妊娠90天以后的短短24天时间里，每个胎儿可增重1 000克，占初生体重的71%之多。由此可见，妊娠最后24天是胎儿体重增加的关键时期，这个时期不但需要母猪自身的维持需要，而且胎儿的快速增长也需要大量的营养，因此在妊娠后期，不论母猪体况如何，都要增加饲喂量到3.0～3.5千克，加料需要逐渐递加，每天增加0.5千克左右，直到达到需要的饲喂量。

(2) 母猪在产前10～15天起，需将饲料种类逐渐更换成产后饲料。更换饲料切忌突然，一般经过5～7天的过渡期，以防止引起母猪便秘、腹泻，甚至流产。

(3) 适当增加饲喂次数。母猪妊娠后期应适当增加饲喂次数，每次不能喂得过饱，以免增大腹部容积，压迫胎儿，造成死亡。

(4) 一般产前3～5天逐渐减少母猪喂料量，减到2.0～2.5千克，直至产仔当日，开始执行母猪哺乳期的饲喂方法。母猪产前减料

是防止母猪产后不食、母猪乳房炎和仔猪腹泻的重要环节，必须引起足够重视。

74. 怎样管理好妊娠后期的母猪?

(1) 妊娠母猪的饲养 一方面要供给胎儿营养，保证胎儿正常发育，另一方面要为泌乳做准备，因此，必须供给充足的营养，管理上注意保护胎儿。生产实践中，饲养妊娠母猪有十忌：一忌喂给有毒或刺激性饲料，如未经脱毒的棉籽饼、菜籽饼、霉烂变质饲料、大量酒糟、冰冻饲料等，以防引起母猪流产；二忌饲料单一，特别是缺青饲料，要喂给配、混合饲料，试验表明，喂配、混合饲料的比喂单一饲料的提高产仔 8.7%；三忌喂给母猪高能量饲料，否则母猪太肥容易引起难产；四忌饲料太粗，体积过大压迫胎儿；五忌饲料配方变化太快，引起母猪不食或少食，影响胎儿发育；六忌防疫、驱虫；七忌使用退热药、泻药；八忌鞭打、捆绑、挤撞、惊吓母猪；九忌母猪在高低不平的地面上休息或被驱赶；十忌在此期间对母猪进行转群和并圈，防止机械性流产。

(2) 转栏 应在预产期前 5～7 天将母猪转入相应的产栏。母猪进入产栏前应进行淋浴清洗，至少应对母猪的乳区、外阴部、腹部、肢体进行清洗。

(3) 做好看护工作和产前准备 应注意观察母猪临产前的征兆，尤其是做好夜间的看护工作。随时做好产前准备，一旦有临产母猪就可顺利转栏和接产。

(4) 疾病防治 本阶段主要防治猪瘟、口蹄疫、猪繁殖和呼吸综合征（蓝耳病）。

75. 怎样做好产房工作?

为保证仔猪平均断奶成活率在 92%左右、仔猪 28 日龄断奶平均个体重 7.0 千克以上，必须做好以下几方面的产房工作：

(1) 保证饮水器有充足的水量，提供新鲜干净的饲料。根据母猪哺乳期长短，提供不同饲料量，一天 3 次；仔猪生后 7 日龄开始补料；供料及时，仔猪料少给勤添，杜绝浪费；不喂发霉变质饲料。

(2) 让母猪、仔猪有一个温暖、干燥、无贼风的环境。正确调节门窗及排气孔的开关；正确运用保温箱（保温箱温度 1～3 日龄猪为 30～32℃，4～7 日龄猪为 28～30℃）；每天检查每栋产房的温度，舍温在 15℃为宜，防止贼风侵入；尽量减少冲圈次数。

(3) 认真执行产房内卫生防疫制度。从产房内相对最干净区到最脏区工作；执行全进全出制；断奶后对产房彻底冲洗消毒；每栋产房门前设置一个消毒盆；遵守洗猪和断奶程序；及时处理有可疑传染病的病猪。

(4) 做好母猪和仔猪的治疗工作，每天观察每头仔猪，及时发现及时治疗；对腹泻仔猪，发现一头，治疗一窝；每头病猪保持完整的记录。

(5) 完成每天的打耳号、剪牙、断尾、补铁工作，对仔猪进行适当的调圈，并做好记录。仔猪出生后 12～24 小时之内必须打耳号、剪牙、断尾；仔猪出生 48 小时内进行调圈；仔猪出生后 2～3 天补铁硒合剂 1.5 毫升/头。

(6) 执行每周断奶程序（4 周龄断奶）；仔猪称重；弱小仔猪用代乳品喂养；评价每头断奶母猪，对淘汰的母猪进行标记；按免疫程序注射疫苗。

(7) 每天检查产房设备，由猪场专业修理人员维修；掌握各种设备的使用方法，如清洗机等。

(8) 保证产房清洁：产房每天都要进行清扫，过道一般不要用水冲，尽量保持产房干燥；产房用品应放置在固定位置，药品工具不得乱摆乱放；及时清除每日的垃圾；清洁公共通道卫生。

(9) 准确及时记录：保证产房表格的完整性和持续性；完成每天的记录工作；及时上交报表，字迹工整。

76. 怎样饲喂哺乳母猪？

哺乳母猪需要消耗一定的身体储备来获取维持和泌乳的能量需

求。此期间体储备过度损失，母猪显著降低体重，因此，要采取特殊的措施以确保哺乳期间的营养需要。母猪在哺乳期需大量采食，以获得最大产奶量，产奶量的提高也会增加哺乳仔猪的生长速度。因此，在生产实践中，必须围绕增加哺乳母猪的采食量上下工夫，通过维持母猪哺乳期间高水平的采食量，减少母猪体和背膘的损失，增加产奶量，提高仔猪的生长速度，减少仔猪死亡率和提高母猪以后的繁殖性能。具体必须做好以下工作：

(1) 注意分娩前后的减料与逐步加料

产前 3 天：正常情况下，临产母猪产前 3 天改喂哺乳母猪料，并且从每天 3 千克减到 2.5 千克。临产当天如果是热天，一定要停止喂料，冷天，按猪的食欲，可以喂 1～1.25 千克料，不准超过 1.5 千克。

产后 1～3 天：母猪产后 8～10 小时内原则上可不喂料，只喂给温盐水、麸皮或稀粥状的饲料。分娩过程中，母猪的体力消耗很大，体液损失多，常表现疲劳和口渴。所以在母猪产后，最好立即给母猪饮少量含盐的温水，或饮热的麸皮盐汤，补充体液。分娩后 2～3 天内由于母猪体质虚弱，代谢功能较差，饲料不能喂得过多，且饲料应是营养丰富，容易消化的，喂量为 1.5 千克。

产后第 3 天：从产后第 3 天起，视母猪膘情、消化能力及泌乳情况，逐渐增加饲料给量，第 3 天喂到 5 千克。然后就不限量，以吃干净不浪费为原则。

(2) 喂料情况视母猪体质强弱区别对待 对个别体质较弱的母猪，过早大量补料反而会造成消化不良，使乳质发生变化而引起仔猪腹泻；对产后体质较好、消化能力强、哺育仔猪头数多的母猪，可提前加料，以促进泌乳。

(3) 避免产后加料过急的现象 在很多猪场，产后由于母猪一天未采食，且体能消耗大，于是产后采食量很大，但采食过多却身体虚弱，消化不良，而引起以后几天不食，严重的会呕吐，还以为是炎症，即使可以消化，也易产生乳房炎、产褥热、仔猪腹泻等问题。所以，必须特别强调要避免这一现象的发生。

(4) 哺乳期饲料中应有鱼粉，可添加 5%左右的大豆磷脂等脂肪性饲料。哺乳期还应适当饲喂青绿多汁饲料，供应充足的饮水。整个哺乳期饲料结构要保持稳定，保持清洁，不要频变饲料品种，不喂发霉变质饲料，不宜喂酒糟，以免造成母乳变化引起仔猪腹泻。

(5) 断奶前后，母猪应逐渐减少喂量。断奶前1周由5.0千克以上逐渐减到2千克甚至1千克，断奶当天可不喂，这样既可促使仔猪多采食所补饲的颗粒料，又可防止断奶后发生乳房炎。

77. 如何管理好哺乳母猪？

(1) 哺乳初期母猪的管理 母猪产后生殖器发生了变化，本身的抵抗力下降，产出胎儿后子宫内有积存的恶露，为病原微生物侵入创造了条件。因此，应加强母猪产后初期的护理工作，使母猪尽快恢复正常功能。

①要保持产房温暖、干燥和卫生。产房小气候条件恶劣、产房不卫生，均可能造成母猪产后感染，表现恶露多、发热、食欲降低、乳量下降或无乳，如不及时治疗，轻者导致仔猪发育缓慢，重者导致仔猪全部饿死。因此，要搞好产房卫生，经常更换垫草，注意舍内通风，保证舍内空气新鲜。产后母猪的外阴部要保持清洁，如尾根、外阴周围有恶露时，应及时清洗、消毒，夏季应防止蚊、蝇飞落。必要时给母猪注射抗生素，并用2%～3%温热盐水或0.1%高锰酸钾水溶液冲洗子宫。

②由于产后母猪体力衰退，食欲欠佳，故宜留在栏圈内休息调养；从产后第3天起，若天气晴好，可让母猪带仔或单独到外自由活动，这对母猪恢复体力、促进消化和泌乳等均有益处。但要防止着凉和受惊，运动量不要过大。尤其地面产仔、条件差的产房，在温暖天气让母、仔猪多晒太阳，增加运动。

(2) 哺乳中、后期母猪的管理

①保护好哺乳母猪的乳房和乳头，使其均匀发育、正常哺乳，发现疾患及时治疗。严格按饲养标准和需求量饲养，防止乳汁过浓造成仔猪腹泻。

②产房一定要保持清洁、干燥和通风良好，冬季注意防寒保暖，夏季注意防暑降温。产房肮脏潮湿、空气流通差，是母仔猪患病的原

因，应该引起足够重视。应保持哺乳舍温度为16～25℃，相对湿度为50%～75%，圈栏内的粪污应及时清除，圈栏、工作道、用具等进行定期消毒。严禁鞭打或强行驱赶母猪，保护母猪乳头不受伤害，如有损伤及时治疗。

③注意观察母猪的膘情和仔猪生长发育情况，如仔猪生长健壮，被毛光泽，个体间发育均匀，母猪体重减轻但不过瘦，说明饲养管理合理。如果母猪过肥或过瘦，仔猪瘦弱生长不良，说明饲养管理出现问题，应查找原因。

（3） 在疾病防治上，哺乳期主要防治母猪产后不食、母猪缺乳或无乳、母猪产后瘫痪、母猪不哺乳、细小病毒病和猪瘟。

78. 影响母猪泌乳的因素有哪些？怎样提高母猪的泌乳量？

（1）影响母猪泌乳的因素主要有以下几种

①饮水　母猪乳中含水量为81%～83%，为此每天需要较多的饮水，若供水不足或不供水，都会影响猪的泌乳量，常使乳汁变浓，含脂量增多。另外，饲喂次数、饲料调制对母猪的泌乳量也有影响。

②母猪的年龄胎次与个体大小　一般情况下，第一胎的泌乳量较低，以后逐渐上升，4～5胎后逐渐下降。一般体重大的母猪比体重小的泌乳量要多。

③分娩季节　春秋两季，天气温和凉爽，青绿饲料多，母猪食欲旺盛，其泌乳量也多。冬季严寒，母猪消耗体热多，泌乳量也少。

④母猪发情　母猪在泌乳期间发情，常影响到泌乳的数量和质量，同时易引起仔猪的黄、白痢。泌乳量较高的母猪，泌乳会抑制发情。

⑤品种　母猪品种不同，泌乳量各异。一般来说，长白猪及其杂交母猪的泌乳量显著高于中型的约克夏猪和巴克夏猪及其杂种母猪。

⑥疾病和管理　泌乳期母猪若患病，如感冒、乳房炎、肺炎等疾病，可使泌乳量下降。管理不当、环境条件差也会降低母猪的泌乳量。

（2）提高母猪泌乳量的方法

①加强管理和实行高水平饲养：保持猪舍清洁干燥，环境安静，

空气新鲜，阳光充足等，有利于母猪的泌乳；对泌乳母猪实行高水平饲养，不限量饲养或自由采食。

②喂青绿多汁饲料：母猪在哺乳期间，可多喂些青绿多汁饲料，如胡萝卜、南瓜、牛皮菜、甜菜等，有利于提高母猪的泌乳力。

③喂富含维生素饲料：在母猪泌乳期间，可喂些维生素含量多的饲料，如酵母粉等。

④按摩乳房：每天早晨给母猪按摩乳房5～10分钟，可提高泌乳量。

79. 哺乳仔猪有哪些生理特点？

（1）生长发育快，代谢机能旺盛，利用养分能力强 仔猪初生体重不到成年体重的1%，但生长发育很快。仔猪对蛋白质和钙、磷等营养物质的需要比成年猪高。猪体内水分、蛋白质和矿物质的含量随年龄增长而降低，而沉积脂肪的能力随年龄增长而提高，所以小猪生长快，能更有效地利用饲料。

（2）仔猪消化器官不发达，容积小，机能不完善 这是构成仔猪对饲料的质量、形态、饲养方式与次数等特殊要求的原因。

（3）缺乏先天免疫力，容易得病 仔猪出生10日龄以后才开始自身产生抗体，在此之前只能靠吃初乳把母体的抗体传递给自己，以后过渡到自身产生抗体而获得免疫力。3周龄以内是免疫球蛋白青黄不接的阶段，此时胃液内又缺乏游离盐酸，对随饲料、饮水等进入胃的病原微生物没有杀灭和抑制作用，因而造成仔猪易患消化道病。

（4）调节体温的能力差、怕冷 仔猪出生时大脑皮层发育不够健全，通过神经系统调节体温的能力差。还有，仔猪体内的能源贮存较少，遇寒冷很快降低，如不及时吃到初乳很难成活。

80. 怎样做好初生仔猪的护理工作？

初生仔猪（生后1周内仔猪）最易发生死亡，死亡的主要原因是

冻死、压死、饿死和腹泻死亡。因此，搞好初生仔猪护理，是提高仔猪成活率的关键。

（1）剪掉犬牙 仔猪生后就有8枚尖利的獠牙（包括门齿和犬齿），争抢乳头时很容易划破同窝仔猪的颊部和母猪的乳头，引起母猪不安，容易造成压死仔猪或乳头破伤易发炎。所以，断脐后必须用专用的剪牙钳剪掉獠牙。剪牙钳每次用后要认真消毒，避免交叉感染。剪牙时要注意从齐牙根处剪除，断面要平整，不要伤及牙床。注意要将剪下的断齿清出口腔，并用碘酊对齿龈消毒。

（2）称量个体重或窝重 抓猪称窝重，称个体重，记录窝重及公猪数和母猪数；进行各种处理，决定猪号，并完成记录。初生体重的大小不仅是衡量母猪繁殖力的重要指标，而且也是仔猪健康程度的重要标志。初生体重大的仔猪，生长发育快、哺育率高、肥育期短，所以必须称量初生仔猪的个体重。

（3）吃初乳 初生仔猪毛干后应立即让它吃初乳，这样既可使仔猪增加营养物质和抵抗力，又可以促进母猪产仔速度。初乳酸度极高，其中有大量抗体、较多的镁盐（有轻泻作用）和营养物质，初乳越早吃对仔猪健康越有利，能提高抗病能力和对环境的适应能力，并能刺激消化器官的活动，促进排出胎粪。吃不到初乳很难活下来，即使活下来也会发育不良，成为僵猪。

（4）固定乳头 仔猪有吃固定乳头的习性。为使全窝仔猪发育均匀，提高成活率，必须在两三天内固定乳头。宜让仔猪自选乳头为主、人工控制为辅，主要是控制仔猪抢乳头。一般情况是把弱小一点的仔猪放到前边的乳头上去吃，而把体大的个体固定在后边的乳头。对个别争抢严重、乱窜乱拱的仔猪需进行人工控制，可先让其拱乳，之后再放到其固定的位置，或采取停止吸乳1～2次，以纠正其抢乳行为。如此，只要在吃乳时照看两三次就能使全窝仔猪哺乳时固定好乳头。

（5）打耳号 就是用仔猪耳朵上剪出的缺口代表一个数字来确定仔猪的身份，就好像编名字。在猪场要识别不同的猪只，光靠观察很难做到，为了便于记载和鉴定，必须给每头仔猪打耳号。编号方法是用剪耳号的专用耳号钳（保证耳钳锋利），在左右耳的固定位置打出缺口和圆孔。目前，猪场多用大排号法编号，左右耳的数字有一定规律性。通常数字加起来，尾数是单者是公猪，尾数为双者是母猪。也有的猪场采用左耳代表窝号，右耳代表窝内仔猪个体号的编号办法。

编号的方法以剪耳法最简便易行，即用耳号钳在猪的耳朵上打号，每剪一个耳缺代表一个数字，把两个耳朵上所有的数字相加，即得出所要的编号。以猪的左右而言，一般多采用左大右小，上1下3、公单母双（公仔猪打单号、母仔猪打双号），或公、母统一连续排列的方法。即仔猪右耳，上部一个缺口代表1，下部一个缺口代表3，耳尖缺口代表100，耳中圆孔代表400；左耳，上部一个缺口代表10，下部一个缺口代表30，耳尖缺口代表200，耳中圆孔代表800。

（6）断尾 用断尾钳给猪进行断尾，长度，公猪为阴囊正上方。目的是减少咬尾现象发生。

（7）精心护理仔猪 首先要防止母猪踩压仔猪，在产仔架两侧设仔猪保育栏，每当母猪躺下时，仔猪很快跑到两侧，可大大减少压死仔猪的数量。做好“三察看”工作：察仔猪粪便，看仔猪健康；察仔猪睡觉，看猪舍温度；听仔猪叫声，看固定乳头。冬季做好防寒保温工作，尤其1～3日龄时保温箱内要保持32℃。以后逐日减温，15～20日龄为22℃左右；对没奶吃的仔猪进行寄养；还要给仔猪开食和补料。

（8）补铁、补硒和补料 可在仔猪出生后2～3天在母猪乳房表面喷刷含铁溶液（每升溶液中含硫酸亚铁25克、硫酸铜1克和二氯化钴1克），或注射牲血素、补铁王等铁剂150～200毫克，7天时再注射1次，注射时将皮肤错开，不同窝间要换针头。另外，母猪每日所泌乳汁虽然随时间有所增长，但不能满足仔猪日益增长的营养需要，应及时对仔猪进行补料。

（9）疾病防治 由于仔猪本身生理机能不完善，如所处环境应激因素较多，仔猪不能承受而发病死亡。只有及时预防和治疗各类疾病，精心护理，才能提高仔猪的成活率和个体重。这段时间主要防治仔猪腹泻及猪链球菌病。常见引起新生仔猪腹泻的疾病主要有仔猪黄白痢、仔猪红痢、传染性胃肠炎、猪瘟和伪狂犬病等。预防这些疾病，主要是要给母猪制定科学、合理的疫苗免疫接种程序，使仔猪出

生以后通过吃母猪的乳汁，获得高水平的抗体，从而获得抵抗这些疾病的能力。

81. 什么是仔猪寄养？怎样进行仔猪寄养？

寄养就是给仔猪找奶妈。在生产上，一是母猪产仔过多，超过其可以哺乳的有效乳头数，把多余的小猪寄养出去。二是在相隔 3 天内有两头或两头以上的母猪产仔都比较少，为了使其中一头提前配种，可采取并窝配种。三是母猪产后奶水不足，哺乳较多的小猪有困难，则可分摊哺乳。四是可能发生母猪产后死亡，则可把这窝小猪寄养出去。为使寄养成功，必须注意以下几点：

（1）两窝小猪的产期相近 最好是同期产仔，一般在 2 天之内，最好是前后不超过 3 天。寄养时要挑体重差不多的，以免小猪日龄相差太大，发生以大欺小的现象。

（2）寄养母猪的选择 要挑选泌乳量高、性情温顺、母性强的母猪，只有这样才能带好寄养过来的仔猪，从而提高成活率和断奶质量。

（3）吃初乳 寄养仔猪一定要吃到初乳，如果没有吃到初乳，可以吃养母的初乳，否则不易成活。

（4）并窝 母猪主要靠嗅觉识别并窝仔猪，为了使寄养顺利，防止拒绝哺乳或咬死寄养的小猪，可预先将寄养的小猪和原窝的小猪混在一起，或在两窝小猪的身上都涂有特殊气味的煤油或臭药水等；也可以将养母猪的乳汁、产仔时的羊水或尿涂抹在寄养仔猪上，让母猪嗅不出异味，趁母猪不注意，把它们一起放在母猪旁边吃奶。不放奶时把寄养仔猪和养母仔猪放在保温箱内，被寄养小猪只要吃过 1～2 次奶，寄养就能成功。

（5）强制训练 有时寄养仔猪不肯吃奶妈的奶，碰到这种情况只能用饥饿或强制的办法训练才能成功。

（6）人工哺乳 如果没有寄养条件，还可以实行人工哺乳，即采用人工配制的乳品或代乳料哺育仔猪。在人工哺育之前，必须设法使仔猪吃到初乳，以获得免疫力。

82. 怎样给仔猪开食和补料？

6～7日龄的仔猪，开始长出臼齿，牙床发痒，此时仔猪常离开母猪单独行动，对地面上的东西用闻、拱、咬等方式进行探究，并特别喜欢啃咬垫草、木屑、母猪粪便中的谷粒等硬物。所以，应尽早诱导仔猪开食。

(1) 诱导开食主要是利用仔猪这种探究行为，可在仔猪自由活动时，于补饲间的墙边地上撒一些开食料（多为硬粒料）供仔猪拱咬，也可将开食料放入周围打洞、两端封死的圆筒内，供仔猪玩耍时捡食从筒中落在地上的颗粒。10日龄以后，当仔猪已能采食部分粒料时，可给予干粉料、颗粒料或嫩的青草、青菜、甘薯、南瓜等碎屑，放于小槽内诱导，也可人工辅助。

(2) 配料及饲喂原则：仔猪喜食香、甜、脆的饲料。利用这一习性，可以选择带有香味的饲料，如炒得焦黄酥脆的玉米、高粱、大麦和大豆粒等，以及具有甜味的饲料，还可以在仔猪的开食料中加入香味剂、食糖等。

(3) 仔猪具有模仿母猪和较大仔猪的行为。在没有补饲间时，可放置母猪的食槽，让仔猪在母猪采食时，随母猪捡食饲料。1周龄左右的仔猪能自由活动，可放仔猪到运动场随大猪供食补料。

(4) 补料与饲喂

①仔猪出生1周后，是开食与补料相结合的时期。仔猪诱食从生后6～10天开始，12～14天以采食补料相结合为宜。因为，上午9时到下午3时是仔猪最活跃的时间，所以诱食安排在这段时间，特别是早上9～10时，诱食效果最好。开食后第一周仔猪采食很少，因母乳基本上可以满足需要，投料的目的是训练仔猪习惯采食饲料。仔猪经过5～7天的诱食，基本学会了采食，大约到14日龄就会自觉上槽吃料了。

②在仔猪有正常采食行为时，就应有规律地给其补料。这样有利于断奶后能大量采食饲料。饲料必须是全价优质混合料。考虑到仔猪的营养生理特点，仔猪料常用颗粒饲料，有的还加入酶制剂、酸味调

味剂、乳制品和油脂等。应买大型专业饲料公司生产的膨化处理的颗粒饲料，松脆、香甜、容易消化、适口性也好。建议补料日粮组成(%)：全脂奶粉 20.0，玉米 19.0，小麦 28.0，豆饼 22.0，鱼粉 8.0，碳酸钙 1.0，食盐 0.4，预混饲料 1.0，淀粉酶 0.4，胰蛋白酶 0.2。

③仔猪补料的方法　每个哺乳母猪栏里都装设仔猪补料槽和自动饮水器（或设置适宜的水槽），强制补料时可以关门限制仔猪的自由出入，平时仔猪随意出入，日夜都能吃到饲料。仔猪生后 1 周采取一天几次强制关进补料栏，限制吃奶，强制吃料的办法。补料要注意利用仔猪抢食的习性和爱吃新料的特点，每次投料要少，每天可多次投料，个别仔猪不开食，可人为掰开嘴喂给少些饲料。补料的同时一定要注意补水，主要是喂足干净的水，以免因口渴乱饮脏水、尿液而发病。

83. 怎样给哺乳仔猪断奶？

下面介绍几种常见的断奶方法：

（1）一次断奶　又称果断断奶法。断奶前 3 天，减少哺乳母猪饲料的日喂量，到断奶日龄一次将仔猪与母猪全部分开。此种断奶方法来得突然，会引起仔猪应激和母猪的烦躁不安。但此种方法简单，操作方便，主要适用于泌乳量已显著减少、有患乳房炎危险的母猪，多被集约化养猪生产所采用。

（2）逐渐断奶法　断奶前 3～4 天，减少母猪和仔猪的接触与哺乳次数，并减少母猪饲料的日喂量，使仔猪由少哺乳到不哺乳有一个适应过程，以减轻断奶应激对仔猪的影响。此种断奶方法适用于不同情况的母猪，但较麻烦而费人力。

（3）分批断奶法　适用于奶旺的母猪，在预定断奶的前 1 周，先把准备育肥的仔猪或一窝中体重较大的仔猪隔离出去，让预备做种用或发育落后的仔猪继续哺乳，到预定断奶日期再把母猪隔出去。

（4）早期断奶　是指将哺乳期由 40～55 天缩短到 21～28 天。为了提高母猪年生产力、仔猪哺乳率与增重，采取早期断奶。国内饲养管理条件较好的猪场已采取早期断奶。仔猪早期断奶的好处是，可以缩短两次产仔之间的间隔，提高母猪繁殖力，有利于仔猪生长发育，减少仔猪死亡，提高仔猪的成活率，节省饲料，提高饲料的利用率，充分利用生产设备，加快猪群周转，节省饲养成本，提高经济效益，减轻母猪生理负担。由于缩短了母猪的哺乳天数，减轻母猪的生理负担，保持母猪有良好的繁殖体况。仔猪早期断奶的适宜日龄，可根据饲养水平来确定。

84. 如何管理好断奶前后的仔猪？

仔猪断奶是继出生后又一次较大的应激，包括食物、生活方式和生长环境等都发生了改变，这个阶段若饲养管理不当，仔猪容易发生疾病甚至死亡。为使断奶仔猪尽快适应断奶后的饲料，减少断奶应激，应做好断奶前的准备和断奶后的管理。

（1）断奶前的准备　一是对哺乳仔猪提早开食；二是断奶前减少母乳供给（通过减少哺乳次数和减少母猪饲料喂量）。

（2）维持原圈饲养　仔猪断奶后1～2天很不安定，经常嘶叫并寻找母猪，夜间更重。断乳后不应立即混群，不并窝，在原圈中进行培育，这样可有效减轻仔猪断奶造成的骚乱，以免仔猪受到断乳、混群的双重刺激。

（3）分群　仔猪断奶后，在原圈饲养10～15天，当仔猪吃食与排便一切正常后，再根据仔猪的性别、体重大小、体质强弱、采食快慢等分群饲养。同群内体重差异以不超过2～3千克为宜。一般合群后1～2天内即可建立群居秩序；若群居秩序迟迟不能建立或有仔猪被咬伤，可考虑进行适当调整。按该方法分群后仔猪生长发育整齐，且易于管理。

（4）足够的占地面积与饲槽　仔猪群体太大或每头仔猪占地面积太小，以及饲槽太少，容易引起争斗，影响仔猪的生长发育。断奶仔猪的占地面积为每头0.5～0.8米^{2}较好，每群一般以10头为宜。

（5）全进全出　年龄比较接近的健康仔猪，可以作为同一批次在同一栋保育猪舍饲养。同一栋保育猪舍的仔猪，原则上应该全进全出，即同时进入保育猪舍饲养，并在同一时间转移到育肥猪舍。这种

饲养方式可以减少不同批次仔猪之间疾病的传播，而且，仔猪全部转移出去以后，可以使用火碱、火焰、甲醛熏蒸等方式对猪舍进行彻底的终末消毒，更有利于疾病的防疫。

(6) 逐步更换饲料 为了减少突然更换饲料对仔猪的应激，在仔猪断奶后2周内仍饲喂哺乳仔猪饲料，并在饲料中添加适量微生态制剂、维生素和氨基酸，以减轻断奶应激；2周后在日粮中逐渐添加一定比例的断奶仔猪料，最后过渡到完全投喂断奶仔猪料。

(7) 饲喂方式 饲喂方式上，仔猪断奶后2～3天内饲喂糊状饲料，这与吸吮母乳有一定相似之处，仔猪喜欢采食，也可减少干饲料对断奶仔猪胃肠道的损伤，待仔猪逐渐适应后再换为干饲料饲喂。在断奶后5天内，要控制仔猪饲喂量，以免造成胃肠道负担过重，导致仔猪消化不良，引起腹泻。而且，可以模仿哺乳期的饲喂方式，采取少喂、勤喂的方法，每天饲喂5～6次，一段时间后逐渐减少饲喂次数直至正常。尽量使仔猪进食次数与哺乳期相似。

(8) 创造适宜的生活环境 猪舍必须阳光充足，温度适宜。断奶仔猪在30～40日龄时的适宜温度为21～22℃；41～60日龄时为21℃；61～90日龄为20℃。冬季可适当增加舍内仔猪头数，最好能根据当地的气候条件安装暖气、热风炉等取暖设备，以做好断奶仔猪的保温工作。酷暑季节则要做好防暑降温工作，主要方法有通风、喷雾、淋浴等。猪舍湿度对仔猪的生长也很重要。如果湿度过大，冬季会使仔猪感到更加寒冷，夏季则更加炎热。而且，湿度越大，水分就充足，更有利于病原微生物在猪舍中生存，不利于仔猪防病。断奶仔猪舍相对湿度保持65%～75%较为合适。

(9) 保持良好的环境卫生 猪舍内氨气、硫化氢、二氧化碳等有害气体浓度过高，会使仔猪生长减缓，抗病力下降，还会引起呼吸系统、消化系统和神经系统疾病。因此，猪舍要定期打扫，及时清除粪尿，保持良好的通风，并勤换垫草，保持干燥，避免潮湿。为仔猪生长创造一个舒适、清洁的环境。

(10) 细心调教 要训练仔猪排便、采食、睡卧三点定位。重点驯化仔猪定点排粪尿，使之养成不随便排泄的习惯。

(11) 预防断奶仔猪腹泻 腹泻是对断奶仔猪危害性最大的一种

断奶后应激综合征，通常发生在断奶后2周内。该病发生率很高，危害较大，病愈后仔猪往往生长发育不良，日增重明显下降，因而造成很大的经济损失。引起仔猪断奶后腹泻的因素很多，一般可分为由病原体引起的腹泻和非传染性腹泻两大类：

①由病原体引起的腹泻多发生于仔猪断奶后7～10天，如致病性大肠杆菌、沙门氏菌、伪狂犬病病毒、轮状病毒、密螺旋体等的侵袭而发生腹泻。这类腹泻可以通过有计划的免疫接种或在断奶前后投服敏感的药物进行预防，可以减少腹泻发病率和发生腹泻以后造成的继发感染。

②非传染性腹泻多在断奶后3～7天发生，这主要是断奶的各种应激因素造成的，弱小的仔猪腹泻发生率更高。引发断奶应激的因素很多，诸如日粮不平衡如氨基酸和维生素缺乏、日粮适口性不好、饲料粉尘大、发霉或生螨虫、鱼粉混有沙门氏菌或含盐量过高等。饲喂技术上，如开食过晚、断奶后采食饲料过多、突然更换饲料、仔猪采食母猪饲料、饲槽不洁净、槽内剩余饲料变质、水供给不足、只喂汤料及水温过低等因素都可能导致仔猪腹泻。因此，减少断奶仔猪腹泻发生的关键是减少仔猪断奶应激。

（12）免疫注射 仔猪60日龄注射猪瘟、猪丹毒、猪肺疫和仔猪副伤寒疫苗，并在转群前驱除体内外寄生虫。

85. 仔猪育肥前要做好哪些准备工作？

育肥猪按生长发育阶段可划为三期：体重20～35千克为生长期，体重35～60千克为发育期，体重60～90千克为肥育期，或相应称为小猪、中猪、大猪。肉猪饲养效果如何，小猪阶段是关键。因为，小猪阶段最容易感染疾病或生长受阻，体重达到中猪阶段以后就容易饲养了。因此，肥育之前必须做好圈舍消毒、选购优良仔猪、预防接种、去势和驱虫等准备工作。

（1）清洁消毒圈舍 为避免肉猪感染疫病和寄生虫，进猪之前圈舍应彻底消毒。在进猪之前，应将圈舍进行维修，特别是损坏的水泥地面一定要提前修补好，否则进猪之后即无法维修。猪舍走道、猪栏

内的一切粪便、垫草、污物要彻底清扫，然后用水冲洗干净，墙壁也要清扫和用高压水冲洗。墙壁和地面可用3%～5%的火碱水溶液喷洒，也可用 20%～30%的石灰乳洗刷；然后关闭门窗，用塑料薄膜密封进行熏蒸消毒，每立方米的空间用福尔马林 45 毫升、高锰酸钾 20 克，也可用 0.1%的过氧乙酸喷雾，每立方米 10 毫升，封闭 24 小时后通风。

（2）选购优良仔猪 仔猪质量对肥育期增重、饲料转化率和发病率关系很大。如果不是自家生产肥育仔猪，则最好事先与仔猪生产场或母猪养殖户签订合同，届时提取合格的仔猪。直接从交易市场买猪风险较大。要选购优良杂交组合、体重较大、活力强、健康的仔猪进行育肥。

（3）预防接种 自繁仔猪应按免疫程序进行猪瘟、猪丹毒、猪肺疫、仔猪副伤寒、仔猪水肿病、口蹄疫等疫苗预防接种，以免暴发传染病，造成损失。如外购仔猪，选购时一定要问明是否做过猪瘟、猪丹毒和猪肺疫的预防接种。没免疫过的要及时补种。

（4）去势 性别对肉猪生产表现和胴体品质有重要影响。没有地方猪种参与的两品种和三品种杂种瘦肉型猪，育肥时可只阉公不阉母，能提高商品猪的瘦肉产量。我国地方品种猪性成熟早，肉猪饲养期长，供育肥的公、母仔猪都要阉。经去势的猪性情安静，食欲好，增重快（无发情干扰），肉脂无异味。自繁仔猪的专业户，供肥育的仔猪可于哺乳期内 35 日龄左右、体重5～7 千克时去势，不必等到断奶后去势。集约化猪场公仔猪可于 24 日龄左右去势，至 35 日龄断奶刀口已愈合。仔猪断奶后去势因体重过大，不易保定，刀口流血多，易感染，对生长影响较大。外购仔猪肥育，也应及早去势。阉猪应注意严格消毒，并保持圈舍卫生，防止或减少刀口感染。

（5）驱虫 猪的体内寄生虫，以蛔虫感染最普遍，主要危害 3～6 月龄的幼猪，患猪多无明显的临床症状，但生长缓慢，消瘦，被毛失去光泽，严重者增重速度降低 30%，甚至变成僵猪。常选用左旋咪唑等药物驱除。体外寄生虫，以猪疥螨为最常见，对猪的危害也较大。常用 2%敌百虫水溶液喷雾，也可用阿维菌素制剂如阿福丁等拌料投服，还可用德国拜耳公司产的赛巴胺，从猪的背部浇淋。在用药的同时应勤更换垫草，环境应搞好卫生，1周后可重复用药1次。

86. 怎样选购优良仔猪？

优良仔猪是养好育肥猪的基础和前提，猪场最好坚持自繁自养，为自己提供仔猪，以免将疫病带入猪场。如要外购仔猪，要挑选长得快、节省料、发病少、效益高的仔猪。选购优良仔猪应做到一看、二问、三选。

(1) 看 健康仔猪眼大有神，动作灵活，行走轻健，皮毛光洁，白猪皮色肉红，没有卷毛、散毛、皮垢、眼屎、异臭味，后躯无粪便污染，贪食好强，常举尾争食。如果仔猪呆滞、跛行、卷毛、毛乱、有眼屎、后躯有粪便污染，多为病猪或不健康的仔猪，不应选购。

(2) 问 问明仔猪的品种，是否经当地兽医部门的产地检疫并索要检疫证明，当地是否有某种传染病流行，是否打过猪瘟、猪丹毒、猪肺疫、猪链球菌和副伤寒等预防针。

(3) 选 选同窝体重大的，不选体重小的；选身腰长，前胸宽，嘴短，后臀丰满，四肢粗壮而有力，体长与体宽比例合理，有伸展感的仔猪，不选“中间大、两头小”短圆的仔猪；挑选父本为外来良种的杂交仔猪，最好是三品种杂种仔猪，不购地方品种纯种的仔猪；选带有耳缺（已打过预防针的），不选没有耳缺的仔猪饲养。

在选购仔猪时，特别要注意患慢性病的仔猪。某些慢性病，如猪喘气病和萎缩性鼻炎，对哺乳仔猪和成年猪影响不大，却严重干扰猪生长育肥。慢性病虽无明显临床症状，死亡率亦不高，但严重降低生长速度，使饲养期拖长，消耗饲料增加。这种非死亡造成的巨大经济损失，常不易引起重视。选购仔猪时，应尽量挑选未感染慢性疾病或感染程度较轻的仔猪。

87. 怎样对猪进行调教？

猪在新编群或调入新圈时，要及时调教，使其养成在固定位置排便、睡觉、采食和饮水的习惯。这样可减轻劳动强度，保持圈舍

卫生。

(1) 调教要根据猪的生活习性进行。猪喜欢卧睡，在适宜的圈养密度下，约有60%的时间躺卧或睡觉。猪一般喜欢在高处、木板上、垫草上卧睡。热天喜睡于风凉处，冷天喜睡于温暖处。猪排便也有一定的规律，一般多在洞口、门口、低处、湿处、圈角排便。在喂食前或睡觉刚起来时排便。在进入新的环境或受惊吓时排便较勤。要根据猪的这些习性进行调教。

(2) 调教成败的关键是要抓得早，猪群进入新圈立即开始调教，重点抓两项工作：

①要防止强夺弱食。在猪新合群或调入新圈时，要建立新的群居秩序。为使所有的猪都能充分采食，要备有足够的饲槽和水槽长度。对霸槽的猪要勤赶，使不敢接近饲槽的猪能得到采食槽位。经过一段时间的看管后，就能养成分开排列、同时上槽采食的习惯。

②使猪采食、卧睡、排便位置固定，保持圈栏干燥卫生。猪入圈前，事先要把猪栏打扫干净，将猪卧睡处铺上垫草，饲槽投入饲料，水槽装上水，并在指定排便处堆放少量粪便，泼点水，然后把猪赶入圈内。个别猪不在指定位置排便时，要及时将其所排粪便铲到指定位置，并结合守候看管，经过三五天就会养成采食、睡卧、排便定位的习惯。

88. 快速育肥有哪些技术管理要点？

本阶段猪主要是生长发育，一般来说，小猪长骨、中猪长皮、大猪长肉、肥猪长膘，因此一定要控制各种可控制因素，给猪群提供一个干燥、舒适、温度适宜的生产环境，最大限度地发挥其生长发育的遗传潜力，减少或消灭疾病，降低死亡淘汰率，获得最佳增重。

(1) 驱虫洗胃健胃　将育肥的小猪，饲养观察3～5天，没发现什么病情即可进行驱虫。驱虫可用左旋咪唑、伊维菌素或敌百虫等。早晨空腹时，将驱虫药研碎拌料一次投服。一般驱虫后第三天，用小苏打片于早晨拌入饲料内喂服，以清理胃肠。驱虫后的第五天，用大黄苏打片，研碎分3顿拌入饲料内喂服，以增强胃肠的蠕动，促进消化，并可清除驱虫药和洗胃药可能引起的副作用。驱虫洗胃健胃2个月后，再重复一次。

（2）环境控制

①温度和湿度：猪舍的温度和湿度是育肥猪的主要环境，直接影响其增重速度。不同阶段的猪对温度要求是不一样的。体重11～45千克的猪，最适温度是21℃；45～100千克的猪，最适温度为18℃；135～160千克的猪，最适温度为16℃。在最适宜温度条件下，湿度大小对增重的影响较小，猪舍适宜的相对湿度为50%左右。

②光照：光照对肉猪的日增重与饲料转化率均无显著影响，育肥舍光线只要不影响猪的采食和便于管理操作即可。光照不宜过强，过强的光照可使日增重降低，胴体较瘦。

③通风：猪舍内要经常通风，以驱除灰尘、臭气、氨味，保持空气新鲜。现代化高密度饲养的肉猪和封闭式猪舍，一年四季都需要通风换气。但要注意解决好通风换气与保温这一矛盾。及时处理粪尿和脏物。

④圈养密度：圈养密度直接影响肉猪群居行为，一般密度越大，对日增重和饲料转化率影响越严重。密度大时，圈内局部气温升高，致使猪的食欲减退，采食量减少；可能积累亚临床性疾病，猪的健康状况下降；猪间冲突增加，强夺弱食，群居环境变劣。一般情况下，每头生长育肥猪占0.8～1.0米^2，小猪阶段每头占0.3～0.5米^2，中猪阶段每头占0.6～0.7米^2。

猪群规模以每群10～20头为佳，即每一窝或两窝仔猪放于一栏内肥育。在舍内饲养、圈外排粪的饲养方式下，以每群40～50头为宜。

⑤减少噪声污染，保障猪的采食、休息和正常增重。

（3）定时定量，喂以全价配合饲料 喂猪要规定一定的次数、时间和数量，使猪养成良好的生活习惯，吃得饱，睡得好，长得快。一般在饲喂前期每天喂5～6顿，在后期每天喂3～4顿。每次喂食时间的间隔应大致相同，每天的最后一顿要安排在晚上9时左右。每顿喂量要基本保持均衡，可喂九成饱，以使猪养成良好的食欲。饲喂时，应喂生料，这样既能保证饲料营养成分不损失，又能节省人工和燃

料。在吃完食之后，要给猪喝足水。冬、春季要供给温水。

（4）注意防病，适时出栏 在进猪之前，圈舍应进行彻底清扫和消毒。准备育肥的幼猪应做好各种疫苗接种。在育肥期要注意环境卫生，制定严密的防病措施，为育肥猪创造舒适的气候环境，确保育肥猪健康无病。

猪的一生是前期长肉，后期长膘。生长育肥猪达到一定年龄后，随着体重增长，料肉比逐渐增大，瘦肉率逐渐降低。因此，存栏时间不宜过长，出栏体重不宜过大。出栏时期应安排在6～7月龄，体重90～110千克为宜。

89. 育肥猪的饲养方式有哪几种？

肉猪饲养方式对增重速度、料肉比和胴体肥瘦度都有重要影响。育肥猪的饲养方式很多，但归纳起来，大致可分为以下三类：

（1）吊架子育肥法 又称阶段育肥法。是根据育肥猪生长发育的三个阶段，按照不同的特点，采用不同的饲养方法。仔猪在体重30千克以前，即幼猪阶段采取充分饲喂，也就是让猪不限量地吃，保证其骨骼和肌肉的正常发育，饲养时间2～3个月。从体重30千克喂到60千克左右，为吊架子阶段，饲养时间4～5个月，此期为限量饲喂，应尽量限制精饲料的供给量，供给大量的青绿饲料及糠麸类，使猪充分长成粗大的身架。猪体重达60千克以上进入催肥阶段，应增加精饲料的供给量，尤其是含碳水化合物较多的精料，并限制运动，加速猪体内脂肪沉积，外表呈现为肥胖丰满。一般喂到80～90千克，约需2个月，即可出栏屠宰上市。

吊架子育肥法多用于边远山区农村养猪，其优点是能够节省精饲料，充分利用青、粗饲料。缺点是猪增重慢，饲料消耗多，屠宰后胴体品质差，瘦肉少、脂肪多，不能适应当前市场的需要。经济效益低。在集约化商品肉猪生产中，已不再采用传统的吊架子肥育法，用直线饲养方式代替。

（2）直线育肥法 又称一贯育肥法或快速育肥法。主要特点是没有吊架子期，从仔猪断奶到育肥结束，都给以全价配合饲料，精心管理，没有明显的阶段性。在整个育肥过程中，充分利用精饲料，让猪自由采食，不加以限制。在配料上，以猪的不同生理阶段不同营养需要为基础，能量水平逐渐提高，而蛋白质水平逐渐降低。

直线育肥法的优点是：猪增重快，育肥时间短，饲料报酬高，胴体瘦肉多，经济效益好。随着现代化养猪生产的发展，传统的阶段育肥法必然被快速育肥法所代替。

（3）前敞后限饲养方式 肉猪前敞后限饲养方式的具体做法是：在体重60千克以前，采用高能量高蛋白质饲料，每千克含消化能12.5～12.9兆焦、粗蛋白质15%～16%，采取敞开饲喂，即用自动饲槽让猪自由采食，或不限量按顿饲喂，以促进增重和肌肉充分生长。当肉猪体重达60千克以后，则适当降低饲料能量和蛋白质水平，限制其每天采食的能量总量，大体让猪吃到自由采食量的75%～80%，即不是猪能吃多少就让它吃多少，而是让它吃到它所能采食量的七八成。这样，既不会严重降低增重，又能减少脂肪沉积。

90. 冬季怎样给猪保温？

北方冬季气温过低，使猪有相当多的能量消耗于维持体温，所以猪采食多而生产性能下降，例如，70～100千克的肥猪，在适宜气温（15～20℃）日增重790～850克，每增长1千克活重耗料3.8～4千克，而在5℃以下，则日增重只有540克，每增长1千克活重耗料9.5千克。

为减少维持消耗，提高猪的冬季饲养效果，必须采取保温措施。除了利用取暖设备来增加猪舍温度外，其他可针对不同条件采取相应保温措施：封闭式猪舍，要吊暖棚，厚垫草，多装猪，卧满圈；舍内吃睡，舍外排便，利用猪体放散的热量保持舍内温度。据实践，在北方严冬条件下，采取封闭式猪舍高密度饲养肥猪，舍内气温可保持在10～15℃。近年我国北方普遍推广应用塑料膜大棚猪舍养猪，效果很好，而且比建设传统暖舍造价低。在敞圈养猪的条件下，猪圈周围要加防风墙，抹严猪窝墙壁和棚盖裂缝，加盖秸秆保温，防止贼风侵袭猪体。一圈多装几头猪，多给垫草，挤着睡，也可提高猪舍环境

温度。

91. 高温季节怎样给猪防暑降温？

近年来，随着全球气候变暖，我国大部分地区夏季出现了持续高温天气，严重影响了一些猪场猪的健康。高温时段基本上集中在7月、8月两个月。在这段时间，高温天气无论对公、母猪繁殖还是对育成（育肥）猪生长发育，都会产生极其有害的影响。根据有些猪场的经验，可采取以下应急措施来减少高温对猪的有害影响。

（1）保证适宜营养水平 适宜的营养水平是提高猪健康水平和生产性能的决定性因素。高温对猪最为直接的影响主要是食欲减退，采食速度减慢，采食量降低，进而导致种猪的营养水平降低，能量和蛋白质摄入量不足。因此，每当进入夏季高温时期，生产者就应调整日粮配方，提高日粮中能量和蛋白质水平，保证猪有用于正常繁殖或发育长肉的营养水平。

（2）保证充足清凉饮水 水对猪体温调节起着重要作用。高温环境猪主要依靠水分蒸发来散发体热。饮水不足或水温过高会使猪的耐热性下降。有试验证明，猪饮水量随环境温度升高而增加，在气温为7～22℃时，饮水量和采食饲料干物质比为（2.1～2.7）：1；气温升高到30～33℃时，饮水量和采食饲料干物质比提高到（2.8～5.0）：1。由此可见，饮水对猪在高温条件下的健康和繁殖是绝对必需的。保证充足（饮水器中水有一定压力）的清洁凉水（水温控制在10～12℃以内），有利于猪体降温并能刺激采食，提高采食量。

（3）改变饲喂时间 每当进入炎热季节，猪场都应改变猪的饲喂时间，早餐宜早，可在5点左右；晚餐要晚，宜在19点左右；午餐可避过中午时间饲喂，以充分利用天气凉爽时猪的良好食欲采食饲料。湿拌料可以更湿一些，并加喂青绿饲料来提高适口性，促进采食。

（4）控制环境温度 环境温度亦是影响种猪健康水平和繁殖性能至关重要的因素。只有将环境温度控制在最适宜的温度范围内，才能保证母猪的高产、稳产，育成（育肥）猪的快速发育或增肥。因此，在高温度季节采取有力的降温措施，如经常给猪体表喷水，向猪栏地面喷洒凉水，外圈搭建遮阴棚，封闭式猪舍要打开通气孔和门窗通风。供给充足清凉饮水等。实践证明，搞好猪场植树绿化，能有效改善猪场小气候环境。

92. 肉猪屠宰体重多少为宜?

为获得最佳的经济效益，肉猪适宜的上市屠宰体重应根据猪的日增重速度、饲料报酬、屠宰后的出肉率和瘦肉率，生产成本综合指标来确定。

(1) 日增重 就日增重来看，一般都是前期较慢，中期较快，后期又变慢。110 千克以后，日采食量继续增加，而日增重却逐渐降低，每千克增重消耗的饲料显著增加，显然不合算。

(2) 屠宰指标和生产成本 从屠宰指标和生产成本来看，过早屠宰，瘦肉率虽然高，但屠宰率低，产肉量少，也是猪生长最快时期，所以不经济。如果屠宰太晚，虽出肉率较高，但脂肪增多，瘦肉比例下降，与市场要求不符。另外，此时每增重 1 千克所需的饲料也增多，从经济上讲也不合算。体重 100 千克屠宰经济收益最高，与体重 80 千克比，瘦肉率只差 1 个百分点，而出肉率提高 4.67 个百分点。体重 125 千克屠宰盈利减少，瘦肉率明显降低。

(3) 品种 不同猪种适宜上市体重有较大差异。早熟易肥小型猪上市体重应小些，而大型瘦肉型杂种肉猪上市体重可适当大些。例如，北京黑猪 90 千克上市最好，而长白猪 90～100 千克屠宰为宜。

综合上述因素，瘦肉型杂种肉猪以 100～110 千克上市为宜，个别体型大的杂种肉猪可延至 120 千克上市，体重再大不合适。一些小型早熟品种以活重 75 千克为宜，晚熟品种以 90～100 千克上市为宜。

四、怎样保证猪的健康

93. 什么是健康养殖？

在20世纪90年代中后期，我国海水养殖界首先提出健康养殖的概念。最近在畜禽养殖业也开始提倡健康养殖。健康养殖的核心是给动物提供良好的有利于生长繁殖的立体生态条件，以便于生产出安全、优质、营养的动物产品。广义的健康养殖应包括无公害养殖、绿色养殖、有机养殖三个层次的内容。狭义的健康养殖可理解为安全养殖或无公害养殖，为动物提供优良的环境、营养平衡的饲料、合理的饲养管理和科学的防治疾病以及有效控制环境污染，以确保动物健康和产品安全。同样，发展健康养猪，有利于提高猪的健康水平，有利于解决养猪业环境污染，有利于促进养猪方式的转变，有利于提高养猪业的科技水平。要实现猪的健康养殖，必须了解猪病发生的基本规律，在营养、饲料、环境等方面，给猪提供最合适的条件。

94. 为什么当前猪病越来越多？

当前猪病越来越多的原因是多方面的，包括饲养管理、环境条件、传染病防疫等。

(1) 由于养猪经营主体呈多元化，中小型规模养猪场越来越多，相当一部分猪场猪的饲养管理水平低下，饲料单一、营养不当，生活环境恶劣，使猪体质下降，抵抗力降低，经常处于应激状态。

①饲养管理不当是导致疾病发生的主要原因。营养不当，某些营养元素，特别是矿物质元素、维生素等缺乏，通常会导致各种代谢性疾病的发生；饲养方法不当，如饲喂不均匀，饥一顿、饱一顿，饮用

冰碴水等会导致消化系统疾病发生；饲料品质变差，如饲喂发霉变质饲料往往导致黄曲霉毒素中毒、亚硝酸盐中毒等疾病的发生；管理方法不当常导致许多外伤性疾病的发生，对妊娠母猪还会造成难产。

②环境条件恶劣是引起猪病暴发的重要诱因。由于饲养管理水平差，猪群饲养密度过大，不同日龄的猪只混养在一起，易造成疫病的互相传播；高温高湿容易中暑，低温容易感冒和风湿，高湿容易发生皮肤病，空气中有害气体含量超标往往会发生呼吸系统疾病；环境卫生差、粪尿不及时清除、消毒不规范，给各种寄生虫的孳生创造条件，使病原微生物大量繁殖，猪群容易发生传染病和寄生虫病等。

(2) 随着国外猪种的引入和国内各猪场种猪之间的频繁调动，猪传染病的种类也在增多，新病不断出现，大部分猪病由原来的单一病原转变为多重感染或混合感染，使猪病越来越复杂，给疫病防治工作增加更大的难度，使猪病越来越多，甚至带来毁灭性的打击。

(3) 养猪生产的迅速发展，使猪及产品流通渠道多而频繁，造成猪的疫病发生和传播机会增多。在这样的形势下，必须有科学、完善的防疫措施才能防止传染病的发生，但有些猪场，特别是很多个体养猪户防疫观念淡薄，普遍存在忽视疫病防治工作的倾向，有些小的猪场甚至连完整的消毒防疫制度都没有，结果造成疫病的广泛流行。

(4) 某些病的病原在与环境、生物和人为因素长期相互作用中生物学特性发生变异，免疫原性、毒力发生相应的变化，造成免疫效果不佳，疫情难于控制；另外，疫病传播方式也在变化，如猪瘟，许多猪场的传播途径已转为母猪带毒通过胎盘和子宫垂直传播给仔猪，由于疫情传播方式的新特点及多样性，其防制工作难度加大，使猪群发生疫病的概率增大。

(5) 由于猪病病原增多和发生变异，使目前生物制品的生产赶不上疫病的变化，难以满足生产实际需要；兽药市场管理不严，粗制滥造的现象时有发生，无商标、无标定成分的兽药充塞市场，使临床兽医无所适从或者误导养殖户；有些猪场不根据本地具体情况，不进行免疫检测，生搬硬套别人的免疫程序，导致免疫失败，使猪只处于易感状态。这些因素均可造成疾病防治不当、发病后难以控制的局面，而使猪病越来越多。

（6）有些猪场，对猪病只注重“治”，不重视“防”，更不重视猪的保健，没有根据其本场疫病流行动态制订猪群保健计划，不进行猪群健康检测和疫病净化，也不采取药物预防、程序化驱虫等保健措施，由于防病保健措施不力，使猪只健康水平低下，患病的机会增加，猪病越来越多。

95. 猪的防病保健措施有哪些？

为了保证猪的健康，尽可能地控制和减少猪疫病的发生和流行，降低疾病对养猪业造成的经济损失，养猪场必须做好猪群的预防保健工作。

（1）要做好科学的饲养管理，给猪创造一个良好的生活环境，高温防暑，低温防冻，保证猪只健康生长，使猪群整体有一个好的健康水平。

（2）要树立养殖人员的“预防为主、防重于治”的思想，尤其做好传染病和寄生虫病的防治工作。

（3）猪场管理和生产人员都要重视防疫工作，增强防疫观念，建立完善的防疫制度，并认真执行：

①做好日常的环境卫生、消毒以及灭鼠、灭虫和驱虫工作；

②搞好猪群健康检测和疫病的监测工作，同时做好猪群疫病净化工作；

③制定科学的免疫计划和免疫程序，并严格按照免疫程序进行免疫；

④对猪病做好准确的诊断，对出现症状的猪只及时对症治疗，发生疫情尽快采取有效扑灭措施。

96. 如何控制猪传染病的发生和流行？

当前，对猪群健康影响最大的仍是传染病。传染病发生和流行的过程，是病原体从传染来源（病猪或带毒猪、带菌猪）排出，经过一定的传播途径（如呼吸道、消化道或血液），传入另一易感动物（对某种病毒或细菌没有抵抗力的猪），形成新的传染并不断传播的过程。

（1）传染病的流行过程，必须具有三个必要环节：传染源、传播途径和易感动物。

①传染源　传染源是机体内有病原体生存繁殖，并能不断向外界排出病原体的猪，也就是正在患传染病或是隐性传染以及带菌（毒）的猪。

②传播途径　病原体由传染来源排出，经过一定的方式再侵入其他易感动物所经过的途径，称为传播途径。传播途径可以分为两大类，即水平传播和垂直传播。水平传播是指疾病通过直接接触（如交配或舔咬）或间接接触（如空气传播、污染的饲料或饮水、吸血昆虫）在不同猪群之间或同一猪群内不同猪个体之间以水平形式横向平行传播；垂直传播是指疾病通过胎盘或产道从母猪传染给其后代仔猪的传播方式，如妊娠母猪感染猪蓝耳病、伪狂犬病、猪瘟等疾病以后，常常造成流产、产死胎、产弱仔或产出的仔猪发生相同的疾病。感染大肠杆菌母猪生下的仔猪往往发生仔猪黄痢、白痢。

③易感动物　猪群中如果有一定数量对某种病原体缺乏足够的抵抗力、容易被感染（具有易感性）的猪，这种猪称为易感动物。当病原体侵入易感猪群时，可引起某种传染病在猪群中的流行。例如，在未接种过猪蓝耳病疫苗的母猪群中，猪对蓝耳病病毒有易感性，一旦有猪蓝耳病病毒侵入，猪就会发生蓝耳病。

（2）传染源、传播途径和易感动物三个环节，缺少任何一个，传染病的流行都不可能发生。因此，为了预防和扑灭传染病，应针对这三个环节采取综合防制措施，才能取得较好的效果。

①首先要防止传染源进入未发生传染病的地区和猪场。没有传染源，传染病就不可能发生。隔离和检疫都可以有效地阻止传染来源进入未发病地区和猪场。因此，在进行生猪贸易和引种时，一定要进行严格检疫和隔离，才能确保将病原体阻挡在猪场或本地区之外。

②切断传播途径，是有效控制传染病的另一个关键。任何一种传染病，都有一定的传播途径，才能够在猪群中流行。在猪场的日常生产管理中，要注意兽医卫生和消毒工作。对病猪进行隔离，粪便的生物热处理，猪场和猪舍的定期消毒和紧急消毒、杀虫和灭鼠等措施，

都是用于切断传染病传播途径较为理想的方式。

③要提高猪群对疾病的抵抗能力，减少易感猪的数量。猪群中易感猪的数量越少，猪就越不容易发生疾病。要做到这一点，必须注意两个方面：一是加强饲养管理（如给予新鲜、全价的饲料，清洁、卫生的饮水和适当的饲养密度和良好的通风），提高猪的体质，增强对疾病的抵抗能力；二是根据当地猪病的流行情况，设计科学、合理的免疫程序，对一些有疫苗可以应用的传染病进行计划免疫接种（如猪瘟、口蹄疫、伪狂犬病等），增强猪群对某些特定传染病的特异性抵抗能力。对于一些细菌性疾病，也可以选用敏感的药物进行预防性投药，都可以取得较好的防病效果，减少传染病的发生。

97. 怎样预防猪寄生虫病的发生？

预防猪寄生虫病的发生就要定期驱除猪体内、外寄生虫。驱虫是将病猪身体内（或身体上）的寄生虫杀灭或驱出体外的措施，做好寄生虫病的预防，是保证猪群健康的一个重要方面。猪场在预防寄生虫病时，要做好两个方面：一是病猪的驱虫，二是外界环境的除虫。

（1）驱虫 寄生虫生活在猪体内或体表的这个阶段是它们比较易被消灭的环节，相反，生活在自然界中的寄生虫，因散布广、虫卵抵抗力强，几乎所有的驱虫药都不能杀死虫卵，往往难以扑灭它们。所以，驱虫是防治寄生虫病中最积极而且也容易办到的措施。猪场在驱虫工作中，应注意以下事项：

①驱虫药的选择 驱虫的成败最关键的是选择什么样的驱虫药。选择驱虫药的原则是高效、低毒、广谱，兼顾适口性好、使用方便、价廉、药物在猪体内残留少和对环境污染小。现已有许多广谱驱虫药问世，如丙硫咪唑（可驱除宿主体内多种寄生线虫和绦虫，甚至一些吸虫）、虫螨净（能杀死猪体表寄生的疥螨和杀死体内寄生的多种线虫）等。用口服药对猪集体驱虫时，驱虫药应首选安全范围大的，以避免猪因吃食不均发生中毒。

②驱虫应在专门（有隔离条件）场所进行 因为驱虫时，随粪便排出大量的虫体和虫卵，为了防止它们污染猪舍，除虫的场所要便于

粪便的收集和清扫。

③猪驱虫应有一定的隔离时间，直至被驱出的寄生虫排完为止。因驱虫药的种类不同，驱除虫体的时间也不同。有的驱虫药如敌百虫、左旋咪唑用药后几个小时宿主开始排出；有的驱虫药用药后要经1～2天或更长的时间才能排出。

④为了提高驱虫效果，常需要连续2～3次使用驱虫药。对于一些体表寄生虫，如疥螨，驱虫药只能杀死虫体，而不能杀死虫卵。用一次药后，虽杀死了皮内的成虫，但留在皮内的虫卵并未死亡，以后它又孵出幼虫再发育为成虫，即又复发。因此，正确的用药方法是在第一次用药后，间隔1周，再用药一次，才能防止此病的复发。

⑤如果驱虫后含有虫卵的排泄物任意让它散布，就会给外界环境造成严重的污染。因此，驱虫时除了要将寄生虫驱除出猪体外，还要注意收集病猪驱虫后排出的粪便进行无害化处理，保护外界环境不受污染，以避免随粪便排出的虫卵污染厩舍成为新的污染源，再次感染猪引起发病。无害化处理最经济的方法是将粪便集中于贮粪池内并密闭或用堆集发酵的方法杀死虫卵。

(2) 除虫 许多寄生虫的虫卵和幼虫对外界环境有一定的抵抗力，这些虫卵一旦被猪采食，就会形成二次感染，引起猪再次发病。为了防止猪重复感染，必须通过环境卫生措施来杀灭和清除外界环境中的寄生虫虫卵和幼虫，即除虫。除虫是减少猪感染或预防寄生虫感染的重要措施之一。

①粪便的清扫和处理 猪体内寄生虫的虫卵可以随粪便一起排出，虫卵在外界适宜条件下，就会发育成为感染性幼虫，因此猪舍内的粪便应及时清除。对于寄生虫严重感染的猪场，除了一般的清洁卫生外，还应对猪舍和运动场进行消毒，杀灭虫卵和幼虫，或铲除一层表土，换上新土，并用石灰消毒。猪的粪便和垫草清除出圈后，要运到距猪舍较远的场所堆积发酵，或挖坑沤肥，用产生的生物热来杀灭虫卵。

②猪的饲养管理 结合猪的饲养管理特点、生活习性和此类寄生虫的特点，在预防时应注意以下几个方面：要有专门的产仔间，进猪前应严格消毒；妊娠母猪在进入产房前要驱虫，临产前要把全身彻底

洗净；小猪要有专用猪舍，因为母猪体内常常有寄生虫，小猪与母猪分开饲养可防止寄生虫的感染，饮水、饲料要清洁。

③预防病原的传入和扩散　在已控制或基本消灭寄生虫的猪场，当引入猪只时，应对外来猪先隔离饲养，进行粪便检查，以确定其有无寄生虫寄生，发现患者，须进行1～2次驱虫并再次检查，无虫后才能并群饲养。

98. 猪场防疫制度包括哪些内容?

随着目前养猪业的发展，中小型规模养猪场越来越多，但有些猪场经营者的防疫观念淡薄，对这项工作的认识和落实程度差。猪场防疫制度的建立，关键是各级人员，尤其是猪场经营者，需在思想上增强防疫意识，猪场无论大小，都要建立适合自己猪场生产需要的综合防疫制度。

猪场防疫制度主要包括：环境卫生与消毒制度；防疫隔离制度；监测与净化制度；兽医日常巡视检查制度；灭鼠、灭虫和驱虫制度；免疫接种制度；疫病防治制度等。

养猪场内的疫病防治工作不单单是猪场兽医、技术员和饲养员的事情，应该是各方面共同合作，所有人员都有责任，要兽医、畜牧、生态、机械设备等学科密切配合，从场址选择、建筑布局、舍内设计、环境改造，到种猪引进、种源净化、产品外运、饲料加工、来人接待等方面，都要充分考虑防疫问题，在实践中不断完善防疫制度，保证猪群健康，保障猪场生产的安全性和效益性。

99. 兽医在猪场防疫工作中应负哪些责任?

兽医在猪群保健和疫病防治中负有主要责任，是猪场防疫制度主要制定者和执行者。要明确：兽医技术人员的职责是猪群的保健，决不能把兽医局限在看病、治病上。

(1) 兽医要制定全场的防疫、消毒、检疫、灭鼠、灭虫、驱虫计划，并根据自己猪场的情况制定疫病监测计划及方案，并参与组织实施；

(2) 配合畜牧技术人员加强猪群的饲养管理、生产性能及生理健康监测和做好生产纪录；

(3) 做好每天的巡视检查工作，发现问题及时解决，发现猪病时及时对病猪进行诊断和治疗；

(4) 熟记免疫程序，严格按免疫程序定期进行疫苗接种，并且要亲自操作，不得交于他人代做；

(5) 建立疫苗领用、保管、免疫注射、消毒检疫、抗体监测、疾病治疗、淘汰等各种档案，对猪群健康状况和饲养员工作情况做好记录工作，便于日后工作总结和及时了解猪群的动态发展变化；

(6) 每周向主管场长汇报防疫工作情况和上报各种防疫记录等。

100. 猪场的环境卫生消毒制度包括哪些内容?

(1) 环境卫生　猪场的卫生是疫病防治过程中的关键环节之一。粪便等排泄物如果不及时清扫干净，会造成猪舍中氨气、二氧化碳等含量急剧升高，空气质量下降，影响猪的健康；夏季炎热季节，粪、尿等污物会引来大量的蚊蝇等吸血昆虫进入猪场、猪舍，造成某些疫病（如乙型脑炎）的传播。而且，猪场发生传染性疾病时，病原体通常经过粪便、鼻液、唾液、呼出的空气等排出到病猪和感染猪的体外，由此而污染环境，使疫情扩散，加重损失。因此，管理人员要重视猪场内外的环境卫生。

①每天及时清除猪舍粪便，带仔母猪的圈舍每天清洗两次；猪群转出后，猪栏应彻底清除粪便、污垢，经消毒后再进猪。

②保持猪场排污沟的畅通，每天清理的粪便应及时运出猪场，粪便堆积发酵进行无害化处理，粪场的位置应仔细选择，不得靠近场内建筑。

③饮水槽、饮水器应定期清洗，饲养用具、桶、车辆、铲等应保持清洁，各生产猪舍不得混用。

④饲喂通道、饲料仓库、墙壁、窗户应定期清扫。用高压清洗器可简化清扫工作并节省时间。

（2）猪场粪污清除方式 在国内外养猪生产中，清粪方式一般有两种：

①干清粪方式：即人工将干粪清除，污水经明沟或暗沟排出猪舍，它的特点是设备投资少，运行成本低，环境控制投入少，但是劳动生产率低。因我国劳动力便宜，水和电力资源缺乏，干清粪方式在我国应用比较广泛，而且在传统的基础上有所改进，与漏缝地板饲养方式结合应用。究竟采用哪一种方式更好，要根据实际条件来确定。

②自动清粪：即采用清粪设施自动清除粪污，常见的有水冲、水泡清粪方式和机械清粪方式两种，其特点与干清粪方式相反。在经济发达国家，养猪生产多采用自动清粪方式。自动清粪适用于漏粪地板的饲养方式，其中水冲清粪是靠猪把粪便踏下去落到粪沟里，在粪沟的一端设有翻斗水箱，放满水后自动翻转倒水，将沟内粪便冲出猪舍。

在我国养猪生产中，这两种自动清粪方式都有应用。水泡清粪是在粪沟一端的底部设挡水坎，使沟内总保持一定深度的水（约15厘米），使落下的粪便浸泡变稀，随着落下的粪便增多，稀粪被挤入猪舍一端的粪井，定期或不定期清除；或者在粪沟内设一个活塞，清粪时拔开活塞，稀粪流出猪舍。这种清粪工艺自20世纪80年代后引进至今，因其耗水、耗电，舍内潮湿，污水和稀粪处理设施跟不上，使用效果欠佳。机械清粪是采用刮粪板清除粪沟中的粪便，虽然减少了用水量、降低了猪舍内的湿度，但耗电多、牵引钢丝绳使用期限短，没有得到广泛的应用。

③零排放生态环保养猪新模式：近年来，我国部分地区开始推行零排放生态环保养猪新模式。零排放生态环保养猪新模式又称生物环保养猪法。本模式是根据微生态理论和生物发酵理论，在猪舍内建立发酵床并铺设80～100厘米厚度的谷壳、锯末、秸秆等农副产品和一定比例的发酵菌种等混合物，猪饲养在上面，其所排出的粪尿在发酵床上经微生物发酵迅速降解，形成优质有机肥，从而达到了节能、节水、循环、高效以及无臭味、无污染、零排放的良好效果。该模式在生产全过程不用冲洗圈舍，没有冲圈形成的大量污水，没有任何废弃物排出养猪场，真正达到养猪零排放的目的；同时利用生物热能提高

冬季舍内温度，克服了冬季寒冷对养猪的不利因素，可以节约大量煤和电。由于环境改善，猪舍里不会臭气冲天和苍蝇滋生；过去长期困扰人们的粪便处理难题得以破解，实现了“零排放”。采用此模式后，猪舍通风透气，阳光充足，温、湿度均匀，适宜猪的生长，很少有猪病发生，饲养过程中几乎不使用抗生素，再加上增加了猪的运动量和运动范围，使用了天然植物提取物添加剂和免疫增强剂等新产品，极大提高了猪肉品质。

(3) 消毒 消毒是消除或杀灭外界环境中的病原体，切断传播途径，预防传染病发生和传播的有效措施，有效彻底的消毒可以把病菌、病毒杀死，并净化空气，为猪只提供一个空气新鲜、舒适的生存环境。猪场要有严格的场内外消毒制度与消毒用药制度，必须选择有效的消毒药物和消毒方法。从消毒方式上讲有以下几种：

①机械性消毒　本方法是最普通、常用的方法，如清扫、洗刷、通风等清除病原体。在清扫之前，应根据环境是否干燥、病原体危害大小，决定是否需要先用清水或消毒药喷洒。机械性消毒不能达到彻底消毒之效果，应配合应用化学药物消毒。

②物理性消毒　阳光、紫外线和干燥是最为经济有效的方法，对猪场来说应该充分利用。高温消毒也是一种常用的方法，有火焰烧灼和烘烤、煮沸消毒（工作衣、器械）、蒸汽消毒等。应该说蒸汽比较好，如用于注射器、针头等消毒灭菌。

③化学性消毒　在选择化学消毒剂时应考虑下列因素：对该病原体的消毒力强，对人、猪毒性小，不损害被消毒的物体，易溶于水，在消毒的环境中比较稳定，不易失去消毒作用，价廉易得和使用方便等。一般每周对全场大小环境定期消毒一次，各消毒池要经常更换消毒药物，保持有效的消毒浓度。

101. 猪场怎样进行消毒？

消毒应按正确的消毒程序进行操作，消毒程序应根据自身的生产方式、主要存在的疫病、消毒剂和消毒设备、设施的种类等因素，因地制宜地加以制定。

(1) 日常消毒 可参考以下方案进行：猪场场区、生产区每天都要清洁打扫，每半月消毒一次，使用0.3%次氯酸钠喷雾消毒。出入场区，生产区和猪舍等人员、车辆和工具随时进行消毒，根据消毒对象不同，可选用2%火碱、0.1%过氧乙酸进行浸泡、喷雾或熏蒸消毒。猪舍每天清扫，带猪消毒每周1～2次，注意用刺激性较小的消毒药。

(2) 空舍消毒 当猪舍中的猪全部销售或迁移出去以后，引进新猪之前，空猪舍应进行严格的终末消毒。其消毒流程可概括如下：清扫→高压水冲洗→喷洒消毒剂→清洗→熏蒸→干燥（或火焰消毒）→喷洒消毒剂→转进猪群。操作时首先要清除猪舍内的粪尿及垫料，运出作无害化处理，然后用高压水彻底冲洗顶棚、墙壁、门窗、地面及其他一切设施，直至清洁无污物为止。清洗干净的墙壁、地面等用火焰消毒或火碱喷洒消毒，以生石灰粉刷；空气用甲醛和高锰酸钾熏蒸消毒，熏蒸消毒时应先关闭门窗，用甲醛溶液熏蒸消毒12～24小时，然后开窗通风24小时。空舍2～4周后方能再进新猪。

(3) 设备、器具的消毒 进入生产区的设备、器具和衣服等，用0.1%过氧乙酸进行室内喷雾或甲醛熏蒸消毒。

(4) 猪患病期间的消毒 猪场一旦发现疫情，应立即自动进入紧急消毒状态，每天进行一次消毒。圈舍和空气消毒应根据发病种类，选择对病原体敏感、高效的消毒药物进行消毒。

①出现腹泻类疾病时，应隔离病猪，将发病猪调离原圈，并对该栏圈清扫和冲洗，用碱性消毒药对猪舍、场地、用具、车辆和通道等进行消毒，供选择的药品有3%氢氧化钠溶液、双季铵盐类等。也可采用火焰消毒法。

②出现口蹄溃疡疾病时，舍内走廊用3%氢氧化钠溶液消毒，口腔可用清水、食醋或0.1%高锰酸钾溶液冲洗，蹄部可用来苏儿溶液洗涤，乳房可用肥皂或2%～3%硼酸水清洗。圈舍表面用1∶100的双季铵络合碘消毒。

③出现呼吸道疾病时，应清扫、通风、带猪消毒，此时药物浓度是平时带猪消毒浓度的2倍。

④消灭虫卵时，圈舍表面清扫冲洗，用2%氢氧化钠水溶液消毒

后再进行火焰消毒。

102. 消毒应注意哪些事项？

（1）消毒前做好机械性清除

①要使消毒药物的作用充分发挥，必须使药物接触到病原体，但被消毒的现场往往会存在大量的有机物，如粪便、污水等污物，这些有机物中藏匿有大量病原微生物而阻碍消毒药物作用的发挥。因此，彻底的机械清除是有效消毒的前提和基础。

②机械清除前应先将可拆卸的用具拆下（如食糟、水槽、护仔箱等），运至舍外清扫、浸泡、冲洗、刷刮，并反复消毒。舍内消毒时先从屋顶、墙壁、门窗，直至地面和粪池、水沟等按顺序认真打扫清除，然后用高压水冲洗直至完全干净。在打扫清除之前，最好先用消毒药物喷雾和喷洒，以免病原微生物四处飞扬和顺水流排出，扩散至相邻的猪舍及环境中，造成扩散污染。

（2）正确使用石灰消毒

①石灰具有消毒效力好、无不良气味、价廉易得、无污染等优点，但使用不当，就达不到消毒目的。新出窑的生石灰是氧化钙，加入相当于生石灰重量70％～100％的水，即生成疏松的熟石灰，也即氢氧化钙，只有这种离解出的氢氧根离子具有杀菌作用。

②以下使用方法应予以纠正：在场门口或猪舍入口消毒池中，堆放厚厚的干石灰，让鞋踏而过，这起不到消毒作用；用放置时间过久的熟石灰做消毒用，它已吸收了空气中的二氧化碳，成了没有氢氧根离子的碳酸钙，完全丧失了杀菌消毒作用，故不能使用；将石灰粉直接撒在舍内地面上一层，或上面再铺一薄层垫料，这样常造成猪的蹄部灼伤；将石灰直接撒在圈舍内，致使石灰粉尘大量飞扬，必定会被猪吸入呼吸道内，引起咳嗽、打喷嚏等一系列症状，人为地造成了一次呼吸道炎症。

③使用石灰消毒最好的方法是先将生石灰与水按1∶1比例制成熟石灰后，再加水配制成10％～20％的石灰乳，用于涂刷圈舍墙壁1～2次，既可消毒灭菌，又有覆盖污斑、涂白美观的作用。

(3) 饮水消毒 饮水消毒是把饮水中的微生物杀灭或控制猪体内的病原微生物。如果任意加大水中消毒药物的浓度或长期饮用，除可引起急性中毒外，还可杀死或抑制肠道内的正常菌群，对猪体健康造成危害。所以饮水消毒应该是预防性的，而不是治疗性的。在临床上常见的饮水消毒剂多为氯制剂、季铵盐类和碘制剂，中毒原因往往是浓度过高或使用时间过长，中毒后多见胃肠道炎症并积有黏液、腹泻，以及不同程度的死亡。

(4) 甲醛消毒 甲醛对绝大多数病原微生物包括芽孢和真菌等，都有较强的杀灭作用，而且价格低廉，没有腐蚀性，最常用作熏蒸消毒和喷雾消毒。使用甲醛消毒应注意以下事项：

①在低温下存放的甲醛溶液，可生成絮状的三聚甲醛，致使杀菌力下降，应防止出现此种“聚合”作用的发生。

②甲醛溶液的消毒效果受温度和湿度的影响很大，温度（是指被消毒物品表面的温度）越高消毒效果越好，温度每升高10℃，消毒力可提高2～4倍。在温度为0℃的环境下，几乎没有消毒作用，所以应保持在20℃以上使用。在用甲醛熏蒸消毒时，还应使环境相对湿度达到80%～90%，消毒作用才得以发挥。

③熏蒸消毒方法

A. 将甲醛溶液加3～5倍的水，放入大铁锅中加热煮沸，直至将水蒸发耗干，这样既提高了舍内湿度，又提高了温度，大大增强了消毒效果。

B. 先计算出猪舍舍内的体积，按每立方米用甲醛溶液25毫升用量，在甲醛溶液中加入2倍量的水，将加水的甲醛溶液缓缓加入放有高锰酸钾的容器（陶瓷或金属器皿）中，注意不要将高锰酸钾投入甲醛溶液中，以免溅出使人灼伤。

C. 猪舍内、外及环境常用甲醛溶液喷雾消毒，可配成5%的甲醛溶液，最好用机动或电动大型喷雾器，它效率高、喷射得远而雾粒细，可在短时内完成，并减少了对操作者黏膜的刺激。

(5) 带猪喷雾消毒

①带猪消毒不仅限于猪的体表，而应包括整个圈舍所在的空间和环境，因许多病原微生物是通过空气传播的，不进行空气消毒就不能

对此类疾病取得较好的控制，所以带猪消毒是全方位消毒。喷雾除了有消毒作用外，其喷雾的雾粒可在空中缓缓下降，除与空气中的病原微生物接触外，还可与空气中尘埃结合，起到杀菌、除尘、净化空气，减少臭味的作用，在夏季还有降温的作用。

②做喷雾消毒的药物应选杀菌谱广、刺激性小的药物，水溶性差、带有异味、刺激性强的消毒药物均不宜使用。喷雾用药物的浓度必须按照使用说明，不可任意加大或降低。喷雾药物用量可按每立方米用5～25毫升计算。

③带猪消毒时将喷雾器喷头高举空中，喷嘴向上喷出雾粒，所喷出的雾粒直径大小应控制在80～120微米，雾粒过大则在空中下降速度太快，起不到消毒空气的作用；雾粒过细则易被猪吸入肺泡，引起肺水肿、呼吸困难。

④带猪消毒根据情况，每3～5天1次直至每天1～2次。使用的喷雾器最好为电动或机动，压力为0.02～0.03兆帕，喷出的雾粒大小及流量可进行调节，用一般手动喷雾器不易达到此种要求。

(6) 消毒药的选购及配制

①选购：兽药市场上消毒药种类繁多，但按成分分类只有10多种，选购时应搞清是属哪一种类型，便可以知道它的作用、特点，以及是否适合自己的需求。其次，还应注意品牌，是否有信誉的厂家，不要盲目相信宣传或贪图价格低廉。

②配制：消毒药的稀释度要准确，应保证消毒药能有效杀灭病原微生物，并要防止腐蚀、中毒等问题的发生。配制消毒药时不能只凭估计“倒上一点”，这样很难保证消毒药的有效浓度，有时还发生中毒等意外事故。配制消毒药液不是浓度越高越好，要针对不同杀菌谱选药，并按使用方法确定配制浓度，同时还要注意水的硬度、酸碱度等，以确保消毒药的作用得以充分发挥。

103. 怎样建立防疫隔离制度？

建猪场必须建造隔离设施，但猪场具备了隔离设施，如果在生产中不好好利用，就形同虚设。为了使隔离措施得以充分利用，要根据

猪场的实际情况制定严格的防疫隔离制度。主要包括以下几个方面：

(1) 人员管理 猪场许多病都是由人带入或人为因素造成的。从防疫角度上讲，首先要搞好人员的管理，包括外来人员和猪场的生产工作人员。

①场区入口处设专职人员，负责进出场人员、车辆和物品的消毒、登记工作。严禁外来人员进入猪场，尤其对同行业人员更应加强控制。一般情况下谢绝参观，特殊情况下，必须按规定填写"外来人员入场登记表"，更衣换鞋，并经一定消毒程序才能进场。

②生产区和生活区要分开，生产区只设置一个专供生产人员及车辆出入的大门，猪场除饲养员、兽医外，非生产区工作人员不准进入生产区。其他人员必须在场内生活区隔离 48 小时，须经场长批准后才可允许进入生产区。任何人员进入生产区必须更衣、消毒或淋浴后方可进入。

③饲养员进生产区工作应遵守下列原则：更换工作服、鞋并淋浴后方可进入生产区；每间猪舍入口处设一消毒池或消毒脚盆，人员进出猪舍时，通过消毒脚盆消毒工作靴；生产区与生活区的工作服要严格区分，不得混用；饲养员应固定工作岗位，禁止相互串舍闲谈；各栋用具要专用专管，相互替班时须经主管生产负责人批准；发生疫情时，饲养员必须严格隔离。

④当有顾客选购种猪时，不得进入场内选猪，应在展示厅内隔离观察挑选，再赶到外边装猪台装车出场。赶进装猪台（特别是装入运猪车辆的）猪只不能退回生产区猪舍。

(2) 车辆、物品和饲料的管理

①严禁外来车辆随便进入猪场。生产区大门口和各猪舍出入口消毒池内常年放有消毒液，所有消毒池的消毒液要定期更换，一般为 5～10 天换新配的消毒药。消毒液可用 2%～3%火碱水（冬季为防冻需加盐），或双季铵盐类消毒剂。进入场内的车辆必须在场区大门入口处经过消毒池消毒，并对车身喷雾消毒后方可进场。外来购猪车辆装猪前要严格消毒，禁止进入生产区。生产区内部用的车辆、用具不能随便拿出生产区外使用。各种工具借用、挪用后，需经严格消毒后，方可复原使用。到修理车间去修理，再进入生产区时也要消毒。

②进入场区的工具或物品，要以喷雾、浸泡、擦拭或其他适当方式进行消毒处理才能进场。

③饲料在储藏过程中，要注意保存，防止霉变。生产区有专用的小车送饲料，饲养人员和料车必须经过猪舍门口消毒池消毒后方能进入猪舍。集约化猪场最好使用一次性饲料袋，多数猪场运送饲料使用的是周转性麻袋，麻袋多舍多次使用，易为病原体的传播提供条件。另外，不提倡用食堂、饭店的泔水、下脚料喂猪，有的要喂，必须经煮沸消毒后才可带入场内喂猪。

④本场兽医不随便外出就诊，不到其他猪场搞防疫、治疗和现场指导。

⑤售猪时，避免场区人员与外界人员、车辆直接或间接接触，对使用过的装猪台、磅秤，要及时进行清理、消毒。

(3) 为了防止交叉感染，猪场内严禁工作人员饲养禽、犬、猫及其他动物，严禁从市场购买活畜；职工食堂禁止从场外购买鲜猪肉、牛羊肉及其相关加工食品；场内严禁宰杀生猪和解剖病、死猪，更不得将场外畜禽及其产品带入场内；职工包括家庭成员家中不准养猪，不准在市场购买猪肉，猪场应定期宰猪供应职工家属。

(4) 外引猪的检疫隔离 猪场应建立自己的健康种猪繁育体系，最好坚持自繁自养。有时为了补充血源，引进新的遗传因子，避免近交，最好是引进优良种猪的精液进行人工授精。如果确实需要引进活猪时，必须调查当地是否为非疫区，了解当地当前猪病的流行情况，再到合法的种猪场引种，要了解供种单位过去和现在猪群的健康状况，进行了哪些免疫接种。引种后先在隔离猪舍隔离观察至少30天，在这期间派专人饲养管理，每天测试体温和进行临床观察，必要时采血送兽医站化验检查。同时进行驱虫，没有注射疫苗的要进行补注，经再次检疫合格后才可放入生产群中饲养。检疫方法应根据检测目的来确定，对潜伏期的病猪，一般只要通过临床观察就可以，而隐性感染者、康复带病猪（如蓝耳病、伪狂犬病、气喘病、萎缩性鼻炎等）应通过实验室检查才可发现。特别是种猪场，对引进的种猪更需要进行实验室检查。由于检测技术的局限性，一些疫病很难检测出来，故提倡引进的种猪单独饲养，实行人工授精。

有的中、小猪场（养殖户）为了尽快受益，从市场或各猪场（养殖户）买回多家仔猪准备育肥出售，买回猪后将所有仔猪一块混养，甚至和自家猪混合饲养，结果导致互相感染，猪群发生疫病，损失惨重，严重者全军覆没。所以，无论从外引入种猪、育成猪或仔猪，猪场都应要按上述要求进行检疫隔离，并注意尽量从一家猪场购猪，杜绝多家仔猪一块混养的现象。

（5）对于病猪要及时挑出，在隔离舍中单独饲养，待疾病康复以后并确定不会再向外排毒时，方可返回生产区猪舍饲养。

104. 怎样做好猪群的监测工作？

猪群的监测包括健康监测与疫病监测两个方面。

（1）健康监测　健康监测就是通过对健康群体进行综合检查，找出各种隐患和携带病原体的个体，然后有针对性地调整全场猪群的饲养管理制度和免疫预防措施。目前，养猪场健康监测的工作侧重点主要是集中解决一些繁殖障碍性疾病、呼吸系统疾病综合征、多病因性疾病和隐性感染性疾病的感染和流行问题。可通过每天巡视检查猪群的生长发育情况、集体抗体水平检测等进行健康监测，全面掌握猪群生产状态，及时发现问题，有针对性地调整日粮营养水平、改善环境气候条件、加强日常饲养管理，使猪只保持良好的生理状态，减少任何患病的危险。

在健康检测的基础上，要给猪群进行群体保健，不但让猪只迅速提高生产力，而且还要让猪只健康生长发育。群体保健的重点是妊娠期、哺乳期、保育期和高生产期的猪群。

（2）疫病监测　对猪群健康状况进行定期检查，对猪群中常见疫病及日常生产状况的资料进行收集分析，监测各类疫病动态和防疫措施的效果，对猪群健康发展的综合评估，对疫病发生的危险度的预测预报等是疫病监测的主要任务，是猪场防疫制度中重要一环。通过日常巡视检查、血清学试验等经常性的疫病监测（检疫）手段，可掌握猪群健康状况、场内疫病发生情况、免疫质量、疫病净化水平，同时也为本场的防疫工作提供客观依据。尤其本地区、本季节暴发和流行严重的传染病更应该加强检控，以便做出及时反应。同时，对场内使用的疫苗、消毒剂的质量也要进行检测，以保证确实有效。如不能及时做好以上工作，就不可能准确和深入地了解猪场疫病的流行和发展趋势，更不可能及时采取有效的防治措施，从而影响猪群健康的生长发育。

105. 如何做好猪群的疫病净化工作?

猪群疫病净化主要有以下几方面工作：

(1) 药化净化 就是应用化学药物通过饲料或饮水添加的方式将感染或可能感染的猪群施行药物净化处理，以抑制或杀灭病原，消除其危害，这是预防和控制细菌性和寄生虫类疾病的有效措施之一。

(2) 疫苗净化 通过防疫接种来达到对某种疾病的净化。如丹麦，从1983年开始对猪伪狂犬病在全国实行血清抗体筛检和扑杀政策，20世纪90年代初达消灭标准。

(3) 猪种净化 通过自繁自养和无特定病原猪的培养来净化猪群。集约化猪场要建立自己的兽医检验室，通过检验室开展临床观察、免疫监测，定期抽检猪只测定抗体水平，促进净化措施的落实和评价免疫效果，为制定科学合理的免疫程序，为猪群疾病的诊断、治疗工作提供依据。

106. 兽医日常巡视检查制度包括哪些内容?

要搞好猪群健康监测与疫病监测，养猪场必须建立和健全兽医每天对全场猪群的日常巡视检查制度和每日生产记录制度，从日常巡视检查工作中了解和掌握猪只的健康与生产状况。兽医日常巡视检查工作主要有以下几项内容：

(1) 猪只健康、发育情况

种猪：空怀母猪发情时间的长短，是否有流产母猪；妊娠后期母猪膘情是否合理；公、母猪是否有呼吸道、消化道疾病，采食情况等。

产仔舍母、仔猪：有关母猪状况如采食、饮水情况，产仔情况；仔猪状况，如体表色泽、是否吃饱、是否安静、有无腹泻、咳嗽等。

保育舍育成（育肥）猪：猪只的生长速度、营养状况、皮毛色泽、采食状况、粪便、尿色，有无腹泻、咳嗽、咬耳、咬尾情况等；猪舍温度、气味等。

（2）猪舍结构 躺卧、排粪、吃料及饮水的方便性；产床、隔断结构；每个猪舍的饲养头数和每头猪所占面积；地面有无漏缝，是否防滑及干燥情况；粪便下漏情况；腿部及乳头是否受伤。

（3）料槽 料槽形态、位置、大小；每头猪占料槽长度；自动供料器的启动和饲料流动情况；饲料浪费、采食争抢情况；饲料新鲜程度等。

（4）饲料 检查饮水卫生和饲料的加工、贮存是否符合卫生防疫要求，如饲料堆放、色泽、颗粒质量、浪费情况；是否发霉，有无异味和粪便污染；鼠类控制状况；包装袋回收情况等。对猪舍、饲料库等场所应注意做到防鼠的要求。

（5）圈舍温度、湿度 是否符合各类猪只生长需要；舍内空气是否新鲜，氨气浓度；通风换气情况，有无贼风等。

（6）环境卫生 舍内粪便、灰尘是否清扫干净，有无蚊蝇，物品是否清洁和堆放整齐；舍外粪便、杂草树叶、排污道是否清理干净，粪尿是否无害化处理等。

（7）设备 电力设施安全与否；供水设施漏水与否；栏杆、地面、保暖设置完整与否。

（8）消毒情况 要注意药物浓度、舍内外每平方米用药量是否合理，门口消毒池有无药液、是否定期更换消毒液等。

107. 怎样做好猪场灭鼠、灭虫工作？

做好灭鼠、灭蝇和吸血昆虫工作也是减少传播媒介，防止疫病发生，保证猪群的健康的重要措施之一。全猪场应每月定期灭鼠一次，特别对饲料库要杜绝有鼠的进出；根据季节和农时，进行定期灭蝇、灭蚊工作。

(1) 灭鼠

①加强饲料的管理和环境治理：猪舍的墙基、地面、门窗都应坚固结实，发现鼠洞要及时堵住。猪饲料要保管在老鼠不能进入的库房内。要经常保持猪舍及其周围环境的干净整洁，及时清理撒落的和剩余的饲料，铲除环境中的杂草，尽量清除老鼠育生地。

②灭鼠方法：可用器械方法或药物杀除。可根据当地情况选用鼠夹、鼠笼、黏鼠板来灭鼠。灭鼠药种类很多，选用敌鼠钠盐、安妥、杀鼠灵等对人、畜毒性低的毒鼠药，效果都不错。例如，用敌鼠钠盐原药1.5克，加100毫升热水溶解，再加入适量的糖，泡入1 000克玉米、小麦、稻谷等，阴干后即可投用。毒饵应置于对人、畜均安全之处。

(2) 灭蝇和灭蚊 蚊蝇虽小，但对猪群的健康危害很大。它们通过叮咬、吸血或者在粪尿污物和饲料、饮水间飞来飞去，能传播多种传染病和寄生虫病。因此，猪场的杀虫工作千万不可忽视。

①搞好环境卫生，清除蚊蝇滋生地。蚊子发育需要经过卵、幼虫、蛹和成虫4个时期。前3个时期发育都是在水中进行的。成虫方可离开水到陆地活动。猪场的阴沟、污水、积水、积粪池等处都是蚊子的孳生地。苍蝇发育也要经过卵、幼虫、蛹和成虫4期，成蝇喜欢在潮湿、肮脏的垃圾堆、粪堆、动物腐尸等处产卵。针对这些情况，要及时清理粪尿及猪舍内外的垃圾、杂草，填平污水沟，疏通排水道，美化和绿化猪舍周围的环境，彻底消灭蚊蝇的滋生地。

②选用杀虫剂消灭蚊蝇。猪舍内可使用敌百虫（1%水溶液）、除虫菊（0.2%煤油溶液）、蝇毒磷（0.05%乳剂）、倍硫磷喷洒，可用0.5%敌百虫饭粒，0.2%敌百虫鱼饵诱杀苍蝇，每3～5天换一次。敌敌畏杀虫效果好，但应注意对人、畜的毒性。

108. 怎样进行程序化驱虫？

寄生虫病在多数养猪场普遍存在，经济损失巨大，同时寄生虫的感染无季节差异，多种寄生虫可同时感染、交叉感染、重复感染，严

重影响猪群的健康，给生产带来很大影响。

（1）不同生长阶段猪的驱虫时间安排

①对全场所有猪群的驱虫可用预混剂进行一次驱虫，连续饲喂7～10天，对个别吃食不佳的猪只应使用长效制剂注射，同时应进行猪舍的清洗、消毒和灭虫。

②母猪群可在每次临产前7～14天用长效制剂注射的方法进行驱虫。

③仔猪45日龄时，可在保育舍每吨饲料添加驱虫药物，连续饲喂5～7天进行驱虫。

④肥育猪90日龄进行第一次驱虫，必要时在135日龄左右进行第二次驱虫。

⑤公猪每年可用长效驱虫剂驱虫2～3次。

（2）常用的驱虫药 常用驱虫净驱除蛔虫，每千克体重用20毫克，拌入饲料中一次喂给。驱除疥螨和虱子常用敌百虫，配制成1.5%～2.0%的溶液喷洒体表，每天一次，连续3天。服用驱虫药后，应注意观察，出现副作用要及时采取措施，对驱虫后排出的粪便，应及时清除，堆集腐熟杀死虫卵，以防再度感染。

109. 如何给猪群进行药物保健？

药物保健就是对健康猪群进行药物预防，即在猪的饮水和饲料中加入某种安全的药物，在一定时间内使猪群提高健康水平、增强对疫病的抵抗力的预防方法。药物保健常用的药物有土霉素碱、增效磺胺类药、痢菌净、喹诺酮类、泰乐菌素、右旋糖酐铁钴注射液、口服补液盐、大青叶、鱼腥草等。

（1）以下几种情况可用药物防病

①预防和控制传染病的发生与流行：依据猪场历年的疫情流行资料，使用抗菌药物在猪可能发病的年龄期、可能流行的季节，或发病的初期对相关猪群进行群体投药，可有效地防止疾病发生或终止其流行。这一措施主要用于防治猪痢疾、猪传染性萎缩性鼻炎、猪气喘病、仔猪黄白痢、母猪的无乳综合征、猪流感等。

②防治营养元素缺乏引起的群发病、多发病：如仔猪缺铁性贫血，生长发育及孕母猪的缺锌性皮肤病、蹄病，维生素E、生殖激素缺乏所致的母猪不发情、低受配率等。这类疾病在使用药物及时进行防治后均能收到明显疗效。

③对于乳猪生长早期和某些无良好疫苗的细菌性和寄生虫性疾病（如气喘病、弓形虫病等），可针对性地于饲料或饮水中添加一些有抗菌和抗虫作用的药物，使猪具有一定的抗病能力，促进猪群的健康状况，同时又有促进生长的作用。

④防治猪的应激：猪群的转栏、合群、长途运输等许多因素常会导致猪的应激增高，发生腹泻，使猪只大量失水，电解质丢失，体液 pH 下降，代谢紊乱，内分泌失调，造成猪的脱水、减重和死亡。在生产中适时合理地使用口服补液盐能预防或迅速缓解应激状况。

⑤祛暑防病：我国大部分地区夏季酷热。当前多数猪场尚缺乏对猪舍内环境温湿度的调控能力，高温导致生长猪日增重下降，母猪乏情，公猪精液品质不良，流产、早产、死胎比例上升等。对此除采取泼水、通风、荫蔽等方法外，可选用清热解毒凉血中草药的单剂或复方制剂给猪群服食，可起到较好效果。

（2）药物预防注意问题

①选择药物的原则：对病原体有高度的敏感性而对肌体毒性低或者无毒；在猪体内残留小或无残留、无致癌致畸致突变，不影响环境卫生；不影响适口性，便于在饲料和饮水中添加且性质稳定；不易产生耐药性。

②给药注意事项：对传染病要有针对性地选择敏感性高的药物；预防药有计划地交替使用，防止产生抗药菌株；目前市售的全价饲料和添加剂均含有某些药物，应了解所使用饲料中所含的药物种类，以免重复给药引起中毒或浪费；投药时按预防量给药，一般投药 3～10 天为宜；新生仔猪补铁应在出生第三天进行；采用的几种药物应交替使用，防止产生抗药性；要作为治疗用的药物应尽量避免在平时预防性给药中使用。同时要注意各种药物的停药期，对于待宰猪，应在宰前 7～15 天停药，防止药物残留。

110. 免疫常用的疫苗有哪几种？怎样运输和保存疫苗？

免疫接种工作在疫病防治过程中是一项极为重要的措施，尤其是在疫病暴发或流行期间对控制疫病的发展和蔓延有着特殊的作用，因此务必高度重视，严格执行，绝不可马虎。

（1）疫苗的种类

①冷冻真空干燥疫苗：大多数的活疫苗都采用冷冻真空干燥的方式冻干保存，可延长疫苗的保存时间，保持疫苗的效价。病毒性冻干疫苗常在－15℃以下保存，一般保存期2年。细菌性冻干疫苗在－15℃保存时，一般保存期2年；2～8℃保存时，保存期9个月。

②油佐剂灭活疫苗：这类疫苗为灭活疫苗，以矿物油为佐剂乳化而成，大多数病毒性灭活疫苗采用这种方式。油佐剂疫苗注入肌肉后，疫苗中的抗原物质缓慢释放，从而延长疫苗的作用时间。这类疫苗2～8℃保存，禁止冻结。

③铝胶佐剂疫苗：以铝胶按一定比例混合而成，大多数细菌性灭活疫苗采用这种方式，疫苗作用时间比油佐剂疫苗快。2～8℃保存，不宜冻结。

④蜂胶佐剂灭活疫苗：以提纯的蜂胶为佐剂制成的灭活疫苗，蜂胶具有增强免疫的作用，可增加免疫的效果，减轻注苗反应。这类灭活疫苗作用时间比较快，但制苗工艺要求高，需高浓缩抗原配苗。2～8℃保存，不宜冻结，用前充分摇匀。

（2）疫苗的运输和保存 疫苗是一类特殊的生物药品，它不同于普通的化学药品，怕光、怕热，有些还怕冻结。在运输和保存方法上比一般化学药品要求的条件高。保存不当就会影响疫苗的质量，最终影响免疫效果，甚至导致免疫失败。为了保证疫苗的质量不受影响，应正确运输、保存和使用疫苗。

①运输：必须按说明书规定的要求进行运输，运输前须妥善包装，防止碰破流失。运输途中避免高温和日光直射，需要低温保存的疫苗应在疫苗规定的低温条件下运送，并尽量缩短运输时间。大量运输时使用冷藏车，量少时装入盛有冰块的广口保温瓶或桶内运送，并

尽快将疫苗运到目的地。但对灭活苗在寒冷季节要防止冻结。

②保存：每种疫（菌）苗耐受温度的性能各有不同（见疫苗的种类），一般活的疫苗更易受高温的影响而降低或丧失其免疫效力。所以，在一定温度保存条件下的有效保存期也不同，必须根据各种产品的说明书，分别妥善保管。

购买的疫苗应尽快使用。开封后的疫苗不能再做保存，特别是弱毒疫苗。距使用时间较短者（1～2 天）置于 2～15℃阴暗、干燥的环境，如地窖、冰箱冷藏室；量少者也可保存于盛有冰块的广口冷藏瓶中。需要较长时间保存者，弱毒苗保存于冰箱冷冻室（0℃以下）冻结保存，灭活苗保存于冰箱冷藏室。注意防止过期。

111. 疫苗的免疫接种方法有哪几种?

免疫必须做到注射部位准确，消毒严格，药量准确，不能随意改变免疫剂量，个个免疫，不漏针。采用注射途径接种的疫苗，在瓶塞上固定一个消毒的针头专供吸取药液，吸液后不拔出，用酒精棉包裹，以便再次吸取。常用的免疫接种方法主要有以下几种：

（1）皮下注射 皮下注射是目前使用最多的一种方法，大多数疫苗都是经这一途径免疫。注射部位在猪的耳根或股内侧。皮下组织吸收比较缓慢而均匀，如猪丹毒弱毒菌苗、猪丹毒氢氧化铝甲醛菌苗、猪肺疫氢氧化铝甲醛菌苗都可皮下注射。油类疫苗不宜皮下注射。

方法：注射部位先剪毛（无毛或少毛区也可不剪），用碘酊或酒精棉球消毒，用左手食指和中指捏起皮肤，食指压住顶点，形成三角凹窝，右手持注射器，迅速将针头刺入凹窝中心皮肤内 2 厘米深，放开皮肤，慢慢注入药液，药量大时应分点注射，注射完毕，拔出针头后用棉球按住注射部位以消毒。

（2）肌内注射 肌内注射是将疫苗注射于肌肉内，注射部位在颈部两侧中 1/3 处，或臀部、股部肌肉较丰满部位。剪毛，酒精或碘酊消毒，把针头直刺入肌肉，注入药物。如猪瘟、猪丹毒、猪肺疫三联冻干弱毒苗。肌内注射时如果药量偏大可分点注射，但注射时不可打“飞针”。注射时注意针头要足够长，以保证疫苗确实注入肌肉里。

(3) 滴鼻接种 滴鼻接种是属于黏膜免疫的一种，黏膜是病原体侵入的最大门户，有95%的感染发生在黏膜或由黏膜侵入机体，黏膜免疫接种可刺激产生局部免疫，能对有害抗原或病原体产生高效体液免疫反应和细胞免疫反应。目前使用比较广泛的是猪伪狂犬病基因缺失疫苗的滴鼻接种。

(4) 皮肤刺种 猪痘弱毒疫苗常用此法接种，选定无血管处，用刺种针或钢笔尖蘸取疫苗刺入。

(5) 口服 即是将疫苗混于饲料或饮水里，或抹于母猪的乳头上经口服下，而达到接种目的。必须注意，用于拌疫苗的饲料要新鲜，不宜用酸败或发酵饲料拌。大小动物要分开喂，使其能均匀吃到含疫苗饲料。如猪肺疫弱毒菌苗用此方法免疫接种，饮水免疫先停水4小时左右，再饮水免疫接种，稀释疫苗的水要纯净，尤其不能用含有消毒药物的水稀释疫苗。

(6) 气管内注射和肺内注射 这两种方法多用在猪气喘病的预防接种。但目前气喘病疫苗已经生产出可用于肌内注射的疫苗了。

(7) 穴位注射 在注射疫苗时多采用后海穴注射，能诱导较好免疫反应。目前，在养猪生产中应用这种方法免疫的疫苗有传染性胃肠炎疫苗、猪瘟疫苗和口蹄疫疫苗。其中猪瘟兔化弱毒疫苗，后海穴比常规肌内免疫注射更具有坚强的保护力。采用穴位注射要有确切的注射位点，进针有方向，下针有深度，剂量准确。

(8) 超前免疫 超前免疫是指在仔猪未吃初乳时注射疫苗，注苗后1～2小时才给吃初乳，目的是避开母源抗体的干扰和使疫苗毒尽早占领病毒复制的靶位，尽可能早刺激产生基础免疫，这种方法常用在猪瘟的免疫。

112. 疫苗接种应注意哪些事项?

(1) 注射器和针头经清洗后煮沸或高温消毒 消毒前，应将注射器手柄、玻璃管、压螺丝松动，防止受热膨胀挤破玻璃管。用前组装好注射器和针头，必须吻合无隙，洁净畅通，不漏气，不漏药。注射前应将空气排净方可注射。根据公、母猪大小及膘厚程度，选用适合型号的针头，防止注射在肥膘里而造成免疫失败。针头口径应合适，并调好注射器的松紧，使用过大口径针头或注射过快，疫苗液容易倒流，造成疫苗量不足，使免疫效果差。注射针头的要求长度见表10。

表10　注射针头的使用规格

动　物	注射针头型号	动　物	注射针头型号
仔猪<10千克	12～18毫米	母猪	至少37毫米
10～30千克仔猪	18～25毫米	公猪>1.5岁	至少37毫米
后备母猪	30～35毫米		

(2) 免疫接种前，对使用的疫苗需进行仔细检查

①疫苗来源的检查　要取得良好的免疫效果，必须保证疫苗的质量。使用前检查疫苗是否是农业部指定的正规生物药品厂家生产的疫苗，或是经正规途径技术权威单位认可的疫苗。凡非正规厂家生产的疫苗，或无详细说明书、瓶内疫苗性状与说明书上所叙述的不符，均不要购买和使用。

②疫苗瓶的检查　检查疫苗瓶有无瓶签和瓶塞是否松动，瓶签上的说明（名称、批号、用法、用量、有效期）是否清楚，瓶子与瓶塞有无裂缝破损，瓶内的色泽性状是否正常，有无杂质异物、霉菌生长，不合格者不得使用。

(3) 需要稀释的疫苗，首先要做疫苗的真空试验，失去真空的疫苗不要用　检查合格后严格按说明书规定的方法进行稀释，稀释液可用生理盐水或纯净的冷水，不能用含氯的自来水和热水稀释。吸取和稀释疫苗时，必须充分振荡，使其混合均匀。给动物注射用过的针头，不能吸取药液，以免污染疫苗。

(4) 疫苗稀释要现配现用，应在最短时间内用完，否则应废弃
接种前、后所有容器、用具必须进行消毒。剩余的活菌苗不能随意丢弃，应深埋或炉火烧掉。接种前后所用容器、用具必须进行消毒，以防传染。疫苗自稀释后15℃以下4小时、15～25℃2小时、25℃以上1小时内用完，最好是在冷链不断的情况下（2～8℃）2小时内用完。

(5) 接种疫（菌）苗前，必须仔细检查猪的健康状况，并清点猪

头数，确保每头猪都进行免疫 凡身体瘦弱、体温升高、临近分娩或分娩不久的母猪，患病或有传染病流行时，一般都不要注射。待病愈或体质恢复后补注。接种疫苗后，应注意观察。个别猪只因个体差异，可能出现反应，如体温升高、发抖、呕吐和减食等症状时，一般1～3天后可自行恢复，重者可注射0.1%肾上腺素药液1毫升，即可消除过敏性休克。若出现体温升高、不吃、精神委顿或表现有某种传染病的症状时，必须立即隔离进行治疗。

(6) 疫苗注射应严格和细心，注射部位应先用5%的碘酊消毒，之后再用75%的酒精脱碘，待干燥后再注射，以免影响免疫效果（乙脑免疫时用酒精或新洁尔灭消毒皮肤）。要防止消毒剂渗入针头或管内，以免影响疫苗活性，降低效价。每注射一头猪后，应换消毒过的针头，防止交叉感染和污染肿胀化脓。免疫顺序先注射正常猪，再注射可疑猪。

(7) 新增设的疫苗品种，大群免疫接种之前，要先做小群试验；对于已确定的免疫程序上的疫苗品种，在使用过程中尽量不要更换疫苗的生产厂家，以免影响免疫效果，若必须更换的，最好也先做小群试验。

(8) 免疫接种结束后，将所有用过的疫（菌）苗瓶及接触过疫（菌）苗液的瓶、皿、注射器等进行消毒处理。废弃的活疫（菌）苗必须煮沸或倒在火内烧掉，死疫（菌）苗倒在深坑内埋掉。装疫（菌）苗的小瓶必须经过消毒处理再用做其他用途。

(9) 防止药物对疫苗接种的干扰和疫苗相互之间的干扰，在注射病毒性疫苗的前后3天严禁使用抗病毒药物，两种病毒性活疫苗的使用要间隔7～10天，减少相互干扰。病毒性活疫苗和灭活疫苗可同时分开使用。注射活菌疫苗前后5天严禁使用抗生素，两种细菌性活疫苗可同时使用。抗生素对细菌性灭活疫苗没有影响。

(10) 做好免疫记录。猪都应建立防疫注射登记簿，逐舍逐头进行注射登记，并发给免疫卡。记录内容包括接种疫苗的名称、类型、规格、生产厂名和有效期、批号，疫苗稀释情况，免疫对象及头数，以及接种人员姓名及接种日期等，都应详细登记在记录本上，有利以后抽查以便按期补针和检测免疫效果。

113. 怎样制定科学的免疫程序?

防疫是猪场的第一生命线，定期做好免疫接种，是防疫的重要措施之一。一个猪场每年要做哪几种疫苗的免疫，在什么时间接种何种疫苗，是猪场免疫上最为关键的问题。因此，猪场制定的免疫程序是否科学合理，就显得至关重要。以往，每年的防疫注射仅进行春防和秋防，而且接种的疫苗仅局限于猪瘟、猪丹毒、猪肺疫三种。随着养猪生产的发展，先进饲养管理技术的实施，母猪不分季节产仔、仔猪早断奶、肉猪生长周期缩短，猪群实行全进全出，因此必须改进旧的免疫制度，改春秋两季防疫为长年随时防疫，制定适合养猪生产的免疫程序。

(1) 制定免疫程序时，各猪场应当根据疫病在本地区及附近地区的发生与流行情况、生产需要、饲养管理方式、疫病种类、疫苗特性、免疫途径以及猪只的用途（种用）、年龄、抗体水平等方面的因素来综合考虑。不同的猪场，应根据自身情况建立科学、合理的免疫程序。首先，要根据我国及猪场所在地猪传染病流行的种类，确定应该接种哪些疫（菌）苗，坚决避免盲目性。其次，根据当地某种疫病流行特征、猪只日龄、母源抗体水平等而确定免疫程序，并需根据监测的结果随时调整免疫程序。要注意没有适合全国所有养猪场统一的免疫程序。

(2) 由于病原微生物的致病力常常会受环境的影响，已经制定好的免疫程序，不能一成不变，应在生产中根据猪场的实际情况随时进行调整，才能取得最佳的免疫效果。

114. 为什么要进行抗体水平监测?

抗体水平监测是猪群监测工作中的一项重要内容。近年来，我国猪群中出现免疫失败的现象越来越多，即猪场接种疫苗后仍然发病，如打过猪瘟疫苗以后，还没有超过疫苗的免疫保护期猪群就发生猪瘟，其主要原因就在于忽视接种疫苗以后的免疫抗体监测。

（1）在正常情况下，猪注射疫苗以后，一般都会产生较好的免疫保护效果，但由于各个猪场猪群的具体情况千差万别，而且疫苗本身质量和运输、保存、使用等各个环节都会直接影响疫苗的免疫效果。加上我国养殖环境较差，猪病种类繁多，疫情复杂，一旦猪群出现免疫漏洞，猪就很容易感染发病。此外，当猪场感染了圆环病毒、猪蓝耳病病毒等病原时，往往会造成感染猪尤其是仔猪的免疫抑制，致使疫苗免疫效果大打折扣。在这种情况下，猪群接种疫苗以后并不能阻止猪群发病。

（2）为了避免免疫失败，猪场在接种疫苗后，应该及时采集血液样本（一般在接种疫苗以后3～4周进行），分离血清进行免疫抗体水平监测，从而验证接种疫苗以后是否确实产生了理想的免疫保护效果。抗体水平的高低凭肉眼观察是看不出来的，必须把样品送到有条件的实验室进行化验。

（3）通过免疫抗体监测，可以综合评价疫苗产品的质量、免疫程序是否合理、免疫注射方法是否正确无误、疫苗的免疫效果和猪群的健康状况（如是否存在隐性感染猪）等诸多方面，发现猪群免疫接种过程中出现的漏免、免疫失败等问题并及时采取补救措施。通过二次血清的检测，还可以准确判定猪群是否感染疾病。

（4）目前，部分大型规模化养殖场已经建立了疫苗免疫抗体监测制度，但大多数养猪场仍未将免疫抗体监测纳入猪场的疾病预防体系中，这是十分危险的。建议所有养猪场经营者转变思想观念，对免疫抗体监测予以足够的重视，并在此基础上建立科学合理的个性化免疫程序，结合其他兽医防疫措施，减少和杜绝免疫失败的发生。

115. 猪病防治包括哪些内容？

（1）猪病的正确诊断　正确的诊断是防治猪病的基础，而发现疾病是诊断的第一步。通常可以通过临床表现、死猪剖检、血清学调查、生产成绩统计分析、屠宰检疫等途径来发现疾病。急性和烈性传染病一般有明显的临床症状，检查猪群很容易发现。一些慢性病和隐性传染病无明显的临床症状，只有在进行统计时才能发现。所以，完整的生产记录对诊断猪病有极其重要的意义。

疾病诊断要求兽医到现场，根据询问饲养人员、临床观察和眼观病变等对病猪进行初步诊断，如怀疑是传染病时先将病猪进行隔离，隔离后再行观察和治疗。

（2）猪病的治疗 对猪病进行初步诊断后，兽医开具诊断书和处方，诊断书要记录仔细（饲养员、圈舍、临床症状、治疗情况）等。然后选择适当的药物进行对症治疗和对健康猪群的药物预防。

①治疗 对于出现症状的猪只选择适当的药物进行对症治疗，有化验条件的最好采取病料进行病原培养和药敏试验，根据药敏试验结果选择敏感药物进行治疗。如在上午治疗下午复诊，下午治疗上午复诊，直至康复。有怀疑传染病时要及时隔离。

②药物预防 可根据病情和猪体具体情况选择抗生素、磺胺类药或微生态制剂对同群健康猪进行药物预防，以提高猪只机体的抗病能力。

（3）检查诊疗结果 诊疗结果通常可以通过血清学检查和病原分离是否全部转为阴性来判断结果。实践中简单有效的方法是挑选几头确认为康复的猪混群饲养，认真观察一段时间，如果没有任何临床症状则可以认为治疗成功。

116. 病死猪剖检和处理应注意哪些事项？

在疾病诊断工作中，病死猪的剖检是必不可少的内容，剖检中要注意以下事项：

（1）种猪及50千克以上猪只，头头剖检，并送检；病死仔猪，50%剖检，视情况送检；保育舍病死猪，头头剖检，并送检；较大数量病猪出现，应及时活猪剖检。剖检应有记录。

（2）病猪解剖应在指定地点，不能随地解剖。所有死猪病理样本、胎衣、死胎等都应按“畜禽病害肉尸及其产品无害化处理规程”进行处理，投入尸体坑或焚烧，绝不能随处乱扔乱埋。否则，容易造成病原微生物的扩散，影响其他正常猪群的健康生长。

①尸体坑掩埋 病死猪只不能直接埋入土壤中，因为这样会造成

土壤和地下水的污染。深埋时应当建立用水泥板或砖块砌成的专用深坑。

②焚烧处理　对病死猪进行焚烧处理是一种常用的方法。以煤或油为燃料，在高温焚烧炉内将病死猪烧成灰烬，可以避免地下水及土壤的污染问题。但这种方法常常会产生大量臭气而且消耗燃料较多，处理成本较高。因此，在选择焚烧炉时，应注意其燃烧效率，而且最好有二次燃烧装置，以清除臭气。

(3) 兽医及饲养员在处理完病死猪后，立即将被污染的衣服和鞋帽等在生产区内就地进行严格的消毒或生产区外销毁处理。消毒后的衣物只能在生产区外使用，不得再次穿进生产区。

(4) 猪场无论何种因素造成的死亡，都要有兽医人员出具死亡证明，逐头解剖死亡猪只，检查死亡原因，必要时进行实验室诊断，以便及时了解全场疫病动态。送检时要把流行病学情况、剖检记录一并送化验室。

117. 发生疫情应采取哪些扑灭措施?

怀疑猪群发生疫情时，兽医立即到现场检查、诊断，尽快确诊，及时采取有效扑灭措施，并逐级上报。

(1) 紧急上报疫情　有下列情况发生时，必须紧急上报猪场负责人：种猪日发病率1%以上或死亡率0.4%以上；哺乳仔猪日发病率5%以上或死亡率1.5%以上；育成猪日发病率4%以上或死亡率1.2%以上；病猪临床诊断或剖检，发现较典型的传染病症状或过去未有过的新症状。

(2) 尽快诊断定性　猪场发生疫情时，对猪群进行全面检查，并隔离病猪。通过下列方法进行诊断：

①临床诊断　收集病猪群所表现的综合症状，进行分析判断。

②流行病学诊断　在疫情调查基础上进行，通过调查了解进行系统的分析，结合临床症状做出初步结论。

③病理学诊断　选择较典型的病例进行剖检、病理组织学检验。

④病原学诊断　病料涂片镜检，分离培养和鉴定，动物接种等。

当病因不明或剖检不能确诊时，应将病料送上级有关部门诊断。

（3）隔离和处理 当确诊为传染病后，应迅速采取紧急措施：控制传染源，根据传染病的种类，划定疫区进行封锁，对病猪进行隔离治疗；保护易感猪群，对健康猪进行必要的紧急接种或采取血清和药物等防治措施；切断传染途径，全场对被污染的场地、用具、环境及其他污染物进行彻底消毒。

（4）烈性传染病的扑灭措施 发生烈性传染病时，必须立即实施全面封锁和隔离。严禁人、猪出入，并上报上级主管部门，做到早发现、快确诊，严格处理，疫情控制在最小范围内并予以扑灭。

①全场实施有效封锁后，对所有猪群进行检疫，病猪隔离屠宰、焚烧；健康猪只进行紧急预防接种或药物治疗，被传染病传染的病猪和用具、工作服及其他污染物等必须进行彻底消毒，粪便及铺草应予烧毁。

②屠宰病猪应在指定地点进行。屠宰后，场地、用具及污染物必须进行严格消毒和彻底清除。要焚烧或掩埋的病畜尸体及其污染物须用不透水的车厢或塑料袋运到指定地点，进行焚烧或深埋（2 米以下）。运尸体的车辆、役畜、用具和接触人员及工作服必须严密消毒。

③解除封锁的条件：划定的封锁区应有明显标志，固定专人管理，指导绕行道路，禁止易感动物通过封锁区。解除封锁日期和方法，应根据国家有关规定进行。待检出的最后一头病猪处理完毕后，经观察 30 天未发现新病例，然后对圈舍污染的用具、场地进行全面彻底终末消毒，经检验合格后，方能解除封锁。

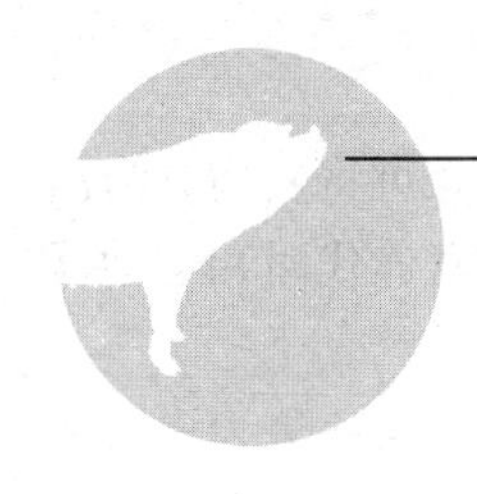

五、怎样防治猪病

118. 常见猪病可分为哪几类?

为了便于认识疾病和有针对地采取有效防治措施，通常将猪的疾病进行分类，其方法很多，现将几种常见的分类方法介绍如下。

(1) 按疾病发生的原因分类

①传染病　是指由病原微生物侵入机体，并在体内进行生长繁殖而引起并具有传染性的疾病，如猪瘟、传染性胃肠炎、细小病毒病等。

②寄生虫病　是指由寄生虫侵袭机体而引起的疾病，如蛔虫病、囊虫病等。

③非传染性病　是指由一般致病因素所引起的内、外、产科疾病，如外伤、骨折、胃肠炎、胎衣不下等。

(2) 按疾病的经过分类　即根据疾病过程的缓急和时间的长短，一般将疾病分为：

①急性病　疾病的进程快速，经过的时间极短，由数小时到2～3周，症状急剧而明显，如猪水肿病、中毒病等。

②慢性病　疾病的进程缓慢，经过的时间较长，由1～2个月到数年，症状一般不太明显，体力逐渐消耗，如结核、某些寄生虫病等。

③亚急性病　是介于急、慢性之间的一种类型，如疹块型猪丹毒等。

在临床实践中，急性病、亚急性病与慢性病并没有严格的界限。急性病在一定条件下可转变为亚急性病或慢性病。而慢性病也可以转变为急性发作。

（3）按患病器官系统分类 根据这种分类原则，可将疾病分为消化系统疾病、呼吸系统疾病、泌尿生殖系统疾病、营养代谢和运动器官系统疾病等。

（4）按临床类症分类 根据这种分类原则，可将疾病分为皮肤变色、神经异常、呼吸异常、消化异常、体表异常、肢体运动异常、排尿异常等。

另外，也可按治疗方法进行分类，如以手术为主要治疗方法的外科病，以药物为主要治疗方法的内科病等。

119. 引起猪病发生的主要原因有哪些？

（1）饲养管理不当是猪病发生的重要原因。饲养不当包括营养不当和饲养方法不当。营养不当对猪的影响：一是使猪体质下降，抵抗力降低；二是直接导致疾病的发生。如某些营养元素，特别是矿物质元素、维生素等缺乏，通常会导致各种代谢性疾病的发生。饲养方法不当，如饲喂不均匀，饥一顿、饱一顿，饮用冰碴水等也会导致消化系统疾病发生。饲料品质变差，如饲喂发霉变质饲料也往往导致疾病的发生，如黄曲霉毒素中毒、亚硝酸盐中毒性疾病等。管理方法不当也常导致疾病的发生，许多外伤性疾病的发生都与管理不当有关，对妊娠母猪管理不当还会造成难产的发生。

（2）生活环境差是引起疾病发生的重要诱因。饲养环境，即小气候温度、湿度、空气中有害气体的含量等方面的不当，都可引起疾病的发生，高温高湿容易中暑，低温容易感冒、风湿，高湿容易造成皮肤病的发生，空气中有害气体含量超标往往会导致呼吸系统疾病的发生，生活环境脏污往往给各种寄生虫的孳生创造条件。

从以上两个方面看出，无论是饲养管理的失调或是环境条件较差，都会直接或间接地引起各种猪病的发生，而加强饲养管理，改善饲养环境条件是防止猪病发生、保证猪只健康的首要因素。

（3）病原微生物的侵袭导致传染病的发生是对养猪生产构成的最大威胁。各种传染病特别是某些烈性传染病的流行，如猪瘟、口蹄疫、传染性胃肠炎等，都会给养猪业带来巨大的损失，甚至造成全群毁灭。有些传染病尽管造成猪死亡并不是太高，但影响猪群的生长发育，如仔猪副伤寒、气喘病等。所以，预防传染病的发生和控制传染病的流行是猪场兽医工作的重要任务。

120. 怎样保定猪？

为了顺利地给病猪进行诊断和治疗，保证人和猪的安全，必须对猪只进行合理的保定。常用的保定方法有下面几种，可以根据防治的目的及猪体的大小灵活应用。

（1）猪群圈舍保定法 在防疫注射时，对于育肥的健康猪群，组织适当人力将猪群赶进建筑较坚固的圈舍里，关紧圈门，并有1～2人轰着猪不让散群，趁猪只因受惊吓拥挤在一块的时候，兽医人员进入猪圈慢慢接近猪群，用一小木棍逐头一边搔痒和消毒，一边注射。注射部位多选择耳后或臀部，并用金属注射器进行注射。

（2）保定架保定法 保定架保定适用于大体型猪或性情凶猛的猪，以及兽医院或猪场兽医室。保定架可用木或铁制成（图18）。

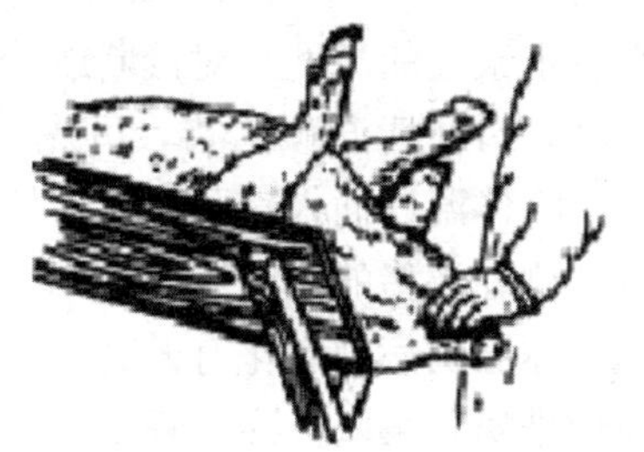

图18　猪保定架保定

（3）起立保定法 保定仔猪，可用双手抓住仔猪两耳，将猪头向上提起，再用两腿夹住猪的背腰，便可进行诊治。

（4）提单后肢保定法 保定仔猪还可将仔猪两后腿捉住，并向上提举，使猪倒悬立，同时用两腿将猪夹住，便可进行诊治。

（5）横卧保定法 一人抓住猪的一条后腿，另一人握住猪的耳朵，两人同时向一侧用力将猪放倒，并适当按住头颈及后躯，加以控制，即可进行诊治（图19）。此法适用于中猪。大猪及性情凶猛的猪，应采用其他方法。

除上面介绍的几种方法外，其他还有鼻绳保定法、木棒保定法及绳网保定法等，可根据情况使用。

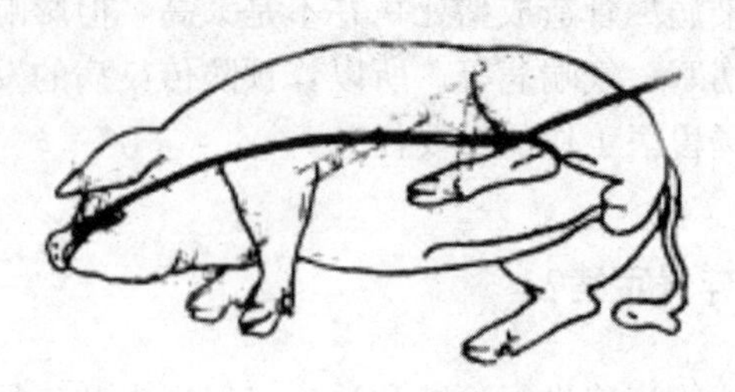

图 19　猪横卧保定的头肢固定

121. 如何测定猪体温？

测温通常都是用体温计在猪的直肠内进行。测温前应将体温计的水银柱甩至35℃以下。测温时应在体温计上涂些润滑剂，插入直肠（防止插入粪便中）后，保留3～5分钟，然后取出用酒精棉球消毒，查看水银柱的高度。对诊断或治疗观察的病猪，每日上、下午各测温一次。对性情温顺的猪，可先用手轻搔背部，待其安静站立或卧地后，将体温计插入直肠，对性情粗暴或骚动不安的猪，应适当保定后再行测温。猪的正常体温为38～39.5℃。

体温的病理变化有升高（发热）和降低两种。前者常见于许多急性传染病和某些炎症过程中。后者常见于大出血、生产瘫痪、心循环衰竭及某些中毒等。

根据体温上升的程度，将发热分为微热、中热、高热及极高热四种。体温超过常温0.5～1℃叫微热，见于局限性炎症和轻微病程中；超过常温1～2℃叫中热，见于支气管肺炎，急性胃肠炎及某些亚急性传染病过程中；超过常温2～3℃叫高热，常见于猪瘟、猪丹毒等急性传染病过程中；超过常温3℃以上叫极高热，见于某些严重的急性传染病。

122. 如何进行猪的眼结膜检查？

检查猪的眼结膜时，可用双手的拇指分别打开上下眼睑进行检查。猪的正常眼结膜粉红色。

病理情况下，猪的眼结膜常发生下列变化：

(1) 结膜苍白 是贫血的表现。迅速苍白见于大出血，肝脾等内脏破裂；逐渐苍白见于慢性消耗性疾病。

(2) 结膜发红 是血液循环障碍的表现。弥漫性潮红，见于各种急性传染病；树枝状充血性发红常见于脑炎及血液循环严重障碍的心脏病等；出血性发红呈现不同大小的出血点或出血斑，是血管通透性增强的缘故。

(3) 结膜发黄 是血液中胆红素含量增多的表现。常见于肝炎、胆管阻塞和溶血性疾病等。

(4) 结膜蓝紫 是机体缺氧的表现，见于伴有心、肺机能障碍的重症病程中。

(5) 分泌物 是眼结膜分泌亢进的表现，在某些疾病时常出现浆液性、黏液性或脓性分泌物。

123. 怎样给猪投药？

口服投药是病猪常用的给药方法。口服的药物，可依据药物的性味、形态及剂量的不同，采用以下几种投药方法：

(1) 拌饲法 凡是还能吃食的病猪，最简单的给药方法，就是将一次要喂的药物，均匀地混合在少量的饲料中，让猪自由采食。但是，这种药物必须是没有特殊气味。

(2) 胃管投服法 病猪不吃食，或者药物剂量大，药有异味时，可用胃管投服法。这种方法适用于投服液体或经溶化后的固体及中药煎液。投服方法是：猪确切保定后，将猪嘴用木棒撬开，放入开口器，然后将橡皮小胃管或导尿管，通过开口器的小孔缓慢地送到咽喉部，等猪出现吞咽动作时，趁机将胶管送进食道。这时胶管略有阻力。经过负压试验（即手用力压迫胃管中间小球）或将管口靠近耳边听，看是否有呼吸气流冲出，检查确认已正确插入食管，再继续送入适当深度，接上漏斗，就可以投药。

(3) 丸剂或舔剂投药法 将药物加入适量粉料，调成糊状，待猪保定后，用木棒撬开猪嘴，用薄竹板或薄木板将药物涂抹在猪的舌根部，使它吞咽。若制成丸剂，只需将药丸扔至口腔深部，便可吞下，对发病较多的小猪，这种方法是简单、迅速而安全的喂药方法。

（4）汤匙投药法　这种方法一般用于液体药物、溶化后的固体药物或中草药煎剂等。猪只保定后，用木棒将猪嘴撬开，手拿小匙，从猪舌侧面靠腮部倒入药液（图 20）。等它咽下后，再灌第二匙。如猪含药不咽时，可摇动木棒促使咽下。采用这种方法要特别注意，必须坚持有间歇的、每次少量、慢灌的原则，防止过急或量多，使药液呛入气管，引起异物性肺炎或窒息死亡，造成不必要的损失。

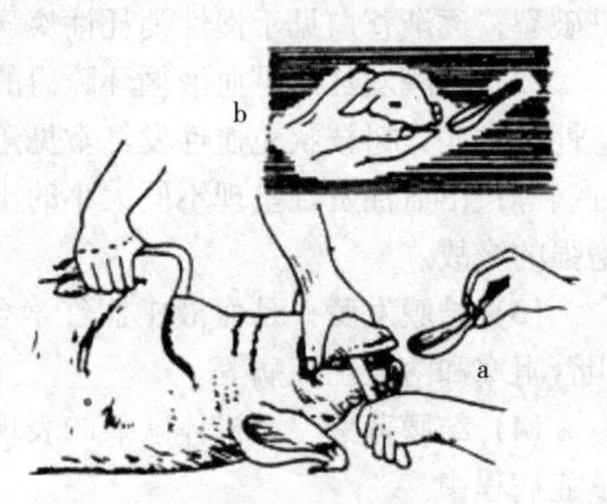

图 20　汤匙投药法
a. 大猪灌药　b. 仔猪灌药

124. 怎样给猪打针？

（1）肌内注射

①注射部位　一般是选择肌肉丰满的臀部（图 21）或颈部，但体质瘦弱的猪，最好不要在臀部注射，以免误伤坐骨神经。

②注射方法　注射部位先剪毛，碘酊消毒，右手持注射器，将针头垂直刺入注射部位的肌肉 3 厘米左右，抽动活塞不见回血时，推动活塞注入药液。要求刺入的动作轻快而突击有力，用力的方向须与针头一致，而且针头不应全部刺入，以免因猪的骚动而折断针头。

注射完毕，以酒精棉球压迫针孔，拔出注射针头，最后以碘酊涂布针孔。

（2）皮下注射

①注射部位　一般在耳基部皮下或大腿内侧皮下进行（图 21、图 22）。

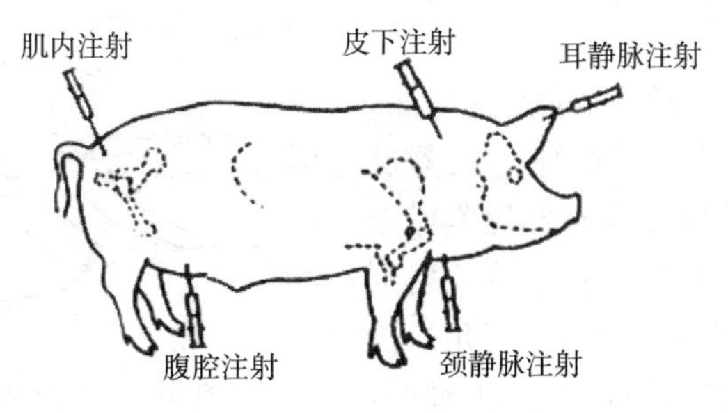

图 21　不同注射途径的部位

②注射方法　局部消毒后，用三个指头捏起皮肤作成三角形的皱褶，然后将针头从中央刺入皮下，注射完毕后用碘酊涂布针孔。

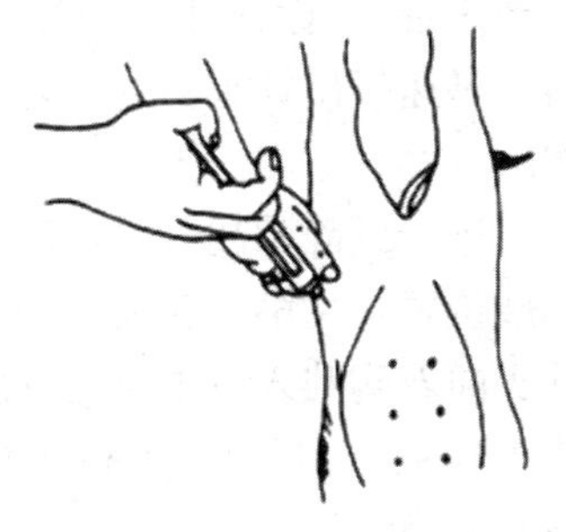

图 22　股内侧皮下注射

（3）腹腔注射　是指把药液注入或输入猪腹腔内的治疗技术。一般在耳静脉注射较困难时采用，小仔猪常用此法。

①注射部位　小猪在耻骨前缘下3～5厘米中线两侧，大猪在腹胁部。

②注射方法

小猪：先将小猪两后肢倒提起来，用两腿轻轻夹住猪的前躯保定，使肠管前移。注射人面对猪腹部，在耻骨前缘下方与腹壁垂直地刺入针头，刺透腹膜即可注射（图 21、图 23）。

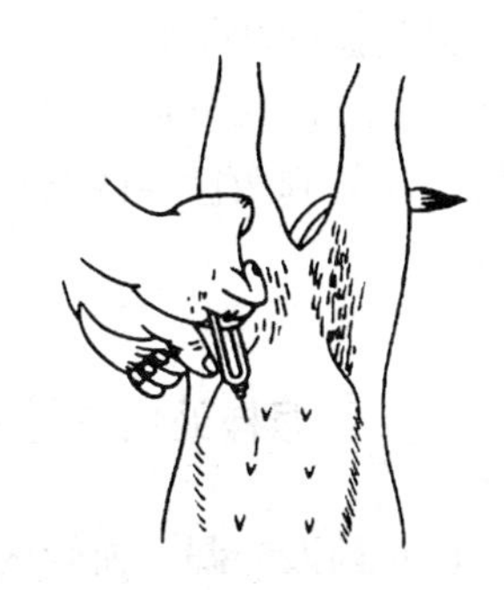

图 23　腹腔注射

大猪：将猪侧卧保定，左手稍稍捏起腹部皮肤，将针头从与腹部垂直的方向刺入，刺透腹膜即可注射。

（4）静脉注射　是将药液直接注射到血管内，使药液迅速发生效果的一种治疗技术。抢救危急病猪或使用对局部刺激性较大的药液均采用本法。

①注射部位　常在耳大静脉或前腔静脉。

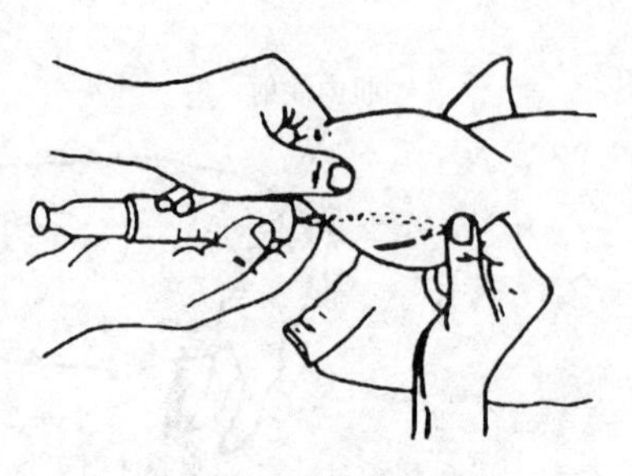

图 24　耳大静脉注射

②注射方法　局部消毒后，左手拇指和其他指捏住耳大静脉（或用橡皮带环绕耳基部拉紧做个活结），使其怒张，右手持注射器将针头迅速刺入（约 45 度角）静脉（图 21、图 24），刺入正确时，可见回血，而后放开左手（或取去橡皮带），徐徐注入药液，注射完毕，左手拿酒精棉球紧压针孔，右手迅速拔出针头。为了防止血肿，应继续紧压局部片刻，最后涂布碘酊。

进行颈静脉注射时，使猪仰卧保定，术者站在猪前方，轻轻移动前肢位置，见第一肋前沿与胸骨柄间的凹陷，在凹陷下后 1/3 进针，针头向着胸腔入口中央气管腹侧面方向刺入（图 21），针刺深度，小猪 1.0～1.5 厘米，中猪 2.0～2.5 厘米，母猪3.0～3.5 厘米，大肥猪 6～7 厘米。

静脉注射时，保定要确实。看准静脉后再刺入针头，避免多次扎针，引起血肿和静脉炎。针头确实刺入管内后再注入药液，注入速度不宜太快，以每分钟 20 毫升左右为宜。在注射前要排除注射器内的空气，注射刺激性强的药物，不能漏在血管外组织中。油类制剂不能做血管注射。

125. 怎样处理注射后出现的并发症？

（1）药液外漏　血管内注射时，由于针头刺入不确实或病猪骚动使针头脱出血管等，均可造成药液外漏。如果水合氯醛、氯化钙、高渗盐水等刺激性强的药液漏到皮下而未及时处理，可造成组织发炎、化脓、坏死。当发现药液外漏时，应立即停止注射。一般无刺激性药液少量漏于皮下，机体可以吸收，应重新将针头刺入血管再注。若是强刺激性药液少量漏于皮下，可实施局部热敷，促进其吸收，或从对侧静脉采血液10～20毫升，注于患部皮下，以消炎、止痛。如为多量强刺激性药液外漏，应立即将患部切开，排出药液、冲洗、引流。

（2）感染化脓　由于注射部位消毒不严格，或误用刺激性药液进行肌内注射，或猪啃咬术部均可造成局部感染。因此，严格无菌操作、仔细检查注射的药液是预防感染化脓的关键。一旦发现感染，局部要及时切开，以排除脓汁和坏死组织，并给以抗生素治疗。

（3）针头折断　注射前应对注射器具详细检查，有折迹或弯曲的针头严禁使用。在操作中防止猪或针刺力量过大，以免使针头折断。

折断针头时，首先保持病猪安静，并马上实行局部麻醉，切开取出。如断针游走寻找困难，可用X线检查定位，再以手术方法取出。

（4）血管栓塞　注射时，如果空气随着药液一起进入血管或误注油类制剂于血管内，可引起血管栓塞。当血管栓塞于重要器官（如脑、心脏等）时，可导致猪迅速死亡。因此，在进行血管内注射时，一定要把注射胶管中空气排净，油类制剂不能进行血管内注射。

126. 如何给猪洗胃？

当猪吃了某些有毒物质后，如烂白菜、有机磷等，要对猪进行抢救治疗，首先要采取的就是给猪进行洗胃。洗胃方法是，把猪确切保定后，将猪嘴用木棒撬开，再把开口器由口的侧方插入，开口器的圆形孔置于中央，然后将洗胃器通过开口器的小孔缓慢地送至咽喉部，等猪出现吞咽动作时，趁机将胶管送进食道。这时胶管略有阻力。经过负压试验（即把漏斗下面一段胶管折弯，再用手挤压小胶球，小球若不鼓起来，证明已插入食管）或将管口靠近耳边听，看是否有呼吸气流冲出。若听不到气流冲出声，则确认已正确插入食管，再继续送入适当深度，即可将药剂容器接于导管而开始洗胃。等药液全部流进胃内以后，再用手挤压胶球把液体吸收。重症病猪应再重复洗胃1～2次。

洗胃要依猪的病情而使用不同的药物：如猪亚硝酸盐中毒时，用0.2%高锰酸钾溶液洗胃；猪急性食盐中毒时，可用0.5%～1%鞣酸液洗胃；猪汞化物农药中毒时，用5%次亚硫酸甲醛溶液洗胃；猪有机磷农药中毒时，用2%～3%碳酸氢钠溶液或食盐水洗胃。

127. 如何给猪灌肠？

当猪发生肠便秘时，临床上常采用灌肠的方法进行治疗。其方法是，在猪还有食欲的时候，首先应停止喂料。准备2 000～3 000毫升温肥皂水或2%小苏打水。灌肠前，把猪保定并吊起尾巴，然后把灌肠器胶管的一端用肥皂水浸湿，缓缓送入肛门深部。用手挤压灌肠器的小胶球进行加压，灌肠器内的溶液就随着压力慢慢进入肠道，一般一次灌入溶液大约500～800毫升。在深部灌肠的同时，要配合腹部按摩，使干固的粪便软化。当病猪便秘严重时，要反复进行灌肠才能奏效。

注意：妊娠母猪不能应用灌肠法，以免引起流产。

128. 哪些疾病能引起猪的皮肤变色？

能引起猪的皮肤变色的主要疾病包括猪瘟、猪丹毒、猪链球菌病、猪附红细胞体病、猪肺疫、猪弓形虫病以及猪亚硝酸盐中毒等。

表现有皮肤变色的其他疾病还有猪沙门氏菌病（猪副伤寒）、猪伪狂犬病、李斯特菌病、猪繁殖与呼吸综合征、维生素 B_1 缺乏症、猪的霉菌性肺炎、硒和维生素E缺乏症、黄曲霉毒素中毒、食盐中毒、苦楝中毒、蓖麻中毒、棉籽饼中毒、无机氟化物中毒、柽麻中毒、猪霉玉米中毒、黑斑病甘薯中毒、猪屎豆中毒等。

129. 猪瘟有哪些临床症状？怎样预防？

猪瘟俗称烂肠瘟，是由猪瘟病毒所引起的急性、热性、高度传染性和致死性的疾病。

病猪的分泌物和排泄物中含有大量病毒，健康猪通过被污染的饲料、饮水等经消化道感染，也可经鼻、眼结膜和受伤的皮肤感染。在饲养不良、接触频繁、缺乏防疫措施、没有预防接种的情况下易引起本病的流行。

猪瘟的临床症状有多种表现形式，可分为最急性型、急性型、亚急性型、慢性型和温和型。

①最急性型　突然发病，主要表现高热稽留，皮肤黏膜发绀、出血，病程 1～2 天，死亡率几乎 100%。

②急性型　病初体温升高到 41℃左右，持续不退，表现寒战，倦怠，食欲减少或不食，行动缓慢。眼结膜潮红、发炎，流脓性分泌物，将上下眼睑粘连。口腔黏膜苍白或发紫，齿龈黏膜有出血点或溃疡。腹下、四肢内侧和耳后皮肤上有红点或红斑，指压不退色。初期粪便干结，带有黏液和血液，后期转为腹泻。病程 1～3 周。

③亚急性型　症状似急性型，但较缓和，有时好转，病程3～4 周。

④慢性型　症状不规则，体温时高时低，食欲时好时差，便秘与腹泻交替，以腹泻为主。病猪消瘦、贫血、全身衰弱，腹部抽搐，行走摇摆无力。病程 1 个月以上，病死率低。有的仔猪耐过后，生长发育不良，常成为“僵猪”。妊娠母猪感染后，可造成流产、死胎或产出弱小的仔猪或断奶后出现腹泻等症状。

⑤温和型　病情发展缓慢，病程长达 1～2 个月，体温 40℃左右，皮肤常无出血小点，但在腹下部多见淤血和坏死。有时也出现干耳朵（甚至耳壳脱落）、干尾巴和紫斑蹄。仔猪病死率较高，大猪大部分能耐过。

预防：本病无特效药治疗。在病的早期使用抗猪瘟高免血清有一定疗效。主要通过预防，做好猪瘟疫苗的预防注射，每年春、秋两季对所有猪进行猪瘟弱毒苗的预防注射。实行自繁自养，尽量不从外地引进猪只，如必须引进时，应从无病区选购，并要预防接种，引进后应隔离观察 3 周以上，证明无疫病者方可合群饲养。残羹、泔水必须煮沸后饲喂。猪圈、场地、饲具、食槽等应做到清洁卫生和定期消毒。禁止场外人员和其他动物进入猪场，在猪场进出口设消毒池，池内盛有消毒液，严禁病原体的传入。

猪群中一旦发生本病，应立即采取紧急扑灭措施。如病猪、可疑猪应隔离或急宰；对未发病的健康猪和邻近地区的猪，要进行紧急预防接种；对污染的猪舍、场地、饲具及垫草等进行彻底消毒；尸体要深埋，消灭传染源。

130. 什么是猪丹毒？有哪些临床表现？

猪丹毒是由猪丹毒杆菌引起的一种急性、热性、败血性传染病。常发生于夏、秋炎热季节，呈散发或地方流行。主要发生于3～12月龄的猪，哺乳仔猪和老龄猪少发。

病猪和带菌猪是本病的主要传染源，细菌从病猪的粪便中排出，污染环境、土壤、饲料、饮水等通过消化道感染，其次经皮肤伤口感染，吸血昆虫也可传播此病。

本病的临床表现可分为急性型、亚急性型和慢性型。

①急性型（败血型） 此型最为常见。在流行初期，可见有个别病猪不见任何症状而突然死亡。多数病猪体温升高到42℃以上，高热不退。发病后1～2天，在耳、颈、胸、背、腹、四肢内侧等部位出现大小不同、形状不一的红色疹块，指压退色，去后又复原，有的变为水疱，后结成痂块。病程2～4天，病死率较高，约为80%。

②亚急性型 又称疹块型，俗称“打火印”。症状较典型，主要特征在全身各部，尤其胸侧、背侧、股外侧、颈部皮肤上出现界限明显的方形或菱形的紫红色疹块，凸出于皮肤表面，中央苍白，上有浆液性分泌物，干后结痂或皮肤坏死，不久脱落而自愈。病程1～2周，多取良性经过，病死率低，为1%～2%。

③慢性型 多由急性型或亚急性型转来。主要表现心内膜炎、慢性关节炎和皮肤坏死几种。慢性心内膜炎表现为呼吸困难，眼结膜呈蓝紫色，体躯下部淤血，浮肿，呈青紫色，重症者2～4周死亡。关节炎常发于四肢关节，以膝关节、腕关节和跗关节最为多见，患病关节肿胀，疼痛，步态摇晃，跛行，甚至卧地不起，体弱消瘦，病程数周至数月。常见病猪耳、肩、背、尾、蹄，局部皮肤肿胀、坏死，干硬如一层甲壳，约经2～3个月，坏死皮肤脱落，留下疤痕，不长毛。如有继发感染则病情加重。

131. 猪丹毒有哪些防治措施?

猪丹毒的治疗可采取以下方法:

(1) 抗生素疗法 以青霉素疗效最好,每千克体重1万~2万单位,每天2次,连用3~4天。也可用链霉素、金霉素等。

(2) 磺胺类药物 20%磺胺噻唑钠或磺胺嘧啶钠肌内注射10~30毫升,再结合内服,每千克体重0.1~0.2克,疗效更好,每隔6小时用药1次,连用2~3天。也可用增效磺胺嘧啶注射液,每千克体重20~25毫升,肌内注射,每天2次,连用2~3天。

(3) 血清疗法 早期使用抗猪丹毒血清治疗,效果较好,但因其价格昂贵和不易购买,一般很少使用。

预防:定期接种疫苗,每年春、秋季各注射1次,是预防本病最有效的办法;加强饲养管理,做好卫生防疫工作,提高猪体的抵抗力;不从疫区选购猪群,引进后应隔离饲养2~4周,确定无疫病者方可合群饲养;一旦发病,应及时隔离病猪,并迅速治疗,污染的场所、用具等必须认真消毒,病猪尸体应深埋或焚烧。

132. 猪链球菌病有哪些临床表现?如何防治?

猪链球菌病是由链球菌引起的一种传染性疾病。其特点是病势猛,传染快,病程短,病死率高。其病原抵抗力较强,可耐干燥数周,但对高热抵抗力不强,75℃30分钟死亡,煮沸迅速死亡,常用消毒药有5%石炭酸、2%福尔马林、1%来苏儿,均能在10分钟内将其杀死。

临床上以两侧或一侧性下颌淋巴结脓肿最为常见,有时咽、腮腺、颈部等淋巴结也受侵害,表现为局部受害淋巴结发生脓肿、热痛、化脓。

①急性败血型 多见于新疫区,潜伏期为1~3天,常不见任何症状,于24小时内死亡,也有的出现神经症状。病猪体温突然升高到41~41.6℃。眼结膜充血,流泪,流浆性鼻液,呼吸快,咳嗽。

颈、腹下和四肢皮肤出现紫斑。后肢关节疼痛或麻痹，病程2～7天。

②慢性型　多由急性型转变而来，表现为四肢关节炎，关节肿大，疼痛，高度跛行，不能站立，卧地不起，最后因衰竭、麻痹而死，病程2～3周，少数能耐过，逐渐好转。

在治疗方面以青霉素治疗效果最佳。其他抗生素如链霉素、四环素和磺胺类药物均有一定的治疗效果。

平时应加强检疫，注意消毒，不从疫区购入猪只及其畜产品，凡从外地引进的猪，要隔离观察2周以上，证明无病者方可合群饲养。在经常发生本病的地区，用灭活苗或弱毒苗预防注射是防止本病流行的重要措施，不论大小猪，均一律皮下或肌内注射5毫升，浓缩菌苗则注射3毫升。注射后21天产生免疫力。一旦发病，应立即隔离，及时治疗，对污染的猪舍、用具等要严格消毒，病死猪要焚毁。

133. 什么是猪附红细胞体病？如何防治本病？

猪附红细胞体病是由附红细胞体寄生于血液中引起的猪及各种动物的传染病。在临床上主要表现为黄疸、贫血和发热，耳部、唇部、尾部、四肢和下腹部的皮肤发红，所以又称为猪红皮病。多为隐性感染。

本病的病原是附红细胞体，多寄生在红细胞表面，1个红细胞可附着1～10个虫体。

本病的发生有明显的季节性，6～9月份为发病高峰，主要由节肢动物（虱、蚤、螨）和吸血昆虫（蚊、蝇）等传播，也可通过被污染的针头、器械传染。母猪感染后可通过血液传给胎儿。常发生于夏秋季节，发病率高。仔猪死亡率最高。

本病多数呈隐性感染，但小猪症状典型。患猪体温升高至39.5～41.5℃，发热，不吃，结膜苍白，呆滞，转圈，四肢抽搐，个别猪后肢麻痹，不能站立，乳猪不会吃奶。耳部、唇部、尾部的皮肤首先发红，以后波及四肢和下腹部，所以又称为猪红皮病。病程3～5天。有的病猪出现黄疸症状，粪便黄染并混有胆汁。仔猪的死亡率较高，耐过的仔猪发育不良，成为僵猪。

预防本病的关键是在流行季节要消灭吸血昆虫，保持猪舍干燥通风，防蚊、灭蚊。常发生地区在发病季节，应给猪每月注射1次黄色素用于预防。

治疗本病的最好药物是新胂凡纳明（914），每千克体重15～45毫克，静脉注射。注射后血液中的虫体2～24小时消失，但多数可再次复发。土霉素和四环素也有较好疗效，每千克体重均为5～10毫克，肌内注射或静脉注射。黄色素每千克体重4毫克，隔日1次，连用2次。血虫净粉（贝尼尔）每千克体重7毫克，静脉注射。采用耳尖、尾尖、蹄尖放血的办法也有一定疗效。

134. 哪些疾病能引起猪的体表出现水疱、肿胀、丘疹、破溃和瘙痒？

最常见的是由病毒引起的猪口蹄疫、猪水疱病、猪水疱性口炎、猪痘，由细菌引起的猪炭疽病、猪钩端螺旋体病、猪坏死杆菌病、猪放线菌病、猪葡萄球菌病，由寄生虫引起的猪疥螨病、猪虱、猪伊氏锥虫病，由真菌感染的猪皮肤真菌病、猪皮肤曲霉病、猪皮癣菌病以及感光过敏、葡萄状穗霉毒素中毒、猪荞麦中毒、硒中毒。

表现有体表异常的其他疾病还包括猪丹毒（疹块型）、猪渗出性表皮炎、仔猪皮癣菌病、仔猪类圆线虫病、马铃薯中毒、猪青霉毒素中毒、维生素B_1缺乏症、维生素B_2缺乏症等。

135. 什么是猪口蹄疫？有哪些临床表现？

猪口蹄疫是由口蹄疫病毒引起的猪的一种急性、发热和高度接触性的传染病。其特征是在口腔黏膜、蹄部及乳房等处的皮肤发生水疱和溃烂。口蹄疫病毒主要存在于病猪水疱皮及水疱液中，其他如奶、尿、口涎、眼泪、粪便中也都含有，发热期血液内的病毒含量最高，对本病毒敏感的消毒药是：1%～2%烧碱或1%～2%的甲醛溶液。

本病可发生于任何季节，但以冬、春季节严重。到夏季往往自然平息。本病传播迅速，发病率很高，但死亡率一般不超过5%，病猪是本病的传染源，传播途径主要为消化道，其次为损伤的皮肤和黏膜。

本病潜伏期为2～4天，病猪以蹄部水疱为主要特征，病初体温升高至40～41℃，食欲下降，蹄冠、趾间、蹄踵出现发红、微热、敏感等症状，不久形成黄豆大的水疱，仔猪对本病特别敏感，但通常很少见到水疱和烂斑，常因严重的胃肠炎或心肌麻痹而死亡。

由于口蹄疫症状比较典型，所以一般不做尸体检查。根据临床特征和流行特点即可确诊。

136. 怎样防治猪口蹄疫？

口蹄疫因其发病率高，传播快，因此在防治上，应本着“早、快、严、小”的原则，须做到以下几点：

(1) 发现疫情应立即向上级和有关部门报告，并迅速采取病料送有关检疫部门确诊。

(2) 严格封锁疫点，人、畜产品及用具等都不能出入，以防止疫情扩散蔓延。

(3) 对疫区内所有易感猪进行普查，将病猪和可疑病猪立即隔离。同时对被病猪分泌物、排泄物污染的场所、用具等，用2%烧碱或1%～2%甲醛溶液进行彻底消毒。

(4) 为防止疫情继续蔓延扩大，对疫区和疫区外受威胁的易感猪群，立即用与当地流行的病毒型相同的口蹄疫弱毒疫苗进行紧急预防注射。先注射疫区外围的猪群，后注射疫区内的猪群。

(5) 病死猪应焚烧或深埋。

(6) 对症疗法：口腔用10%盐水、食醋或0.1%高锰酸钾溶液冲洗，溃烂面上可用1%～3%硫酸铜、1%～2%明矾或用5%来苏儿溶液洗涤，然后用木焦油凡士林（1∶1）、碘甘油或青霉素软膏涂抹，绷带包扎。乳房病变：先用肥皂水或2%～3%硼酸水洗净，而后涂以青霉素软膏或磺胺软膏等。恶性口蹄疫除局部治疗外，可用强心剂和补液，如安钠咖、葡萄糖生理盐水等，可收到良好效果。

最后应强调的是疫区解除封锁的时间，应是在最后一头病猪痊愈、死亡或急宰后14天，并经过全面消毒，报有关部门同意后，才能解除封锁。

137. 什么是猪水疱病？如何识别该病？

本病是由猪水疱病病毒引起的猪的一种急性传染病。其特征是在蹄部、口腔、鼻端和母猪的乳头周围发生水疱，体温升高。临床症状与口蹄疫极相似，不易区别，但牛、羊不发病。本病传播很快，发病率高，若无继发感染，死亡率不高。但由于感染后蹄部发生水疱性炎症，妨碍猪站立和行走，而影响采食，迅速掉膘，同时给生猪贸易造成很大损失，因而威胁养猪业的发展。

潜伏期，自然感染一般为2～4天，长者7～8天或更长。病初，体温升高40℃以上，典型病例，在蹄冠、趾间、蹄踵及蹄叉出现绿豆或蚕豆大的水疱，继而水疱融合充满水疱液，1～2天后水疱破裂露出鲜红的溃疡面。由于蹄部水疱性炎症，病猪脚痛，出现跛行，多卧在地上，食欲减少或废绝。若强行驱赶时，步态不稳，弓背，严重者呈跪膝爬行，育肥猪很快掉膘。有5%～10%病例在鼻盘上有水疱，但出现水疱较蹄部迟。有的猪在口腔里的舌、唇、齿龈、腭可发生水疱，因为口腔里水疱维持时间短，能见到的多是水疱破裂后形成的溃疡面。若继发细菌感染时，症状较严重，见有局部化脓，造成蹄壳脱落，病猪卧地不起。初生仔猪发病后可导致死亡。有的病例出现神经症状，病猪兴奋，转圈运动，随后发生轻瘫、麻痹而死亡。

138. 猪水疱病的预防措施有哪些？

控制本病的最重要措施是防止将病猪带入非疫区，特别注意生猪交易市场和转运的监督，必须抓好几个环节：

（1）加强检疫 在收购猪只时，应逐头进行检疫，一旦发生病情，立即报告，实行隔离封锁。对疫区和受威胁区的猪群可采用抗血清治疗和疫苗紧急免疫接种。屠宰下脚料和残羹经过煮沸方可喂猪。

（2）做好消毒工作 5%氨水可用于猪舍或露天地面、运输工具的消毒。

(3) 做好病猪和粪尿的处理 病猪急宰或屠宰的肉品及下脚料应严格进行无害处理后方可利用。病猪及同群猪的粪尿要堆沤，实行生物热消毒，防止病原扩散后再污染环境。

(4) 被动免疫 可用水疱病高免血清和康复血清进行被动免疫有良好的效果。对体重50千克的猪，肌内或皮下注射20～30毫升，可抗自然感染，保护率达90%，免疫期30天。我国研制的猪水疱病灭活苗，有良好的免疫效果，免疫期达5个月以上。

139. 什么是猪水疱性口炎？有哪些临床症状？

猪水疱性口炎是由水疱性口炎病毒引起的一种急性、热性传染病，其主要特征是在病猪的口腔黏膜发生水疱，并从口腔流出泡沫样口涎，有时在蹄冠和趾间皮肤上亦发生水疱。本病的病原主要经损伤的皮肤、黏膜和消化道侵入机体。污染的饲料、饮水以及蚊、蝇、虻等都可间接传播本病。幼龄猪比成年猪易感，随年龄的增长，其易感性逐渐降低。

本病的潜伏期一般为3～4日，体温可达40.5～41.6℃，同时在口腔、鼻端和蹄部出现水疱，由于水疱很容易破裂，所以此期非常短暂，随后表皮脱落，只留下糜烂和溃疡，体温也可在几日内恢复正常。病猪在口腔和蹄部病变严重时，可引起轻微的食欲减退和精神沉郁。当蹄部病变继发感染时，可致蹄壳脱落，露出鲜红出血面，出现明显跛行。在无并发症的情况下，本病在1～2周内可康复，一般转归良好，不留疤痕和其他损伤。

本病的防治措施同猪水疱病。

140. 猪痘有哪些临床症状？如何防治？

猪痘是由痘病毒引起的一种急性、热性和接触性传染病。其特征是皮肤和黏膜上发生特殊的红斑、丘疹、脓疱和结痂。

猪痘病毒只感染猪，但痘苗病毒能感染猪和其他多种动物。本病以4～6周龄的仔猪多发，成年猪有抵抗力。传播方式一般认为不能

由猪直接传染给猪，而主要由猪血虱、蚊、蝇等体外寄生虫及损伤的皮肤传染。本病可发生于任何季节，以春秋天气阴雨寒冷、猪舍潮湿污秽以及卫生差、营养不良等情况下流行比较严重，发病率很高，死亡率不太高。

本病的潜伏期4～7天。病猪体温升高到41℃以上，精神沉郁、食欲不振、喜卧、寒战，行动呆滞，鼻黏膜和眼结膜潮红、肿胀，并有分泌物，分泌物为黏液性。在躯干的下腹部和四肢内侧、鼻镜、眼睑、面部皱褶等无毛或少毛部位，出现痘疹，也有发生于身体两侧和背部的。典型的猪痘病灶，初为深红色的硬结节，突出于皮肤的表面，擦破痘疤后形成痂壳，导致皮肤增厚，呈皮革状。在强行剥落后，痂皮下呈现暗红色溃疡，表面附有微量黄白色脓汁。后期痂皮裂开、脱落，露出新生肉芽组织，不久又长出新的黑色痂皮，经2～3次的退皮之后才长出新皮。腹股沟淋巴结在发病初期肿大，脓包期结束时，已基本恢复正常。本病多为良性经过，死亡率不高，易被忽视，以致影响猪的生长发育，但在饲养管理不善或继发感染时，常使病死率增高，幼龄猪更为明显。

鉴别诊断：本病易与口蹄疫、水疱病、湿疹等相混淆，但猪痘的痘疹一般不出现在蹄部，且无跛行。与湿疹的区别是本病体温升高，湿疹一般体温正常。

预防：猪发病后只要加强饲养管理，改善畜舍条件，加强猪本身抵抗力，一般不会引起损失。病猪康复后可获得坚强的免疫力。由于本病的经济意义不大，而且使用活疫苗又会把病毒引入环境中来，所以一般不提倡使用活疫苗。

发病后应隔离病猪，皮肤上的痂块等污物堆集一并销毁消毒，猪舍保持干燥，彻底清洗消毒。

治疗：没有特效的治疗药物，一般不需要治疗，大都能自愈。为了防治局部的细菌继发感染，可选用抗生素软膏、1%龙胆紫溶液、5%碘甘油或5%碘酊涂抹在患部。

141. 什么是猪坏死性杆菌病？如何防治？

猪坏死性杆菌病是由坏死杆菌引起的一种慢性传染病。在临床上表现为皮肤、皮下组织和消化道黏膜的坏死，有时在内脏形成转移性坏死灶。本病传染来源是病猪和带菌猪，常由粪便排出病原菌，污染土壤、死水坑、畜舍、饲料和垫草，通过损伤的皮肤和黏膜既而感染，身体任何部分的损伤都能成为传染门户。通常从四肢皮肤、口腔黏膜和生殖道黏膜发生较多。特别是在饲养管理不良、圈舍潮湿、营养缺乏时最易发病。常发生于多雨、潮湿和炎热季节，以 5～10 月份最为多见。

坏死杆菌病潜伏期为数小时至 1～2 周，一般为 1～3 天，猪感染本病时常表现为坏死性皮炎、口炎、鼻炎和肠炎，其中以坏死性肠炎最为严重。

预防本病的发生，关键在于防止皮肤和黏膜的损伤，发现外伤要及时处理。经常保持圈舍及周围环境的清洁、干燥。尽量不到低洼地区放养，猪群不要过于拥挤，防止互相斗咬。猪群中一旦发现病猪，立即隔离治疗。

治疗本病应在改善饲养和卫生条件、加强护理、消除发病诱因的基础上，配合药物治疗。其原则是，首先清除局部的坏死组织，再给予氧化消毒剂，方可获得良好效果。发生坏死性口炎时，可用 0.1% 高锰酸钾液冲洗口腔，然后涂搽碘甘油，每天 2 次至愈。猪发生坏死性皮炎时，可先用 0.1%高锰酸钾洗净患部，将坏死组织消除至暴露红色创面为止，然后用木焦油—福尔马林（2∶1）合剂，抗生素软膏或 5%碘酊涂抹，经 2～3 次处理可以痊愈。

142. 什么是猪渗出性皮炎？有哪些临床症状？

猪渗出性皮炎又叫仔猪葡萄球菌皮炎或“猪油皮病”，是猪葡萄球菌感染引起的仔猪急性接触性皮炎，以全身油脂样渗出性皮炎为特征。该病常发于哺乳仔猪和保育的断奶仔猪，典型病例表现为哺乳仔猪或刚断奶小猪的急性和超急性传染病，患猪全身性皮炎可导致腹水和死亡。

本病一年四季均可发生，但以潮湿的春、秋季节较为多发。它可发生于各种年龄的猪只，但主要侵害哺乳期的仔猪，其次为刚断奶不

久的小猪，育成猪和母猪也偶有发生，该病一般是在多种诱因的作用下才能发生，可通过多种途径传播。但更多的是在皮肤、黏膜、有损伤和抵抗力降低的情况下，葡萄球菌经过汗腺、毛囊和受损的部位，侵入皮肤，从而引起发病。严重病例通常会因葡萄球菌毒素导致死亡。母猪临产前几天，子宫内的细菌会大量繁殖，造成仔猪在分娩过程中被感染。

该病多呈散发，也可出现流行，若在无免疫力的猪群感染此病，则常会连续感染不同窝中免疫力差的小猪。保育舍仔猪发病率可达15%，其感染发病后的仔猪死亡率可高达65%，卫生条件差，特别是疥螨感染严重的猪场更易发生本病。

本病多见于2～6周龄的仔猪。病猪体质弱、发育不良、精神沉郁、呈湿疹性病变，病初首先在肛门和眼睛周围、耳郭和腹部等无被毛处皮肤上出现红斑，发生3～4毫米大小的微黄色水疱。迅速破裂，渗出清亮的浆液或黏液，与皮屑、皮脂和污垢混合、干燥后形成微棕色鳞片状结痂，发痒。痂皮脱落，露出鲜红色创面。通常于24～48小时后蔓延至全身表皮。食欲不振和脱水是本病特征。患病仔猪食欲减退，饮欲增加，并迅速消瘦。一般经30～40天可康复，但影响发育。发病期间，猪群的生产性能可下降35%。严重病例于发病后4～6天死亡。

143. 怎样防治猪渗出性皮炎？

本病的预防应注意搞好圈舍卫生，母猪进入产房前应先清洗、消毒，然后进入清洁、消毒过或熏蒸过的圈舍。母猪产仔后10日龄内应进行带猪消毒1～2次。修齐初生仔猪的牙齿，保证围栏表面不粗糙，采用干燥、柔软的猪床等能降低发病率。对母猪和仔猪的局部损伤立即进行治疗，有助预防本病的发生。

发病后应迅速隔离病猪，尽早治疗。由于猪葡萄球菌容易产生耐药性，最好从病猪分离细菌株后进行药敏试验，找出敏感的药物进行治疗。皮肤有痂皮的仔猪用45℃的0.1%高锰酸钾水或1∶500的百毒杀浸泡5～10分钟，待痂皮发软后用毛刷擦拭干净，剥去痂皮，在伤口涂上复方水杨酸软膏或新霉素软膏。对于脱水严重的病猪应及早用葡萄糖生理盐水或口服补液盐补充体液，并保证患猪清洁饮水的供应。没有条件进行药敏试验的偏远地区猪场可尝试应用以下抗菌药物进行治疗。

(1) 青霉素40万～80万国际单位、地塞米松磷酸钠注射液5毫克，混合，一次肌注，每天2次，连用2～3天。

(2) 中药拌料喂母猪：板蓝根150克、黄芩150克、蒲公英150克、双花100克、甘草50克，研为细末，混入饲料喂服，每次每头母猪30克，每天2次，连用3～5天。

(3) 联合使用三甲氧苄二氨嘧啶和磺胺或林可霉素和壮观霉素，连用3～5天。

144. 如何识别和治疗猪疥螨病？

猪疥癣俗称癞。由疥癣虫寄生所引起，又称猪疥螨。疥螨在潮湿、寒冷环境下生命力强，故冬季严重。在干燥、温暖和阳光直射的环境下很容易死亡。

猪疥螨多寄生在猪的耳、眼、背部和体侧的皮肤深层。机械性破坏上皮组织，从口器排出的物质，可刺激皮肤的神经末梢而有过敏性痒感。病猪因局部发痒，常因摩擦引起皮肤发炎，并伴有淋巴液渗出。皮肤外观成污灰白色，干枯、脱毛，或皮肤干枯增厚、粗糙有皱纹，甚至开裂，失去伸缩力。病猪生长停滞、精神萎靡，逐渐消瘦，甚至死亡。以仔猪发生较重。

治疗该病最有效的药物是敌百虫，可配成0.5%～1%水溶液，洗擦患部或用喷雾器喷洒猪体。也可用蝇毒磷，取16%蝇毒磷2毫升，加水320～500毫升，混匀后洗擦患部或喷洒猪体。

145. 哪些疾病能引起猪的呼吸异常？

呼吸异常主要表现流鼻涕、咳嗽、气喘。能引起猪呼吸异常的主要包括由细菌感染的猪传染性胸膜肺炎、猪霉菌性肺炎、猪肺疫、猪传染性萎缩性鼻炎，由支原体感染的猪气喘病，由病毒引起的猪流感，由寄生虫引起的猪蛔虫病、猪肺丝虫病、猪焦虫病，以及鼻炎、感冒、支气管炎、支气管肺炎、黑斑病甘薯中毒等普通病。

表现呼吸异常的其他疾病还有猪伪狂犬病、猪繁殖与呼吸综合征、非洲猪瘟、猪肺疫、坏死杆菌病、猪附红细胞体病、猪衣原体病、猪弓形虫病、仔猪类圆线虫病、猪皮肤曲霉病、菜籽饼中毒、毒芹中毒、柽麻中毒、苦楝子中毒、猪安妥中毒。

146. 什么是猪传染性胸膜肺炎？如何识别和防治本病？

猪传染性胸膜肺炎是猪的一种呼吸道传染病，以呈现胸膜肺炎症状和病变为特征。本病的病原体为胸膜肺炎放线杆菌。

本病冬、春季易发，特别是在饲养密度过大、猪舍通风不良、气候突变及长途运输之后更易发生。各种年龄、品种的猪都易发，但以3月龄仔猪发病最为常见。本病能通过空气飞沫传染，尤其在养猪小区大群饲养时传播很快。公猪也是本病的主要传播者。发病率和死亡率因猪本身的抵抗力和饲养管理水平的不同而有很大差异。

最急性型病例无明显症状就突然死亡。急性型病例发病突然，体温升高到41℃左右，精神差，不食，腹泻，呕吐，继而张口伸舌，呼吸困难。有的病猪口、鼻、四肢呈蓝紫色。慢性型病例间歇性咳嗽，食欲差，生长缓慢。根据流行病学和临床症状可以初步诊断。

治疗本病，可用氟甲砜霉素，每千克体重肌内注射20毫克，每日1次，连用3～5天。为了防止耐药菌株的出现，要更换使用青霉素、四环素、磺胺类等药物。每次发病时最好通过药敏试验选择治疗药物。

应防止健猪与病猪接触，严防引进带菌猪。在无本病的猪场应采取自繁自养、人工授精、育肥猪全进全出、加强检疫、严格消毒等综合性措施。有本病的猪场做好免疫接种工作，利用从当地分离的菌株制备自家菌苗，对母猪进行免疫。一旦发病，病猪应立即隔离，猪舍彻底消毒，在饲料或饮水中添加磺胺类药物，可以控制病情。

147. 什么是猪肺疫？有哪些防治措施？

猪肺疫又称猪巴氏杆菌病，俗称“锁喉风”，是由多杀性巴氏杆菌引起的猪的一种急性、败血性传染病。

病猪和带菌猪是主要的传染源，病菌随分泌物和排泄物排出，污染饲料、饮水、用具和外界环境，经消化道传染或由咳嗽、喷嚏排菌，通过飞沫经呼吸道传染，也可以吸血昆虫为媒介，经皮肤、黏膜的伤口发生传染。多发生于中小猪，一年四季均可发生，但以冷热交替、寒冷、阴湿多雨时多发。多呈散发或地方性流行。

猪肺疫的临床症状可分最急性型、急性型和慢性型。

①最急性型　俗称“锁喉风”。突然发病，不见症状，迅速死亡。病程较长的症状明显，表现为体温升高到 41～42℃，食欲废绝，呼吸困难，结膜发紫。耳根、颈部、腹侧及下腹部等处皮肤发生红斑，指压不退色。咽喉及颈部红热肿痛，呼吸极度困难，口鼻流血样泡沫。多经 1～2 天窒息而死。

②急性型　为常见病型。主要呈现纤维素性胸膜肺炎，除败血症一般症状外，病初体温升高到 40～41℃，发短而干的痉挛性咳嗽，流黏性鼻液，呼吸急促，常作犬坐姿势，胸部触诊有痛感，听诊有啰音和摩擦音，初便秘后腹泻。病程 4～6 天，不死者转为慢性。

③慢性型　主要呈现慢性肺炎或慢性胃肠炎。病猪持续性咳嗽，呼吸困难，关节肿胀，食欲不振，后期出现腹泻，极度消瘦，营养不良，最后因衰竭而死。病程 2～4 天。

治疗：有条件的对致病菌株做药敏试验，选用敏感药物治疗。本菌一般对青霉素、链霉素、庆大霉素、磺胺类药物及喹诺酮类药物均敏感，再配合抗猪肺疫血清，疗效更佳。青霉素、链霉素按每千克体重 250 毫克和 1 万国际单位，肌内注射；庆大霉素按 5 000 国际单位与猪肺疫血清同时肌内注射；磺胺嘧啶钠，首次用量为每千克体重 70～200 毫克，维持量减半，耳静脉注射，每日 2 次，间隔 12 小时。同时应用盐酸环丙沙星或恩诺沙星按百万分之一的浓度饮水，疗效更佳。

预防：加强饲养管理，增强机体抵抗力，注意饲料、饮水、用具的卫生，防止饥饿和过度疲劳；新引进的猪要隔离观察1个月以上，无病者才可合群并圈。

做好预防接种工作，可用猪肺疫菌苗皮下注射或口服，无论大小猪一律注射5毫升，14天产生免疫力。也可用猪瘟、猪肺疫、猪丹毒三联苗皮下注射1毫升，免疫期6个月。

148. 什么是猪传染性萎缩性鼻炎？如何防治？

猪传染性萎缩性鼻炎是由支气管败血波氏杆菌和产毒素D型多杀性巴氏杆菌引起猪的一种慢性传染病。其特征为慢性鼻炎、颜面部变形、鼻甲骨（尤其是鼻甲骨下卷曲）萎缩和生长迟缓。

本菌对外界环境抵抗力不强，一般消毒药均可将其杀死。各种年龄的猪都有易感性，发病率随年龄增长而下降。1周内的乳猪感染后，可引起原发性肺炎，致全窝仔猪死亡。发病猪一般年龄较大，多数在断奶前感染，发生鼻炎后引起鼻甲骨萎缩，若为断奶后感染，则在鼻炎消退后不出现或只有轻度鼻甲骨萎缩。因此，发病地区的成年猪常成为无病变的隐性带菌者。

本病主要通过空气飞沫由呼吸道感染后代。本病在猪群中传播较缓慢，多呈散发性。饲养管理不当，如猪舍潮湿拥挤，饲料中缺乏蛋白质、矿物质和维生素时，可促使本病的发生。

本病可在3～4日龄乳猪中发生，表现为剧烈的咳嗽，呼吸困难。病猪极度消瘦，可致全窝猪发病死亡，而哺乳母猪不发病。

一般为6～8周龄仔猪发病，最早见于1周龄的猪。病初表现为打喷嚏，吸气有鼾声，鼻孔流出少量浆液性或黏液脓性分泌物，喷嚏呈连续性或间断性，常在饲喂或运动时加剧，病猪常因鼻炎刺激鼻黏膜，表现不安，摇头拱地，搔抓或摩擦鼻部，严重时吸气困难，呈张口呼吸。眼结膜发炎、流泪；白猪常见内眼角的皮肤上形成半月状湿润区，常黏结成黑色泪痕。经2～3个月后，多数病猪进一步发展引起鼻甲骨萎缩，使鼻腔和颜面部变形。酷似“哈巴狗面”，若一侧鼻甲骨严重萎缩时，鼻歪斜向同侧，甚至扭转45°。额窦发育不正常，使两眼间宽度变小，头部轮廓变形。病猪生长发育停滞，成为僵猪。

应坚持自繁自养，加强检疫工作，严防购进病猪或带菌猪。一旦发生本病，对病猪及可疑病猪坚决淘汰，根除传染来源，对假定健康猪使用抗菌药物预防，或用支气管败血波氏杆菌油乳剂灭活苗或支气管败血波氏杆菌和产毒素D型多杀性巴氏杆菌油乳剂二联灭活菌苗，对妊娠母猪和仔猪进行免疫接种。

支气管败血波氏杆菌对抗生素和磺胺类药物敏感，但不能彻底清除呼吸道内的细菌，停药后多数猪复发。因此，一般疗效不佳。

149. 猪气喘病有哪些临床表现？应怎样防治本病？

猪气喘病又称猪支原体性肺炎，是猪的一种慢性接触性传染病。主要症状为咳嗽和气喘，病变的特征是融合性支气管肺炎，其病原是猪肺炎支原体。

本病的主要传染源是病猪和隐性带菌猪，病原体存在于病猪的呼吸器官中，随咳嗽、喘气和喷嚏排出体外，被邻近健康猪吸入而感染。哺乳仔猪常通过患病母猪被感染。本病临床表现可分为三种类型：

①急性型　常见于新发病的猪群，以仔猪、孕猪和哺乳母猪多见。病猪突然发作，呼吸数剧增。严重者张口喘气，口鼻流沫，并发出似拉风箱的哮鸣声；呈犬坐姿势，并表现腹式呼吸。咳嗽次数少而低沉，有时也发生痉挛性阵咳。体温一般正常，少数因继发感染体温升至40℃以上。食欲减退，日渐消瘦，常因窒息死亡，病程1个月左右，病死率较高。

②慢性型　常见于老疫区的猪，主要是咳嗽，尤其清晨和剧烈运动后，咳嗽最明显。初咳嗽少而短，以后咳嗽逐渐加重，严重时发生痉挛性咳嗽。气喘时轻时重，随饲养条件和气温变化而改变。病程长，可拖至2～3个月，甚至半年以上。

③隐性型　咳嗽和气喘不明显，仅在清晨和运动后偶尔发生，全身症状无明显变化，若在良好的饲养条件下，照常生长发育，但用X线检查，可发现肺炎病变，多见于老疫区。

治疗药物，可选用卡那霉素每千克体重 3 万～4 万单位，肌内注射，每日 1 次，5 天为一疗程；青霉素每千克体重 50 毫克，肌内注射。

应坚持“自繁自养”，如必须从外地引进猪，要严格做好隔离检疫工作，加强饲养管理，做好防疫卫生和消毒工作，发现可疑病猪应立即隔离检查，一旦发生本病要及时隔离治疗，逐步淘汰，被污染的猪舍、饲具等要进行彻底消毒。

150. 猪流感有哪些临床表现？怎样预防本病？

猪流感是猪的一种急性、高度接触性传染病。其特征为突然发病，迅速蔓延全群，主要症状为上呼吸道炎症，一般为良性经过，如无并发症则迅速痊愈，也有个别猪转为支气管肺炎而引起死亡。

猪对本病有极大的易感性，不同品种、年龄、性别的猪都能发生流行，其他家畜很少感染。病猪和带毒猪是主要传染来源，病毒主要存在于病猪鼻汁、气管和支气管的渗出物及肺和肺门淋巴结等处，常随分泌物排出大量的有毒的飞沫，被直接接触的健康猪吸入而引起飞沫传染。饲料和饮水间接传染的可能性，目前还不能肯定。

本病常呈流行性发生，有明显的季节性，多发生于气温骤变时和冷湿的秋冬季节，一般发病率高，死亡率低。

饲养管理与本病流行有着密切关系，特别是气候突变时，管理不善，猪舍阴暗潮湿，猪只过于拥挤，营养不良时，均促使本病发生与流行。

本病的潜伏期 2～7 天，突然发病，常在 1～3 天全群暴发，病猪体温升高到 40～41.5℃，精神沉郁，食欲减退或不食，肌肉疼痛，不能站立，呼吸加快，伴有咳嗽，眼和鼻有黏性分泌物流出，无并发症时，常于 1 周左右可以恢复，如果病猪抵抗力降低，继发感染其他细菌性疾病，则可使病情加重，发生支气管肺炎而造成死亡。

防治本病首先要搞好饲养管理，避免猪群拥挤，注意防寒保暖，保持圈舍卫生清洁干燥。患过本病的猪康复后，能产生免疫力。本病尚无有效疫苗防疫，治疗无特效药物，主要是加强护理，对症治疗，退热可用解热剂、复方氨基比林或复方安乃近5～10毫升，肌内注射，为防止继发感染，可使用抗生素或磺胺类药物，也可根据病情，适当应用解毒、强心、止咳、健胃等药物。

151. 哪些疾病能引起猪的神经异常？

神经异常主要表现为精神沉郁、狂躁、抽搐、痉挛。能引起猪出现神经异常的主要疾病包括猪蓝眼病、猪狂犬病、猪日本乙型脑炎、猪传染性脑脊髓炎等传染病，脑膜脑炎、日射病及热射病（中暑）、癫痫、脑震荡等内科病，维生素A缺乏症以及食盐中毒、亚硝酸盐中毒、有机磷农药中毒、氢氰酸中毒、闹羊花中毒、毒芹中毒、水浮莲中毒、黄曲霉毒素中毒、马铃薯中毒、有机氟化物中毒、柽麻中毒、肉毒梭菌毒素中毒、猪霉玉米中毒、土霉素中毒、猪安妥中毒、苦楝中毒等中毒病。

表现有神经异常的其他疾病还有猪链球菌病、猪李斯特菌病、感光过敏、猪水肿病、蓖麻中毒、猪伪狂犬病、无机氟化物中毒（急性）、维生素 B_1 缺乏症、仔猪低血糖症、猪赤霉菌毒素（T-2）中毒（跳跳病）、猪青霉毒素中毒等。

152. 猪蓝眼病有哪些临床表现？怎样预防？

猪蓝眼病是与副黏病毒感染有关的一种新的猪病，其病原为蓝眼副黏病毒。本病的特征为中枢神经紊乱、繁殖障碍和角膜浑浊。

患蓝眼病的猪，因其年龄不同，临床表现也不一样。

2～15日龄小仔猪最易感染，临床症状骤然出现。健康仔猪突然侧卧虚脱或出现神经症状。开始发热、被毛粗乱、弓背，有时伴有便秘和腹泻，然后出现运动失调、虚弱强直（主要见于后肢）、肌肉震颤、犬坐姿势等神经症状。一些患猪过敏尖叫，驱赶时摇摇晃晃。还伴有嗜睡、瞳孔扩大、失明、间有眼球震颤等症状。一些患猪有结膜炎，伴有眼睑水肿和流泪，眼睑紧闭黏着有分泌物。1%～10%感染猪呈单侧或双侧性角膜浑浊。最早发病的仔猪在48小时内死亡，后出现的病例在出现症状 4～6 天后才死亡。仔猪的感染率为 20%～65%，感染仔猪的发病率为 20%～50%，死亡率达 87%～90%。

30 日龄以上的猪表现中度和暂时性临床症状：厌食、发热、打喷嚏、咳嗽等。但神经症状不常见，而且不明显，主要表现为精神不振、运动失调、转圈。患猪与小仔猪一样呈单侧或双侧性角膜浑浊和结膜炎，可持续 1 个月而无其他症状。30 日龄以上的猪感染率仅为 1%～4%，且死亡率低。15～45 千克重的发病猪，其死亡率达 20%，中枢神经症状严重，角膜浑浊者占 30%。

小母猪和其他成年猪偶见角膜浑浊。妊娠母猪转而发情者增多，并可持续半年多。一些母猪发生流产，发病期间，死胎率达 24%，死胎“木乃伊”增加到 12%。

蓝眼病感染猪场，因单侧性睾丸增大导致 14%～40%的公猪繁殖能力降低。以后睾丸萎缩，伴有附睾硬化。

猪只仅有角膜浑浊者可恢复，但出现其他症状则治疗困难。严格的预防措施是防止蓝眼病感染的可靠方法。对引进的健康猪群应实行基本隔离，控制人员流动，严防野鸟、野鼠侵入，及时清除废弃物和死猪。

感染猪场蓝眼病扑灭措施包括封闭猪场，彻底消毒，实行“全进全出”制，扑杀临床感染猪，及时清除死猪。

153. 猪中暑是怎么引起的？如何才能避免中暑？

中暑又称日射病与热射病，常发生在炎热的夏季，主要是由于猪舍狭小，猪只多，过分拥挤，外温过高，猪圈又无防暑设备或夏季放牧、车船中运输防暑措施不得力，强烈日光直接照射等原因引起，尤其在气温高、湿度大、饮水不足时更易促进本病的发生。

猪中暑后表现精神沉郁，四肢无力，步态不稳，皮肤干燥，常出现呕吐，体温升高，呼吸迫促，黏膜潮红或发紫，心跳加快，狂躁不安。特别严重者，精神极度沉郁，体温升至 42℃以上，进一步发展则呈现昏迷状态，最后倒地痉挛而死亡。

凡在气候酷热的盛夏，有上述原因而突然发病者，应考虑本病。

临诊上应注意与脑膜炎区别，中暑是由于强烈日光照射或天气闷热而引起大脑中枢神经发生急性病变，与脑膜炎相似，但将病猪立即移至凉爽通风处，并用凉水浇洒头部和全身，轻症病例，很快就能恢复，较重者亦能逐渐好转，且本病只发生在炎热夏季。而脑膜炎不只发生在夏季，采取上述降温措施效果不明显。

猪发生中暑后，应立即将病猪移至阴凉通风的地方，保持安静，并用冷水泼洒头部及全身，或从尾部、耳尖放血。用安钠咖 5～10 毫升，肌内注射，以达到强心效果；严重脱水者可用 5%葡萄糖盐水 100～500 毫升，静脉或腹腔注射，同时用大量生理盐水灌肠；为防止肺气肿，可用地塞米松每千克体重 1～2 毫克，静脉注射。也可用中草药治疗，如甘草、滑石各 30 克，绿豆水为引，内服；或西瓜 1 个捣烂，加白糖 100 克；或淡竹叶 30 克，甘草 45 克，水煎，一次灌服。

炎热夏季，应注意防暑降温，保证充足饮水。目前，市场上有以电解质和多种维生素为主要成分的抗应激添加剂，放在饮水中饮用，对避免猪中暑有一定效果。运输猪只时，均须有遮阳设备，注意通风，不要过分拥挤，防止相互挤压。

154. 什么是猪有机磷中毒？如何治疗本病？

猪吃了含有机磷制剂如 1605、1059、3911、乐果或敌百虫、敌敌畏等的农作物，或误食上述农药，或用敌百虫内服驱虫因用量过大，都会引起中毒。

猪误食有机磷制剂后迅速出现中毒症状，表现精神沉郁，肌肉颤抖，食欲不振，全身无力，站立不稳，严重的则出现呕吐，口吐白沫，呼吸困难，瞳孔缩小，视觉模糊，全身肌肉抽搐，1～3 天内即可死亡。

猪有机磷中毒后应立即急救，可以治愈。急救的特效药，可用硫酸阿托品 2～4 毫克皮下或肌内注射；或用解磷定 0.5～3 克（每千克体重 0.015～0.05 克），用 5%葡萄糖 20～50 毫升稀释，一次静脉注射。

155. 猪氟乙酰胺中毒有哪些临床症状？如何防治？

氟乙酰胺是一种药效高、残效期长、使用方便的杀虫、杀鼠类剧毒农药。猪误食喷洒过氟乙酰胺的青饲料、农作物，食入了用氟乙酰胺处理过的灭鼠毒饵，农药保管及使用不当，污染的饲料、饮水被猪食入等原因，都可发生中毒。

猪食入多量氟乙酰胺，经4～12小时潜伏，表现急性中毒，突然发病，神经症状明显，惊恐、尖叫、向前直冲、不避障碍。呕吐，全身颤抖，四肢抽搐，突然跌倒，心跳、呼吸加快，瞳孔散大。持续几分钟后，出现缓和，以后又重复发作。抑制期昏睡，沉郁，肌肉松弛，常在1～2天死亡。

当猪多次少量食入氟乙酰胺，可发生蓄积中毒，食欲减退，狂跑狂跳，遇障碍物或水坑不躲避等一系列神经症状。

一经确诊猪氟乙酰胺中毒，应立即使用特效解毒药——解氟灵（乙酰胺），剂量可按每日每千克体重0.1克计算，肌内注射，首次用量要达到每日用药量的一半，一般注射3～4次，至震颤、抽搐现象消失为止，再出现震颤、抽搐重复用药。

在没有解氟灵的情况下，也可用市售白酒解毒，5～15千克体重的猪用50毫升；15～25千克体重的用100毫升；25千克以上的用150毫升；一次内服。同时应施行催吐、洗胃、导泻等一般急救措施，并用镇静剂、强心剂、山梗菜碱等做对症治疗。有条件时，可使用辅助解毒剂，如辅酶A、三磷酸腺苷、细胞色素C及维生素B类制剂，效果更好。

为预防本病，应禁喂被氟乙酰胺污染的饲料、饲草。使用过氟乙酰胺的农作物，从施药到收割必须经60日以上的残毒排出时间，才能作饲料使用。对毒死的鼠类尸体要深埋，以防被吞食发生中毒。

156. 什么是猪黄曲霉毒素中毒？怎样防治？

发霉的玉米、麸皮、豆渣、粉浆等饲料中含有许多有毒的霉菌，如黄曲霉菌和红青霉菌。猪吃了这种含有霉菌毒素的饲料就会发生中毒。

仔猪和妊娠母猪较为敏感。中毒小猪常呈急性发作，出现中枢神经症状，如头弯向一侧站立，头顶墙壁，数天内死亡。大猪病程较长，一般体温正常，初期食欲减退，白猪的嘴、耳、四肢内侧和腹部皮肤出现红斑，后期停食，腹痛、腹泻，被毛粗乱，迅速消瘦，生长缓慢等症状，妊娠母猪可出现流产。

预防本病的根本措施是坚决不喂发霉饲料。防止饲料发霉也是预防的重要一环。谷物成熟后要及时收获，彻底晒干，通风贮藏，避免发霉。加强饲料的保管，注意保持干燥，特别是在温暖多雨地区，更应防止饲料发霉。不用已发霉变质的谷物或食品喂猪。一旦发现猪中毒，立即停喂霉变饲料，改用新鲜饲料饲喂。

对轻微霉变的谷物饲料，可用3倍量的清水浸泡一昼夜，再换等量清水浸泡，如此连续换水3～4次，大部分毒素能被清水浸出，然后取出晒干，再作饲料用。若用10%的石灰水代替清水浸泡，去毒效果更好。

目前，尚无有效解毒剂，只能采用对症疗法。大猪用25%葡萄糖注射液60毫升，加维生素C 10毫升静脉推注，连用3～4天，绿豆50克，甘草20克，煎水，放入水槽内让猪自饮，同时用白糖拌料，每头20克，每日2次，连续7～10天，有一定的辅助作用。

157. 哪些疾病能引起猪的繁殖障碍？

猪繁殖障碍性疾病又称猪繁殖综合征，以妊娠母猪发生流产、死胎、木乃伊、无活力弱胎和公猪不孕症为主要特征。我国的一些猪场、养猪小区和养猪户都不同程度存在或发生猪繁殖障碍，严重危害我国养猪业生产。

猪繁殖障碍病病因很复杂。目前，我国流行的主要是由病毒引起的猪繁殖障碍，主要疾病包括细小病毒病、伪狂犬病、乙型脑炎、猪瘟和繁殖与呼吸综合征（猪蓝耳病）。另外，布鲁氏菌、衣原体、猪钩端螺旋体、猪棒状杆菌等病原体也能引起猪繁殖障碍病。

其他中毒病以及维生素和微量元素缺乏也可引起母猪流产等繁殖障碍。中毒病如有机磷中毒、硒中毒、无机氟化物中毒、马铃薯中毒、猪青霉毒素中毒；维生素缺乏如维生素 A 缺乏症、维生素 B_2 缺乏症；微量元素缺乏如猪铜缺乏症、锌缺乏症、锰缺乏症，都可引起猪的繁殖障碍。

158. 猪蓝耳病有哪些临床表现?

猪蓝耳病又称猪繁殖与呼吸综合征，是一种以母猪繁殖障碍和仔猪呼吸道症状为特征的疫病，是危害养猪业较严重的一种病毒病。

近几年，在我国又出现了高致病性猪蓝耳病，它是由猪繁殖与呼吸综合征病毒变异株引起的一种猪急性、高传染性、高致死性的综合征疫病。仔猪发病率可达 100%、死亡率可达 50%以上，母猪流产率可达 30%以上，育肥猪也可发病，并引起大批死亡。

本病对任何年龄的猪均可感染，但主要感染妊娠母猪和仔猪，可使妊娠母猪发生流产、早产、死胎率可达 70%以上，新生仔猪和断奶前仔猪死亡率最高。有的整窝死亡。其他猪发病率高、死亡率低，主要传染源是病猪和带毒猪。病毒存在于猪的呼吸道分泌物、尿液、粪便、精液等。传播途径主要是接触感染和空气传播，其次为垂直感染和配种感染。

猪蓝耳病的临床表现为，母猪病初表现厌食，体温升高达 40℃以上，少数病猪的耳尖、四肢等躯体末端皮肤呈蓝紫色。后期的母猪发生流产、早产、产死胎或木乃伊胎，多数产弱仔。产后母猪泌乳量下降，无奶或缺奶。母猪生产后的再次发情间隔期延长。有的达 3 个月，用催产素治疗无效。恢复后的母猪所产仔猪抗应激能力差。

哺乳仔猪、早产仔猪有的立即死亡或数日内死亡。正产或早产的仔猪体弱，个小，有的四肢外展呈八字形，全身震颤，站立不稳。有的生后腹泻、脱水、皮肤发红、脐带发紫，眼周围及臀部水肿。早产仔猪腹泻更为严重，体质弱、死亡率高，有的仔猪出现呼吸困难，耳尖发紫。存活者应激能力差，生长缓慢，发育不良，甚至成为僵猪。

高致病性蓝耳病的发病，育肥猪一般表现轻度类流感症状，高热、精神沉郁、采食量下降或食欲废绝；呼吸困难，喜伏卧，部分猪出现严重的腹式呼吸，气喘急促；皮肤发红，耳后耳缘发绀，腹下和四肢末梢等身体多处皮肤有斑块状，呈紫红色，部分患猪背部皮肤毛孔有铁锈色出血点；后躯无力、不能站立，甚至共济失调等神经症状；眼分泌物增多，大部分猪有泪斑，出现结膜炎症状；部分猪群便秘，粪便秘结，呈球状，有的下痢，尿黄而少、混浊，颜色加深；病猪死亡过程快，死亡后多呈败血症变化。

公猪暂时性嗜睡，食欲减少，消瘦，被毛粗乱，性欲降低，精液品质下降，有的继发膀胱炎；发生高致病性蓝耳病时公猪包皮内积有乳白色液体，失去种用价值。

159. 怎样预防猪蓝耳病？

目前尚无特效的防治方法，可采取以下方法来预防。

(1) 暂停引进新的种猪。发病猪场暂停进猪的时限最少不能低于2个月。由场外引进猪的隔离观察期应达2个月。

(2) 产仔舍、仔猪培育舍与其他猪舍应隔离开，产仔舍及仔猪培育舍应在上风向，包括自然风的上风向和本场人工排风的上风向。

(3) 认真执行产仔舍与仔猪培育舍的全进全出制度，进行严密的空舍消毒工作。

(4) 加强进出场消毒制度和隔离制度，经常进行带猪消毒和灭鼠工作。

(5) 仔猪注意保温，加强营养，注意喂食维生素与电解质，及时应用抗菌药物防治继发感染。

(6) 母猪妊娠70天以前流产的，可尽快配种；妊娠70天以后流产的，应间隔至少21天以上再混群配种。

(7) 疫苗接种：现有蓝耳病灭活疫苗和弱毒疫苗两种，我国现主要用高致病性蓝耳病油乳剂灭活疫苗，公猪采精或母猪配种前2～3个月首免，每只猪肌内注射4毫升，间隔20天以同样剂量和途径加强免疫1次，以后公猪每6个月免疫1次，母猪在配种前30天加强免疫1次。仔猪出生后20天，每头注射2毫升。

160. 猪伪狂犬病有哪些临床表现？怎样防治？

伪狂犬病是由伪狂犬病病毒引起的猪的一种急性传染病。特点是发热、脑脊髓炎及瘙痒等。

猪的伪狂犬病广泛分布于世界各地，给畜牧业造成一定的损失。自然发病的猪很少康复。成年猪症状极轻微，很少死亡。病猪、带病毒的猪及带毒鼠是重要的传染源。传染途径是经过消化道、呼吸道、黏膜、皮肤伤口等，通过交配感染本病。母猪感染后6～7日乳猪吃母乳而感染。妊娠母猪感染，常侵害子宫内的胎儿，发生流产。本病多发生于春秋两季，猪的易感性与年龄有明显关系，10～20日龄的仔猪死亡率可达95%以上。本病在猪群流行的时间很短，大猪群2～3周便可平息，小猪群则更短。

本病的潜伏期3～6天，个别达10天，新生仔猪及20日龄内的哺乳仔猪，常突然发病，体温上升至41～42℃，气喘，精神沉郁，厌食，呼吸加快，有时呕吐和腹泻。个别猪有瘙痒感。靠在圈舍墙壁或饲槽擦痒，颈部、前肢、后肢、尾根及从骨结节等处被毛完全脱落，露出污秽的红色创面。后期完全拒食，不能饮水。有的病猪出现齿龈溃疡。患猪出现不同程度的神经症状，初期以神经紊乱为主，后期以麻痹为特征，最常见的是间歇性抽搐，一般持续几分钟。发作时病猪仰头，歪颈。有时病猪兴奋不安，出现间歇性转圈运动，数分钟后自行停止，以后又重复发作。也有的猪呆立不动，头触地或抵墙，几分钟或数分钟后缓解。站立不稳或步态摇晃，进一步发展四肢麻痹，完全不能站立，出现两肢交叉。任人摆布的姿势，极度衰弱。后期出现声带麻痹，叫不出声音。部分猪从口角不断滴出或流出唾液。有的猪只能向后移动，有的侧卧四肢划动，头向后仰，有的肌肉痉挛性收缩，癫痫发作，鼻镜歪向一侧，有的视力减弱，瞳孔散大。最后体温下降而死亡，死亡率95%。康复者极少。哺乳仔猪以及3月龄以内的猪，常在20～60小时之内死亡，少数延至4～6天，个别13天左右。耐过仔猪一般发育不良。4月龄以上的猪，症状轻微，体温上升到41℃以上，几天后，出现呼吸困难、流鼻液、咳嗽等呼吸道及肺炎症状。有时出现腹泻和呕吐，个别的出现神经症状而死亡。成年猪一般为隐性感染，有的发热，精神沉郁，呕吐，咳嗽，一般4～8天康复。妊娠母猪发生流产，死胎，木乃伊胎，公猪发生睾丸炎。

发现可疑病猪及时报告畜牧部门，采集病料及时送检。诊断为伪狂犬病，应立即封锁，禁止人员、车辆往来，病猪立即分群隔离，对患病仔猪及发生流产的母猪进行处理。猪舍场地全面清扫，可用5%石炭酸，2%火碱等消毒。猪场清除此病后，在进猪时要间隔45天，并要接种两次疫苗。

常用药物治疗均无效。在发病初期用伪狂犬病血清治疗有一定效果。但必须在发病的初期使用。抗血清是从本病的病毒递增量免疫猪上采血制备的，既有预防作用又有治疗作用。

161. 猪细小病毒病的临床表现有哪些？如何预防？

本病是由猪细小病毒感染引起的疾病。猪细小病毒病可引起母猪不孕、流产、死胎、木乃伊，给养猪业造成严重损失。

猪细小病毒感染主要是猪相互间直接接触感染，传染源主要是带毒的病猪。病猪排出的粪便中含毒量很高，它污染饲料、饮水及外界环境而造成传染。自然感染途径一般是经消化道、呼吸道进行传播，带毒的公猪可通过配种，由精液传染给母猪。猪感染后，一般14天之内经粪便排出大量病毒。污染的猪舍可能是本病毒的主要贮藏所，饲养人员的用具，也能作为传播媒介。

成年猪感染不出现临床表现，或出现轻微体温反应，经过1～2天即恢复正常，不易察觉。妊娠母猪感染，出现流产、死胎、木乃伊，临产期前产出的仔猪死亡，或弱胎，即仔猪出生后在短期内死亡，母猪在配种之前10天至配种后30天期间感染本病，病毒侵入子宫，通过胎盘使胎儿致死，一般不是全窝胎儿同时感染，开始是一两个胎儿感染，然后，陆续传播给同窝胎儿，胎儿互相感染的时间过程很长，或直至流产。因此，一些仔猪在临产前才感染，生出弱胎，短期死亡。由于胎儿相互感染，只有少数仔猪能够存活至出生，母猪往往产下2～3头活仔猪。如果母猪在妊娠早期感染，特别在妊娠后12

天之内，可导致全窝胎儿死亡，并被母体吸收，造成隐性流产，如果胎儿感染日龄30～40天，骨骼未发育健全，则形成木乃伊。猪群中的初产母猪与经产母猪出现久配不孕及流产、死胎、木乃伊，母猪产仔头数下降，平均4头以下，所产仔猪在短期内全部死亡，根据这些情况可怀疑本病。

本病尚无治疗方法。免疫方面，用猪的细小病毒疫苗给后备母猪在配种前肌内注射1毫升。1个月后才可配种。对有本病流行区也可将后备母猪在配种前1个月与老母猪混群饲养，获得自然免疫力。

162. 猪乙型脑炎的主要症状有哪些？怎样防治本病？

猪乙型脑炎是由乙型脑炎病毒引起猪的一种传染病，特点是公猪高热和睾丸炎、母猪流产死胎，是人畜共患传染病。猪乙型脑炎病毒与人、马等的日本脑炎病毒是同一种病毒，病毒存在于猪脑、脑脊髓液和死亡胎儿的脑组织、脾脏和肿胀的睾丸中。本病以幼猪最为易感，病猪和隐性带毒猪为本病的主要传染来源。常通过带毒蚊子叮咬而传播此病。

本病发生有明显的季节性，一般多在7～9月份流行，多呈散发或地方性流行。猪不分品种、性别都可感染，发病的猪，病愈后不再复发。公猪发生睾丸炎。头胎母猪发生流产、死胎、木乃伊等。猪感染本病后出现毒血症达3～7天，此时昆虫吸血即带有病毒，叮咬人和猪后而传播。

病猪体温突然升高到40～41℃。精神沉郁、嗜睡、喜卧，食欲减少或消失，粪便干燥，表面附有黏液，尿呈深黄色。有的病猪表现磨牙，口流白沫，向前冲撞或转圈运动，有的后肢轻度麻痹，步行不稳，有的关节肿大跛行。

患病妊娠母猪出现突然流产，胎儿多为死胎或木乃伊，少数病猪在流产后发生胎衣停滞，从阴道流出红褐色或灰褐色的黏液。也有的产出弱胎，尚有呼吸，不能站立，躺地四肢划动，不久死亡。

公猪常体温升高后发生一侧或两侧睾丸肿胀，肿胀的程度不同，经过2～3日后，睾丸肿胀消退，恢复正常。有的萎缩、变硬，失去制造精子的能力。

根据本病发生有明显季节性及母猪发生流产、死胎、木乃伊，公猪睾丸一侧性肿大等特点可作出初步诊断。本病还应与布鲁氏菌病区别。猪布鲁氏菌病无明显的季节性，流产多发生在妊娠的第三个月，极少有木乃伊胎，胎盘布满出血点。公猪睾丸多为两侧肿胀，附睾肿，还有的发生关节炎，特别是后肢。

根据本病的流行特点，消灭蚊虫是控制、消灭乙脑的主要措施。但是，蚊虫的繁殖力很强，孳生地分布很广泛，消灭蚊虫的工作很艰巨，对猪防止叮咬有一定困难。在防蚊虫的同时，还需要进行预防注射疫苗，提高猪体的抵抗力。用乙脑弱毒疫苗对猪进行免疫接种，效果良好，一般在春季蚊虫繁殖到来之前，对配种的公猪和母猪同时进行预防注射。公猪患睾丸炎且肿大，应进行消炎、冷敷、降体温治疗方法。

163. 猪布鲁氏菌病有哪些临床表现？怎样防治本病？

布鲁氏菌病是由布鲁氏菌引起的一种人畜共患传染病。主要侵害生殖系统，可使母猪发生流产，公猪发生睾丸炎。

病猪和带菌的动物是本病的主要传染源。母猪在流产期间，布鲁氏菌随流产胎儿、胎水、胎衣排出体外，污染地面、饲料、饮水、用具以及外界环境。病菌可随猪的粪便、乳汁、精液、尿等排出体外造成传播。感染途径主要是消化道，其次是生殖道和皮肤、黏膜，还可通过配种感染。猪群一旦感染，首先少数孕猪流产，以后逐渐增多，新发病猪群，流产率可达全部孕猪的50%以上，常产出死胎和弱胎。多数患病母猪只流产一次，流产两次的甚少，因此在老疫区大批流产的情况较少。病猪群在流产高潮过后，流产率逐渐降低或停止。在猪群中一旦发生布鲁氏菌病后，治愈后，仍有一些隐性病例长期存在，对人、畜仍是巨大的威胁，不可忽视。

妊娠母猪流产是本病的主要症状，但不是必然出现的症状。流产可发生在妊娠的任何时期，而以妊娠后期多见。母猪流产多发生在妊娠后1～3个月，最早2～3周，最晚接近分娩流产。早期流产时母猪可将胎儿、胎衣吃掉，不易发现。有的母猪流产后表现精神沉郁，阴唇和乳房肿胀，阴道流出黏性或脓性分泌物。流产后个别胎衣滞留。有的猪体温正常，没有显著征兆，产下死胎后阴道中排出白色或蓝色带恶臭的脓性分泌物。出现子宫炎，母猪不孕。有的母猪流产后腹泻，乳房水肿，精神差，食欲减退。多数母猪流产后转入隐性，照常配种、妊娠、产仔。

公猪发生睾丸炎，睾丸肿大，阴囊增厚硬化，性机能降低，甚至不能配种，还有的病猪两后肢或一后肢跛行，瘫痪，关节炎及皮下组织脓肿。椎骨有病变时，可发生后肢麻痹。

健康猪群应坚持自繁自养的原则，调剂品种及引种猪时，首先应了解病史，不应从病猪场购入猪只，对引进的种猪要隔离观察，有条件的应采血化验，凡是阳性猪都应淘汰处理。

猪群中出现了阳性猪，应全群检疫，隔离阳性猪，应育肥淘汰。对阴性猪用布鲁氏菌猪型二号弱毒冻干苗进行预防注射，每头猪耳根皮下注射 1 毫升，免疫期 1 年，口服猪型二号菌苗可用生理盐水稀释冻干苗或按瓶签说明使用，将稀释过的菌苗混入饲料中让猪吃干净。

对患病的种猪可用抗生素或磺胺类药物治疗。一般病猪不必治疗，应育肥淘汰。阳性猪的肉应按兽医卫生检疫条例的规定处理后方可利用。

164. 猪衣原体病有哪些临床表现？怎样防治？

衣原体病是猪及人类均可感染的疫病。猪主要引起流产、死胎、弱仔及不育，断奶后仔猪可发生肺炎、关节炎、肠炎、结膜炎等。

衣原体分为两种，一种是砂眼衣原体，另一种是鹦鹉热衣原体。引起猪发病的是鹦鹉热衣原体。

本病遍及世界许多国家，衣原体感染猪呈地方性流行，通常呈亚急性或慢性经过。衣原体主要通过节肢动物如蚤、虱、蜱、螨等传播。

本病的潜伏期为 3～11 天。妊娠母猪体温升至 41～41.9℃。精神沉郁，食欲减少甚至废绝，卧地不起，眼结膜潮红，鼻干燥、尿黄、粪干、气喘，有时呈犬坐式呼吸，每分钟呼吸 50～62 次，心跳加快，每分钟可达120次。有的病猪皮肤出现紫红色斑块，甚至浑身皮肤发红。症状持续1～2天后，体温自然下降至正常，病状趋于缓和。以后母猪烦躁不安，努责，食欲废绝，出现流产。产出死胎、木乃伊、弱胎之后，精神、食欲逐渐恢复正常。

成年猪发病，体温升高至40.7～42.9℃，精神沉郁，食欲减少或废绝，气喘、打喷嚏，湿咳，腹泻。1～2天后，逐渐回到正常。间隔1周左右，出现第二次体温升高到40～40.5℃，眼睑肿胀，发热，跛行等出现关节炎或睾丸炎。由于持续性腹泻，患猪虚弱，消瘦，被毛粗乱。

预防本病目前尚无疫苗，预防措施的关键是不去疫场或病区进猪，走自繁自养的道路，需要调剂或更新时，去没有疫情的种猪场购买。引进的种猪要隔离1～2个月，无病才能混群。对发病猪可采取以下治疗方法：

(1) 青霉素每千克体重1万单位，肌内注射，每日2次，连用3～4天；或庆大霉素每千克体重2万～4万单位，肌内注射，每日1次，连用4天；或卡那霉素每千克体重2万～4万单位，肌内注射，每日1次，连用4天。

(2) 20%磺胺嘧啶钠50千克体重猪，10～20毫升，肌内注射。从第二天起每次均为5～10毫升，每日2次，连用3～4天。

165. 什么是猪副猪嗜血杆菌？如何识别与防治本病？

本病又称纤维素性浆膜炎和关节炎，也称格拉泽氏病。是由副猪嗜血杆菌引起的一种急性呼吸道传染性疾病。临床以体温升高、关节肿胀、呼吸困难、多发性浆膜炎、关节炎和高死亡率为特征。

流行特点：猪是该病病原的天然宿主。患猪或带菌猪为本病传染源。本病主要通过呼吸道传播，也可经消化道传播。副猪嗜血杆菌属于条件性致病菌，本病可受多种因素诱发。猪群发生支原体性肺炎、猪繁殖与呼吸综合征和猪流感等呼吸道疾病时，易继发该病。保育阶段的仔猪多发，发病率10%～15%，死亡率可达50%。

临床症状：开始体温升高至40℃以上，精神沉郁、食欲不振，咳嗽、呼吸困难，体表皮肤发红或苍白，耳梢发紫，眼睑水肿。部分病猪出现鼻流脓液，关节肿大、跛行、颤抖、共济失调、可视黏膜发绀、侧卧、消瘦和被毛粗糙，随之可能死亡。急性感染后可能留下后遗症，即母猪流产，公猪慢性跛行。

剖检变化：剖检可见胸膜炎、腹膜炎、脑膜炎、心包炎、关节炎等多发性炎症。胸腔或腹腔有纤维素性或浆液性渗出，胸水、腹水增多，肺脏肿胀、出血、瘀血，有时肺脏与胸腔发生粘连。这些病变经常以不同的组合出现，较少单独存在。

实验室诊断：

（1）细菌分离 取未用药或停药3～5天的病猪的新鲜肺脏、脾脏和淋巴结等，接种巧克力琼脂平板或加有辅酶Ⅰ（NAD）的胰蛋白胨大豆琼脂（TSA），置37℃培养48小时，可见无色、透明、湿润、光滑、边缘整齐的针头大小菌落，镜检可见大小不一、形态细长、丝状的革兰氏阴性杆菌。

（2）细菌鉴定 实验室通常使用生化鉴定和PCR鉴定分离的细菌，其中PCR既可快速鉴定分离菌，也可快速鉴定病料中的病原菌。

防控：

（1）预防

①免疫接种 副猪嗜血杆菌具有明显的地方性特征，而且不同血清型菌株之间的交叉保护率低，用当地流行的优势血清型菌株或本场分离的菌株制备成灭活疫苗，可有效控制该病。

②药物预防 发病严重的地区或猪场，定期在饲料或饮水中添加氧氟沙星或磺胺-6-甲氧嘧啶钠等药物进行预防，或根据本场分离菌的药敏试验筛选敏感药物定期投药预防。

（2）控制 猪群发病后，应根据猪群发病情况，在饲料或饮水中添加替米考星或磺胺-6-甲氧嘧啶钠，病情严重猪可肌内注射头孢噻呋钠或磺胺-6-甲氧嘧啶钠等药物。

166. 常见的仔猪疾病有哪些？

能引起仔猪腹泻的传染性疾病有：仔猪黄痢、仔猪白痢、仔猪红痢、仔猪副伤寒、猪传染性胃肠炎、猪流行性腹泻、猪轮状病毒病等。

仔猪容易发生的传染病有：猪圆环病毒病、猪伪狂犬病、猪丹毒、猪链球菌病、猪痢疾（猪密螺旋体病）、猪传染性萎缩性鼻炎、猪繁殖与呼吸综合征、猪衣原体病。其他传染病有猪传染性脑脊髓炎、猪痘、猪李斯特菌病、猪葡萄球菌病、仔猪坏死性口炎、猪脑心肌病、仔猪毛霉菌病、仔猪皮癣菌病等。

仔猪的寄生虫和原虫病有：仔猪弓形虫病、仔猪类圆线虫病（杆虫病）、猪附红细胞体病、猪细颈囊尾蚴病、猪球虫病。

仔猪最易发生的营养缺乏症主要有维生素 A 缺乏症、佝偻病、硒和维生素 E 缺乏症和仔猪缺铁性贫血病。其他营养缺乏症还有碘缺乏症、锰缺乏症等。

其他容易发生的疾病还有仔猪低血糖症、新生仔猪溶血病、僵猪等。另外，还有猪渗出表皮炎（猪油皮病）、断奶仔猪应激症、感冒等。

167. 仔猪黄痢是怎么回事？如何防治？

仔猪黄痢是仔猪黄痢的典型临床症状。仔猪黄痢又称早发性大肠杆菌病，由致病性大肠杆菌的某些血清型所引起。是初生仔猪的一种急性、致死性传染病。发病率和病死率均很高。是养猪场常见的传染病。若治疗不及时，可造成严重的经济损失。

本病一般在生后数小时至 5 日龄以内仔猪发生，以 1～3 日龄最为多见。7 日龄以上的仔猪发病极少。架子猪、后备猪、种猪都未见有此病发生。在产仔季节常常可使很多窝仔猪发病，同窝仔猪发病率最高可达 100%；以第一胎母猪所产仔猪发病率最高，死亡率也高，有时可使全窝仔猪死亡。

最急性的，看不到明显症状，于生后 10 多小时突然死亡。生后 2～3 天以上发病的仔猪，病程稍长，排黄色水样稀粪，内含凝乳小片，肛门松弛，捕捉时从肛门冒出稀粪。小母猪阴户尖端发红，后肢被粪液沾污。病仔猪精神不振，不吃奶，很快消瘦、脱水、最后衰竭而死。

诊断方法是根据发病日龄，即多见2～3日龄仔猪，排黄色稀便，发病率及死亡率均高，尤其是最急性型突然死亡。

仔猪黄痢应以预防为主。平时应改善母猪的饲料质量，合理搭配饲料，保持环境卫生和产房温度。产前，对产房必须彻底清扫、冲洗、消毒；产后，隔离仔猪，并把母猪乳头、乳房和胸腹部洗净，并用0.1%高锰酸钾液消毒，然后挤掉头几滴奶，再放入仔猪哺乳，争取初生仔猪及早哺喂初乳，使仔猪迅速获得初乳抗体，增强抵抗力。保持产房清洁干燥。

常发地区，可用大肠杆菌 K_{88}、K_{99} 双价基因工程苗给产前15～30天妊娠母猪免疫，使仔猪通过母乳获得被动保护，防止发病。也可用调痢生、促菌生等微生态制剂在吃奶前喂服，以预防发病。

当猪群出现1头病猪时，应全窝进行预防性治疗，若待发病后再治疗，效果往往不佳。其主要方法：

(1) 抗生素和磺胺药疗法 庆大霉素，每次每千克体重4～11毫克，1日2次，口服；或每千克体重4～7毫克肌内注射，1日2次。乙基环丙沙星，每千克体重2.5～10毫克肌内注射，1日2次。壮观霉素，每千克体重25毫克口服，1日2次。硫酸新霉素每千克体重15～25毫克，分2次口服。青霉素8万单位加链霉素80毫克，一次内服，每日2次。磺胺脒0.5克加甲氧苄氨嘧啶0.1克，研末，每次每千克体重5～10毫克内服，1日2次。庆增安注射液，每次每千克体重0.2毫升，1日2次口服。上述药物均需连用3天以上。但由于细菌易产生抗药性，最好先分离出大肠杆菌做药敏试验，以选出最敏感药品用于治疗，方能收到好的疗效。

(2) 微生态制剂疗法 可用促菌生、乳康生、调痢生等按上述预防的方法给予治疗，在服用微生态制剂其间，禁止服用抗菌药物。

168. 仔猪白痢是怎么回事？如何防治？

排白色稀粪，就是患上了仔猪白痢。所谓仔猪白痢又称迟发性大肠杆菌病，是危害仔猪的重要传染病之一。

引起仔猪白痢的大肠杆菌除存在于外界环境外，也存在于健康仔猪体内，一般不呈现致病作用。当某些应激因素，如饲养管理不当、气候突变、寒冷、营养不良等使机体抵抗力下降时，可发生本病。病仔猪排出毒力强的大肠杆菌被其他猪采食进入消化道，可感染本病。2～3周龄的仔猪最易感染。一年四季均有发生，以夏季雨季为多发。患上白痢的仔猪，主要症状为腹泻，粪便呈灰白色或淡黄绿色，常混有黏液而呈糊状，其中含有气泡，有特殊的腥臭味。在尾、肛门及其附近常沾有粪便。如不及时控制病情，则形成脱水、全身衰竭而死亡，或形成僵猪。

诊断本病需根据猪的发病日龄、临床特征等。即2～3周龄哺乳仔猪成窝发病，体温不高、后期排白色黏样粪便等特征可做出诊断。

仔猪白痢应以预防为主。改进母猪产前和产后的饲养管理非常重要，妊娠期和产后的饲料要含有丰富的维生素和无机盐。产房应保持清洁干燥，不蓄积污水和粪尿，注意通风保暖，每周至少消毒一次，仔猪应提早开食，在仔猪运动场放置少许炒熟的谷粒任仔猪嚼食，可促进仔猪消化机能的发育。本病发生与贫血有一定关系。给仔猪注射抗贫血药，铁钴注射液或右旋糖酐铁2毫升肌肉深部注射，通常1次即可。或给母猪喂抗贫血药，不仅可防止仔猪贫血，还可显著减少本病的发生。方法是从产前1个月开始，每天给母猪投喂硫酸亚铁250毫克、硫酸铜10毫克、亚砷酸1毫克，直至产后1个月为止。在缺硒地区，应注射亚硒酸钠和维生素E合剂。

也可用微生态制剂疗法进行预防，如口服促菌生、乳康生、调痢生等。在猪的运动场一角放置深层黄土块，任仔猪啃嚼，对预防本病也有一定效果。

本病在治疗上方法很多：

（1）抗生素和磺胺类疗法 磺胺脒、次硝酸铋、含糖胃蛋白酶等量混合，7日龄猪每次0.3克，14日龄每次0.5克，21日龄每次0.7克，30日龄每次1克；重病1日3次，轻病1日2次，一般服药1～2天可愈。强力霉素内服，每千克体重2～5毫克，每日1次。土霉素内服，土霉素1克加少许糖溶于60毫升水中，每头每次3毫升，1日2次。

（2）白龙散疗法 白头翁6克，龙胆草3克，黄连1克，共为细末，和米汤灌服，每日 1 次，连服 2～3 天。

（3）大蒜疗法 大蒜 500 克，甘草 120 克，切碎后加入 50 度的白酒 500 毫升，浸泡 3 日，混入适量的百草霜（锅底烟灰）和匀后，分成 40 剂，每头猪每天灌服 10 剂，连续 2 天即可收效。

此外，氟哌酸每次 0.1～0.4 克，1 日 3 次，也有良好的效果。

169. 仔猪红痢是怎么回事？怎样防治？

仔猪红痢说明得了仔猪红痢，该病是由魏氏梭菌引起的 1 周龄内仔猪高度致死性的坏死性肠炎，急性病例以血性下痢为特征。

仔猪出生后数小时至 1～2 天发病，发病后数小时到 2 天内死亡。仔猪突然排血痢，虚弱，不愿走动，很快死亡。病程稍长的病例，可见病猪不愿吃奶，精神沉郁，离群独处，怕冷，四肢无力，行走摇摆，拉灰黄或灰绿色稀粪，后变为红色糊状，恶臭，混有坏死组织碎片和多量小气泡。体温不高，但死亡率较高，有的整窝仔猪死亡。

预防本病，首先要搞好猪舍和周围环境的清洁卫生和消毒工作。接产前母猪的乳头要进行清洗和消毒。不要让新生仔猪接触母猪的粪便。每天用 2%火碱液或 2%过氧乙酸消毒产房和周围环境。

其次，分别于临产前 30 天、15 天给母猪肌内注射 5 毫升魏氏梭菌类毒素，使母猪产生免疫，在初乳中含有抗体，仔猪吃奶时可获得抗体，抵抗病原菌的侵害。也可以在仔猪出生后，肌内注射抗猪红痢血清，每千克体重 3 毫升，可防止仔猪发生本病。

由于本病发病急、病程短，一旦出现临床症状，用抗菌药物治疗效果较差。在早期，每千克体重可用青霉素、链霉素各 10 万单位口服，疗效甚佳。也可用“迪美唑”制成添剂，按每千克体重 30 毫克，口服，每日 3 次，连用 3～5 天为一疗程，对急性和亚急性病例有良好的治疗效果。

170. 仔猪副伤寒有哪些临床表现？如何防治本病？

仔猪副伤寒又称猪沙门氏菌病，是由致病性沙门氏菌引起的仔猪消化道传染病。急性型为败血性疾病，慢性型为肠道发生坏死性肠炎及严重腹泻。

本病主要发生于2～4月龄的仔猪，呈散发或地方性流行，一年四季均可发生。病猪和带菌猪是本病的主要传染源，可从粪、尿、乳汁以及流产胎儿的胎衣和羊水排菌。主要经消化道感染。还可以通过交配和人工授精发生感染，有人认为鼠类可传播本病。

仔猪副伤寒的临床症状主要表现为以下几种类型：

①急性型（败血型）：多见于断乳前后的仔猪。常突然死亡，病程稍长者，可见有精神不振，厌食，体温上升到41℃以上，腹痛，腹泻，呼吸困难，耳根、胸前和腹下皮肤有紫斑，多以死亡告终。病程1～4天。

②亚急性和慢性型：为常见病型。感染后症状较轻，病猪体温明显升高，逐渐消瘦，贫血，眼结膜炎或有脓性分泌物，排灰白色或黄绿色恶臭水样粪，混有血液或伪膜，被毛粗乱，皮肤有痂状湿疹。病程持续可达数周，腹泻时发时停，终至死亡或成为僵猪。

治疗：庆大霉素、新霉素、卡那霉素等对本病均有很好的治疗作用，但在多次使用一种药物易出现抗药菌株。因此，如遇大批发病时，最好将分离的菌株先做药敏试验，以选择最有效的药物。

预防：平时注意自繁自养，严防传染源传入；加强饲养管理，改善卫生条件，增强仔猪抵抗力，常发猪群可注射副伤寒菌苗，饲喂添加抗生素的饲料。一旦发病，病猪应立即隔离，早期治疗，被污染的圈舍、场地、饲具等进行彻底消毒，垫草焚烧，病死猪应深埋或焚毁。

171. 如何鉴别诊断几种猪病毒性腹泻病？

常见的猪病毒性腹泻病主要有猪传染性胃肠炎、猪流行性腹泻病、猪轮状病毒感染，在临床表现上都有腹泻、粪便呈水样或黄绿色粪便等临床症状，但是各种疾病因它的传染源不一样，在临床上发病的特有症状也不相同，所以在诊断猪传染性胃肠炎、猪流行性腹泻、猪轮状病毒感染三种病的临床诊断上，应按其特有症状进行鉴别诊断。

(1) 传染性胃肠炎 是由传染性胃肠炎病毒引起的一种以腹泻、呕吐为特征的肠道传染病。大、小猪都可发生，以2周龄内的哺乳猪死亡率高。有的体温升高，以冬季发病较多，但死亡率低。

(2) 流行性腹泻病 几乎年年发生，季节性明显，发生在冬季，一般10月开始到来年2月止，呈地方性流行，各种品种、年龄均可发生。传染迅速，体温升高到40～41℃，剧烈腹泻。而传染性胃肠炎发生无季节性，体温不高，腹泻不剧烈，传染的速度比较慢。

(3) 轮状病毒感染 是由病毒引起的一种急性腹泻病，发病特点是幼仔猪发病率高，在80%以上，死亡率7%～20%，主要传染60日龄以内的仔猪，引起腹泻、死亡，本病发生无明显季节性，主要发生在冬季。仔猪发病后因脱水严重、酸碱平衡被破坏，造成衰竭而死亡。传染性胃肠炎、流行性腹泻病没有以上症状。

以上三种病从治疗上可用一些抗病毒的药物治疗。同时，对有高热的要加退烧药物。

172. 猪维生素A缺乏症是怎样发生的？如何诊断和防治本病？

维生素A缺乏症以仔猪多发，常见于冬末、春初青绿饲料缺乏之时。尤其是长期使用单一配合饲料作日粮，又不补加青绿饲料或维生素A时；饲料加工贮存不当，使维生素A被破坏；饲料中矿物盐（无机磷）、维生素（维生素C、维生素E）、微量元素（钴、锰）缺乏或不足，亚硝酸盐和硝酸盐含量过多，中性脂肪和蛋白质含量不足，影响维生素A在体内的转化吸收；仔猪发病则多因乳中缺乏维生素A而引起。

病猪表现为：

①食欲不振、消化不良，仔猪生长、发育迟缓，体重低下，架子猪及成年猪营养不良，衰弱乏力，生产能力低下。

②蹄生长不良，干燥，蹄表有龟裂或凹陷。眼干燥，脱屑，皮炎，被毛蓬乱缺乏光泽，脱毛。

③神经症状：表现运动失调、痉挛、惊厥、瘫痪。

④繁殖性能下降。公猪表现精液不良。母猪则发情扰乱，受胎率降低，胎儿发育不全，先天性缺陷或畸形，胎儿吸收，早产，死产，所产仔猪体质虚弱，不易成活。

⑤抗病力降低，极易继发鼻炎、支气管炎、胃肠炎等疾病和某些传染病。

预防本病最主要的是要使用全价饲料，保证饲料中维生素 A 和胡萝卜素的含量，并根据不同日龄饲喂不同配方的日粮，如妊娠和泌乳母猪要求更高含量的维生素 A 和胡萝卜素。长期使用单一饲料配方时要注意添加足够的青绿饲料、胡萝卜、块根类及黄玉米；必要时还应给予鱼肝油或维生素 A 添加剂。此外，不宜将维生素 A 过早地掺入储备饲料，配好的全价饲料也不宜储存时间过长，以免维生素 A 或胡萝卜素被破坏。

在治疗方面，首先要增补胡萝卜、黄玉米等富含维生素 A 或胡萝卜素的饲料或鱼肝油，单一性的维生素 A 缺乏，首选的药物为维生素 A 制剂和鱼肝油。具体用法如下：维生素 AD 滴剂，仔猪 0.5～1.0 毫升，成年猪 2～4 毫升，口服。鱼肝油，仔猪 0.5～2 毫升，成年猪 10～30 毫升，口服。浓鱼肝油，0.4～1.0 毫升/千克。

173. 什么是猪佝偻病？如何识别和防治本病？

猪佝偻病是由于维生素 D 缺乏和钙磷代谢障碍而引起仔猪骨组织发育不良的一种非炎性疾病，又称骨软病。临床特征是消化紊乱、异食癖、跛行及骨骼变形。

本病的主要原因是妊娠母猪体内矿物质（钙、磷）或维生素 D 缺乏，影响胎儿骨组织的正常发育，或在小猪断奶后，饲料调配不当，日粮钙和/或磷含量不足或比例失调，维生素 D 缺乏，阳光照射不足和维生素 A 含量过多，阻碍机体对维生素 D 的吸收利用等。

病猪早期表现食欲减退，消化紊乱，精神沉郁，随后出现异嗜癖和跛行；仔猪发育迟缓，消瘦，出牙期延长，齿形不整，钙化不良；面骨、躯干、四肢骨骼变形，出现跛行。

本病应注意与风湿症、肢蹄外伤以及口蹄疫等疾病加以区别。风湿症一般无异嗜现象，关节、头部、肋骨等无异常，用抗风湿药治疗有效。肢蹄外伤可见到受伤处，局部有红、肿、热、痛等炎症表现。口蹄疫流行迅猛，多数猪只同时发病，口及蹄部有肿胀、水疱或溃疡。

预防：首先，应改善妊娠及哺乳母猪与仔猪的饲养管理，给予含钙、磷充足且比例合适的饲料，饲料中可补加鱼肝油或经紫外线照射过的酵母。其次，加强运动和放牧，注意猪舍的温暖、干燥、清洁、光线充足和通风，有条件时冬季可进行紫外线照射，距离 1～5 米，时间 15～20 分钟，每天 1 次。

治疗：对于患病猪只，肌内注射维生素 D 具有良好的效果。具体用法如下：维生素 D_2（骨化醇胶性钙）注射液：0.5 万国际单位。维生素 D_3 注射液：成年猪每千克体重 1 500～3 000 国际单位，仔猪每千克体重 1 000～5 000 国际单位。

174. 猪硒和维生素 E 缺乏症的主要临床表现有哪些？如何防治该病？

硒和维生素 E 缺乏症是由硒或维生素 E 两者都缺乏引起的，或与它们的缺乏有关的所有疾病的统称。猪的硒和维生素 E 缺乏症现已成为世界性的问题，它不仅引起猪的发病率及死亡率高，而且影响猪的生长、发育及繁殖性能，对养猪业的危害性很大。

本病发生的原因较多，其中硒的缺乏主要是由于饲料中硒含量的不足或缺乏，这种情况在缺硒地区较为多见；长期饲喂含大量不饱和脂肪酸（亚油酸、花生四烯酸）或酸败的脂肪类（陈旧、变质的动、植物油或鱼肝油）以及霉变的饲料、腐败的鱼粉等，均是维生素 E 缺乏的常见原因；母乳量不足或维生素 E 含量低下及断奶过早则是引起仔猪发病的主要原因。

猪的硒和维生素 E 缺乏症主要表现为肌营养不良（即白肌病）。白肌病一般多发生于 20 日龄左右的仔猪，成年猪少发。患病仔猪一般营养良好，在同窝仔猪中身体健壮而突然发病。体温一般无变化，食欲减退，精神不振，呼吸迫促，喜卧，常突然死亡。病程稍长者，后肢强硬，弓背，行走摇晃，肌肉发抖，步幅短而呈痛苦状，有时两前肢跪地移动，后躯麻痹。部分仔猪出现转圈运动或头向侧转。心跳加快，心律不齐，最后因呼吸困难、心脏衰弱而死亡。剖检见后躯臀部肌肉和股部肌肉色淡，呈灰白色条纹。

为预防本病，可对缺硒地区的妊娠母猪，产前15～25天内及仔猪生后第2天起，每30天肌内注射0.1%亚硒酸钠1次，母猪3～5毫升，仔猪1毫升。另外，还要注意青饲料与精饲料的合理搭配，防止饲料发霉、变质。

对发病猪，可肌内注射亚硒酸钠维生素E注射液1～3毫升，也可用0.1%亚硒酸钠溶液皮下或肌内注射，每次2～4毫升，隔20日再注射1次。配合应用维生素E 50～100毫克，肌内注射效果更佳。

175. 猪碘缺乏症的发病原因是什么？如何防治？

碘缺乏症是由于饲料和饮水缺碘而引起的猪甲状腺激素合成障碍，并由此而发生以母猪所生仔猪无毛、颈部呈现黏液性水肿为特征的疾病。土壤、饲料和饮水中含碘量不足是本病的主要原因。某些饲料如十字花科植物、豌豆、亚麻粉、木薯粉及菜籽饼等，因其中含多量的硫氰酸盐、过氯酸盐、硝酸盐等，能与碘竞争进入甲状腺而抑制碘的摄取。当土壤和日粮中钴、钼缺乏，锰、钙、磷、铅、氟、镁、溴过剩时，日粮内胡萝卜素和维生素C缺乏，以及机体抵抗力降低等，均能促进本病的发生。

猪发生碘缺乏症时，甲状腺肿大，新生仔猪无毛，眼球突出，心搏过速，兴奋性增高，颈部皮肤黏液性水肿，多数在生后数小时内死亡。成年猪则表现为不孕，繁殖力降低，分娩出虚弱的仔猪或死胎。

补碘是防治本病的根本措施。生长猪日粮碘的需要量是每千克体重0.14毫克，可在100千克食盐内添加10克碘化钾（碘化钠），搅拌均匀，饲喂病猪，成年猪5～10克/（头·日），断奶仔猪2克/（头·日），开始时的剂量可略大些，待症状缓解后，可逐渐减少用量。在给予碘盐的同时，补喂维生素A和磷、钙补充料（按一般剂量），可获得良好疗效。

176. 仔猪缺铁容易引起什么病？怎样防治仔猪缺铁症？

仔猪缺铁容易引起仔猪营养性贫血。本病多发生于仔猪，尤以冬春季节多见。

当仔猪体内缺铁时，血红蛋白、肌红蛋白和酶的成分受到影响，使红细胞生成数量降低，造成贫血。实践证明：仔猪出生时的血红蛋白的含量随母猪产次和产仔头数的不同而有差异，出生后血红蛋白低的仔猪，具较高的贫血率和死亡率。

病初仔猪一般外表肥壮，但精神萎靡，易于疲劳，呼吸增快，脉搏微弱，最显著病症是眼角膜、鼻端、耳及四肢内侧皮肤等处贫血苍白，也有呈轻度黄疸现象，病猪弓背凹腹，垂头屈腿，躺卧倦怠，多衰竭而死。部分存活的表现生长缓慢。

防治本病应从以下几方面着手：

(1) 注意合理搭配饲料，适当给予骨粉和食盐。硫酸亚铁 5 克，酵母粉 10 克，混匀分 10 包，每日 1 包混于饲料内喂给。

(2) 维生素 B_{12} 2～4 毫升肌内注射。

(3) 铁钴针剂 2 毫升，肌内注射。严重病猪 7 天后再注射 1 次。

(4) 0.25%硫酸亚铁和 0.1%硫酸铜混合水溶液，供仔猪饮水用。

177. 什么是仔猪圆环病毒病？如何识别？

本病又称断奶仔猪多系统功能衰竭综合征，是由猪圆环病毒 2 型所引起，是继蓝耳病之后又一种新发现的仔猪传染病，主要感染仔猪，呈现呼吸困难和渐进性的消瘦。由于导致患病仔猪的免疫缺陷，抵抗力下降，常常并发一些别的疾病，使病情复杂化，给诊断增添了麻烦，造成治疗困难，使养猪业经济严重受损。

本病只感染猪，并有明显的年龄特征，以 6～9 周龄的猪最易感染，其他日龄的猪，一般呈隐形感染，但可带毒、排毒，成为传染源。

仔猪混群、应激、环境恶劣、饲养密度高等因素，可诱发本病。由于病猪的淋巴系统受损，造成免疫缺陷，往往并发或继发一种甚至几种疾病，如蓝耳病、伪狂犬病、细小病毒病、链球菌病、巴氏杆菌病等。

本病的发病率与环境条件、应激因素有关，一般为10%～30%，这些病猪散发在各猪圈的易感猪群中。病死率与并发症有关，约50%～100%。

本病的另一个特点是疫情发展缓慢，断断续续在发病猪中长期流行。若防治措施不得力，流行期可持续1年左右。

本病毒随病猪的粪便、鼻腔分泌物等途径排出，并对环境有较强的抵抗力，可通过人类及动物的机械携带传播，也可经空气或用具的流通传播。

本病的症状有多种表现，单纯感染可见到呼吸增数、生长速度减缓和消瘦，皮肤呈灰白色或黄疸，淋巴结肿大、出血等症状。

若有并发或继发感染，症状较复杂，除了消瘦和呼吸困难外，有的四肢关节肿大，卧地扎堆不愿活动，有的体温升高，有的发生神经症状，疗效不佳。

178. 如何防止仔猪圆环病毒病的发生？

本病目前尚无有效的治疗药物，病猪都以死亡而告终。一旦发现病猪应马上淘汰，有时由于病猪的数量较大，难以下手，则要将病猪隔离到距离较远的猪舍内。目前，疫苗尚处在研究阶段，良好的管理是十分重要的，具体措施如下：

（1）培育好哺乳仔猪，做到适时断奶，防止黄、白痢的发生，给予高质量全价的乳猪饲料，使仔猪增强免疫功能，只有强壮的仔猪才能抵抗本病。

（2）重视并加强对常见并发感染疾病的疫苗接种，由于蓝耳病、细小病毒病、伪狂犬病、链球菌病等常与本病并发或继发感染，因此，对生产母猪和新生仔猪应接种相应的疫苗，尽可能减少或避免并发感染，可降低本病的危害，有利于本病的康复。

(3) 综合防治措施包括以下几点：

①仔猪舍要实行严格的全进全出制度；

②不要将不同来源的猪混群饲养，也不能将不同月龄的猪合并在同一猪圈内；

③适当降低仔猪的饲养密度；

④重视猪场的生物安全措施，减少或避免环境应激因素（温度、湿度、贼风和有害气体等）；

⑤做好猪场平时的防疫卫生工作，如免疫接种、驱虫、药物防治等，确保猪群呈现健康稳定的免疫状态；

⑥合理进行临时消毒和空气消毒，将病猪淘汰后，对其所在的猪圈要进行彻底的带猪消毒，对猪舍要进行空气消毒。

179. 什么是仔猪低血糖症？如何识别和治疗本病？

本病是仔猪出生后几天内由于吃奶不足致使体内储备的糖原耗尽，引起血糖显著降低所致的一种营养代谢病。本病仅发生于1周龄以内的新生仔猪，且多于生后最初3天发病，死亡率较高，有时可达25%。

仔猪生后吃奶不足，致机体饥饿是引起发病的主要原因，常见于下列情况：一是，母猪无奶或奶量不足，母猪营养不良、奶质低劣，奶中含糖量低下，或初乳过浓，乳蛋白、乳脂肪含量过高，妨碍消化吸收；母猪患病，特别是患子宫炎、乳房炎、无乳综合征或发热及其他疾病，致泌乳障碍，造成产后奶量不足或无奶，以致仔猪饥饿。二是，仔猪吃奶不足，仔猪先天性衰弱，生活力低下而不能充分吃奶；窝仔数量过多，母猪乳头不足，致有的仔猪抢不到乳头而吃不到母乳；人工哺乳不定时、不定量，仔猪因吃不饱而饥饿。三是，仔猪患有先天性糖原不足，先天性肌震颤，消化不良以及营养不良时，极易引起低血糖症。

仔猪最初表现精神沉郁，软弱无力，不愿吃奶，离群伏卧或嗜睡，皮肤苍白、湿冷，被毛蓬乱，体温低下。个别仔猪低声嘶叫，对外界刺激淡漠，耳尖、尾根以及四肢末端皮肤厥冷并发紫。最后多出现神经症状，病猪肌肉震颤，步态不稳或卧地不起。瞳孔散大，口角流涎，此时感觉迟钝，最后昏迷而死，病程一般不超过36小时。

治疗本病主要以补糖为主，可每隔5～6小时腹腔注射5%葡萄糖液15～20毫升，也可口服葡萄糖水；此外，还要及时解除缺奶或无奶的病因，如系母猪营养不良引起的，要及时改善饲料；若是母猪感染所致，则应用消炎药加以治疗；仔猪的护理也很重要，应将仔猪转移到温暖畜舍中或给予红外线照射取暖。

180. 什么是新生仔猪溶血病？如何预防这种病？

本病是由新生仔猪吃初乳而引起红细胞溶解的一种急性溶血性疾病。临诊上以贫血、黄疸和血红蛋白尿为特征。一般发生于个别窝仔猪中，但致死率可达100%。本病的发生，一般是由于胎儿体内由种公猪遗传而来的特定抗原，经由胎盘进入母体，刺激母猪产生大量的特异性抗体（溶血素等）。这种抗体可由血液进入乳汁，在初乳中含量最多。当新生仔猪吸吮初乳后，经肠黏膜吸收进入血液，使红细胞遭到溶解和破坏而引起发病。

仔猪出生吸吮初乳后数小时或十几小时发病，表现为精神不振，畏寒发抖，被毛逆立，不吃奶，衰弱等，眼结膜及齿龈黏膜呈现黄色，尿呈红色或暗红色，心跳急速，呼吸加快。

预防本病的关键是，给母猪配种时，应了解以往种公猪配种后所产的仔猪有无溶血现象，如有，则不能用该公猪配种。当发现仔猪发生本病后，全窝仔猪应立即停止哺乳，或转由其他哺乳母猪代为哺乳。本病目前尚无其他特效疗法。

181. 僵猪是怎么发生的？如何有效防治僵猪？

僵猪又称“小赖猪”“落脚猪”“小老猪”“侏儒猪”等，主要是由于先天发育不足，或后天营养不良所致。临床以饮食正常，但生长发育缓慢或停滞为特征，不同地区，不同品种的猪都可发生，给养猪业造成很大损失。

先天性发育不足，近亲繁殖，对后代影响较大，品种退化，生长发育停滞；种猪未到体成熟就参加配种，后代生长缓慢；妊娠母猪营养不足，造成胎儿发育不良，影响后天生长。

仔猪出生后，由于种种原因而不能满足其快速生长的物质需要，使其生长发育受阻。母猪无泌乳能力或乳汁少，仔猪无法吃足奶；仔猪断奶后，日粮品质差，营养缺乏，久而久之，形成僵猪；仔猪患病，如副伤寒、白痢、慢性胃肠炎、蛔虫病、肺丝虫病、螨虫病、肾虫病等，阻碍了仔猪的生长发育，而变成僵猪，据有关资料统计，在各种疾病中寄生虫病引起的僵猪比例最大，占70%～80%。

僵猪多发生于10～20千克体重的猪，表现毛长体瘦、肚圆臀尖，大脑袋，弓背行走，精神不振，只吃不长，有的6个月才20千克，有的养1～2年尚未达到出售的标准。由于疾病而引起的僵猪，因不同症状各异，如患气喘病有咳嗽、气喘症状；患寄生虫病表现贫血。

为防治僵猪，可采用驱虫、洗胃、健胃等方法。驱虫用左旋咪唑片，按猪每千克体重25毫克研细混入饲料中饲喂，为健胃可按每10千克体重用大黄苏打片2片，分3次拌入饲料中喂服。

在药物治疗方面，可采用：

①枳实、厚朴、大黄、甘草、苍术各50克，硫酸锌、硫酸亚铁、硫酸铜各5克，共研细末，混合均匀，按每千克体重0.3～0.5克喂服，每天2次，连喂3～5天。

②健康猪血　现采现用，每头僵猪5～10毫升，肌内注射，每天1次，连用3～5次。

③猪血或羊血　每头僵猪20～40毫升，拌饲料中喂给，每天1次，连喂3天。以上方剂，任选一方即可。

182. 母猪产科疾病有哪些？

母猪常见的产科疾病主要有不孕症［包括卵巢囊肿、不发情（乏情）、持久黄体等］、胎衣不下、乳房炎、子宫内膜炎、子宫脱出、阴道脱出、生产瘫痪、产褥热、产后缺乳或无乳症、流产和难产。

其他产科疾病还有母猪无乳综合征、母猪产后膀胱弛缓、母猪产后便秘等。

183. 母猪不孕症是怎么引起的？如何识别和防治本病？

猪虽然是一种繁殖力较高的动物，但其不孕率仍可达10%～20%，因此降低母猪空怀率和增加其繁殖性能已成为养猪业的关键性问题。引起母猪不孕症主要因素有生殖器官发育不全、生殖器官疾病及饲养管理不当等。

(1) 生殖器官发育不全造成的不孕，是指母猪达到配种年龄而生殖器官尚未发育完全，临床叫做幼稚病。一般治疗价值不大，应育肥淘汰。

(2) 生殖器官疾病造成的不孕，常见于卵巢和子宫的疾病，如卵泡囊肿、持久黄体及子宫内膜炎、阴道炎等。

(3) 饲养管理不当造成的不孕最常见。主要是由于饲料量不足或饲料营养不全，尤其是缺乏蛋白质、矿物质及维生素时，导致母猪较瘦，使生殖机能发育障碍；相反，若营养过于丰富，再加上运动不足，会造成母猪肥胖，因而不发情。

本病的主要表现为母猪发情不正常，如发情不定期，发情期延长或持续发情。有的母猪虽然出现发情，但不排卵，屡配不孕。有的即使发情、受孕，也会造成少胎。有的则不发情。为了确定此类不孕的具体原因，必须根据母猪发情配种情况、母猪营养状况、饲料种类和饲养管理制度等进行综合分析，最后做出诊断。

应分析具体病因，采取相应的治疗方法，如卵泡囊肿时，可肌内注射黄体酮15～25毫克，每日或隔日1次，连用2～7次。

持久黄体时，可肌内注射前列腺素类似物PGF1α甲酯针剂3～4毫克。对于久治不能受孕者，应育肥淘汰。

平时应加强饲养管理，使母猪保持中等膘情，是治疗此类不孕症的根本措施。在此基础上，据具体情况，可采取一系列催情措施如：公猪催情、并窝、按摩乳房、注射促卵泡素或前列腺素类似物、注射孕马血清等。

184. 母猪胎衣不下是怎么引起的？怎样识别和防治？

一般在胎儿产出后经 10～60 分钟即可排出胎衣。如果产后经2～3 小时未排出胎衣，或只排出一部分，叫胎衣不下。

饲料营养不全，母猪体质瘦弱，产后子宫弛缓，子宫收缩无力，导致胎衣迟迟不下；妊娠期间，母猪缺乏运动，母猪过肥，胎儿过大，难产，子宫过度扩张，产后阵缩微弱，都可引起胎衣不下。

猪的全部胎衣不下较少见，临床上多数是部分胎衣不下，为了诊断胎衣是否全部排出，应检查胎衣上脐带断端的数是否与胎儿数相符。母猪胎衣不下的初期没有明显症状，但病程延长，胎衣在子宫内滞留太久，发生腐败分解，引起全身症状，母猪不断努责，精神不安，食欲减退或废绝，喜饮水，体温升高。从阴门流出红褐色臭味的液体。时间过长可引起败血症。

当母猪发生胎衣不下时，可皮下注射催产素 5～10 单位，2 小时后可重复注射 1 次或皮下注射麦角新碱 0.2～0.4 毫克。还可耳静脉注射 10%氯化钙 20 毫升和 10%葡萄糖 50～100 毫升。若子宫有残余胎衣碎片，可向子宫内灌注 0.1%雷佛奴尔溶液 100～200 毫升，每天 1 次，连用 3～5 天。若胎儿胎盘较完整，可在子宫内注入 5%～10%盐水 3～5 毫升，促使胎儿胎盘缩小，与母体胎盘分离。为防止胎衣腐败及子宫感染，可向子宫内投放粉剂土霉素或四环素 0.5～1 克。

为预防胎衣不下，应加强妊娠母猪的饲养管理，每天有适当的运动，防止母猪过瘦、过肥，这样可减少本病的发生。

185. 母猪乳房炎有哪些临床表现？应采取什么治疗措施？

母猪的乳房经常在地面摩擦，以致受伤，或因天冷，猪舍缺少垫草，乳房与冷湿地面接触时间过长，使乳房冻伤等，以及仔猪咬伤乳房，或乳房内乳汁停滞，或断乳方法不当等都可以引起乳房炎。

母猪乳房炎的主要症状是，乳房潮红，肿胀，发热，发硬有疼感，不让仔猪吃奶。初期乳汁稀薄，内混絮状小块。后乳汁少而浓，混有白色絮状物，有时带血丝，甚至有黄色脓液，有臭味。严重时，乳房溃疡，不分泌乳汁。精神差，食欲不振，甚至体温升高。

治疗措施可包括以下几点：

(1) 用0.5%～1%盐酸普鲁卡因10～20毫升，加入青霉素20万～40万国际单位，作封闭注射，1～2天后，如不减轻，可再注射1次。

(2) 乳房有硬结时，可用温水洗净乳房，轻轻按摩，促其消散，涂抹樟脑碘化软膏或10%鱼石脂软膏。

(3) 注射蒲公英注射液4～6毫升，每日1～2次。

186. 如何识别母猪子宫内膜炎？怎样防治本病？

子宫内膜炎通常是子宫黏膜的黏液性或化脓性炎症，是母猪常见的生殖器官疾病。子宫内膜炎发生后，往往发情不正常，或发情虽正常，但不易受孕，即使妊娠，也易发生流产。由于难产手术，助产消毒不严，子宫脱出，虽然整复，但感染了细菌，发生炎症。胎衣不下，时间过久，在子宫腔内腐败分解，黏膜发生炎症。配种或人工授精过程中，违反操作过程，使母猪生殖道感染细菌，而发生炎症。

母猪子宫内膜炎分急性与慢性两种临床表现。

①急性　多发生于产后及流产后，全身症状明显，病猪食欲减退或废绝，体温升高，时常努责，有时随同努责从阴道内排出带臭味污秽不洁的红褐色黏液或脓性分泌物。

②慢性　多由于急性子宫内膜炎治疗不及时转化而来，全身症状不明显，病猪可能周期性地从阴道排出少量混浊黏液。母猪即使能定期发情，也屡配不孕。

在炎症急性期治疗时，首先应清除积留在子宫内的炎性分泌物，选择下面任一种溶液冲洗子宫：1%明矾、1%～2%碳酸氢钠、0.1%高锰酸钾、10%生理盐水、0.1%雷佛奴尔、0.02%新洁尔灭。冲洗后必须将残存的溶液排出。最后，可向子宫内注入20万～40万单位青霉素或1克金霉素。若病猪有全身症状，禁止使用冲洗法。

对于慢性子宫内膜炎的病猪，可用青霉素 20 万～40 万单位，链霉素 100 万单位，混于高压灭菌的植物油 20 毫升中，向子宫内注入。为促使子宫蠕动加强，有利于子宫腔内炎性分泌物的排出，可使用子宫收缩剂，如皮下注射垂体后叶素20～40 单位。

向子宫内投药或注冲洗药应在产后若干日或在发情时进行，因为此期子宫开张，便于投药，在其他时期投药，易引起子宫损伤。

子宫内膜炎的全身疗法：可用抗生素或磺胺类药物。青霉素每次肌内注射 160 万～200 万单位，链霉素每次肌内注射 100 万单位，每天 2 次。磺胺嘧啶钠的剂量按每千克体重 0.05～0.1 克，每天肌内注射或静脉注射 2 次，连用 3 天。

在预防上应注意保持猪舍干燥、清洁、卫生；发生难产时助产应小心谨慎，以免损伤产道，用弱消毒液洗涤产道，并注入抗生素。人工授精应严格遵守消毒规则。

187. 如何识别母猪生产瘫痪？怎么防治本病？

生产瘫痪也称乳热，是以产前不久或产后2～5 天内，母猪所发生的四肢运动能力丧失或减弱、昏迷和低血钙为特征的一种营养代谢性疾病。母猪瘫痪的主要原因是饲养管理不当。母猪妊娠后期，由于胎儿发育迅速，对矿物质的需要量增加，此时当饲料中缺乏钙、磷，或钙磷比例失调，均可导致母猪后肢或全身无力，甚至骨质发生变化，而发生瘫痪。此外，饲养条件较差，特别是缺乏蛋白质饲料时，孕猪变得瘦弱，也可发生瘫痪。产后护理不好，冬季圈舍寒冷、潮湿，亦可发病。

妊娠母猪发生生产瘫痪后，表现长期卧地，后肢起立困难，检查局部无任何病理变化，知觉反射、食欲、呼吸、体温等均正常，强行起立后步态不稳，并且后躯摇摆，最终不能起立。但也有突然发病的病例。病程拖长则患猪瘦弱，患肢肌肉发生萎缩。如发病距临产较近或治疗及时则症状能很快消失，如卧时间过久则易发生褥疮、并发败血症甚至死亡。母猪产后瘫痪见于产后2～5 天。主要症状为食欲减退或废绝，病初粪便干硬而少，以后则停止排粪、排尿。体温正常或略有升高。精神极度萎靡，呈昏睡状态，长期卧地不能站立。仔猪吃奶时，乳汁很少或无奶，有时母猪伏卧时对周围事物全无反应，也不知让小猪吃奶。轻症者虽能站立，但行走时后躯明显摇摆。

本病治疗原则是补钙和对症疗法。尽早实施治疗是提高本病治愈率的最有效的措施。具体方法如下：

(1) 静脉注射20%葡萄糖酸钙50～100毫升，或10%氯化钙溶液20～50毫升。

(2) 肌内注射维生素AD 3毫升，隔2日1次，或维生素D_3 5毫升，或维丁胶性钙10毫升，肌内注射，每日1次，连用3～4天。

(3) 静脉注射高渗葡萄糖液200～300毫升。

(4) 每天喂给适量的骨粉（可烤干、研细）、蛋壳粉、蛎壳粉、碳酸钙、鱼粉等。

(5) 后躯局部涂擦刺激剂，以促进血液循环。

(6) 便秘时可用温肥皂水灌肠，或内服芒硝30～50克。

(7) 炒白术30克，当归30克，川芎10克，白芍20克，党参25克，阿胶20克，焦艾叶10克，炙黄芪25克，木香10克，陈皮15克，紫苏12克，炙甘草10克，黄酒90毫升为引，煎汤内服。

预防本病主要是合理搭配母猪的精粗饲料，每天加喂骨粉、蛋壳粉、碳酸钙、鱼粉和食盐等。冬季注意母猪圈的保暖、干燥等。要有适当运动。

188. 怎样识别母猪无乳症？如何防治？

母猪无乳症，又称泌乳失败，是母猪产后常发病之一。

本病主要是母猪在妊娠和哺乳期间饲喂不足或饲料营养价值不全所造成。母猪配种过早，乳腺发育不良或年龄过大，乳腺机能减退，以及乳房炎、子宫炎等都会引起母猪产后缺乳。此外，母猪患全身性严重疾病、热性传染病、乳房疾病，内分泌失调及过早交配，乳腺发育不全，均能引起母猪产后无乳或泌乳不足。

营养不良性缺乳，母猪消瘦，乳汁分泌不足，仔猪吃不饱，常追赶母猪吃奶，时常因饥饿嘶叫，并且很快消瘦。有的母猪产后体温升

高，食欲废绝，精神沉郁，卧多立少，泌乳停止或只有少量乳汁，仔猪叼住乳头不放，饥饿，嘶叫，消瘦；有的母猪产后体温、食欲、精神均正常，但泌乳少，放奶间隔时间过长，仔猪吃不饱。

预防本病的首要措施是加强妊娠母猪和哺乳母猪的饲养管理，为其提供全价日粮，使妊娠母猪保持中等膘情，并定时按摩乳房，以促进产后泌乳。对于产后少乳或无乳的母猪来说，一方面应积极治疗，另一方面要做好仔猪的寄养或人工乳的喂养工作，以保证仔猪健康无病。

治疗母猪无乳或少乳可采用催乳灵片，每头母猪 10 片，每日 1 次，连服 3～5 次。

也可用下列中药处方进行治疗：王不留行、天花粉各 60 克，漏芦 40 克，僵蚕 30 克，猪蹄 2 对，水煮后分两次调在饲料中喂给。

对于产后由于局部感染扩散而引起的体温升高，食欲不振或废绝，精神沉郁、泌乳减少或停止的母猪，首先应肌内注射青霉素、链霉素各 150 万～200 万单位，每天 2 次，连用 2～3 天，同时注射强心药 10%安钠咖 5～10 毫升，再静脉注射10%～20%葡萄糖注射液 300～500 毫升加 5%碳酸氢钠溶液 100 毫升。若子宫有炎症，皮下或肌内注射垂体后叶素 2～4 毫升，促使炎性分泌物排出。不允许冲洗子宫，以防感染恶化。

189. 猪寄生虫病主要有哪些？

最常见的猪寄生虫病主要有猪蛔虫病、猪囊虫病、猪弓形虫病、猪旋毛虫病、猪肺丝虫病、猪姜片吸虫病、猪疥螨病和猪球虫病等。

其他的猪寄生虫和原虫病还有母猪毛滴虫病、猪华支睾吸虫病、猪蛔状线虫病、猪大棘头虫病（钩头虫病）、猪球首线虫病（钩虫病）、猪住肉孢子虫病、仔猪类圆线虫病（杆虫病）、猪附红细胞体病等。

190. 什么是猪蛔虫病？如何防治本病？

猪蛔虫病是由猪蛔虫寄生在猪体内而引起的一种寄生虫病。流行较普遍，严重地危害着 3～6 月龄的仔猪，不仅影响生长、发育，严重的可引起死亡。

猪蛔虫的成虫可在猪的小肠里寄生7～10个月，是一种淡黄白色，圆柱状的大型线虫。猪蛔虫病发生的根本原因是病猪粪便中的感染虫卵，污染外界环境的土壤、饮水、饲料和其他物体，健康猪吞食了这些污染物中的感染卵而遭到感染。

猪蛔虫病发病情况与猪体的年龄、营养状况有关。营养良好，体质健壮不显症状。一般仔猪常因幼虫在体内移行而引起蠕虫性肺炎。主要表现咳嗽、体温升高、呼吸加快、食欲不振等。严重感染时，可能出现呼吸困难、呕吐、流涎、精神沉郁等。有个别的猪因虫体毒素的作用，可能引起痉挛等。

治疗本病有以下几种方法：

(1) 兽用敌百虫 口服量按每千克体重0.1克，但总量不能超过7.0克，拌入饲料中，空腹喂服。个别病猪服药后，可能出现流涎、呕吐、肌肉战栗等副作用，不久可恢复。必要时可用硫酸阿托品2～5毫升，皮下注射解救。

(2) 驱蛔灵（哌哔嗪） 按每千克体重0.3克，每天1次，连服2～3次，或混入水中24小时内喂完。

(3) 驱虫净（四咪唑） 按每千克体重15～20毫克，拌入料中饲喂。

为了预防猪蛔虫病的发生，应采取以下措施：

(1) 不让病猪的粪便到处散布，以防虫卵污染环境，不让猪吃到具有感染能力的虫卵。不让虫卵在外界环境中发育。

(2) 做好定期清扫，定期消毒，定期驱虫。对猪接触较多的运动场圈，要保持干燥，粪便及时清理。对饲料、饮水和饲养管理用具等，应注意防止被虫卵污染。对怀胎初期的母猪和2～7月龄的小猪，应分次进行药物驱虫。

191. 猪得“米心肉”是怎么回事？如何防治？

猪“米心肉”是猪囊虫病，是由寄生在人体内的有钩绦虫的幼虫所致。多寄生在猪的横纹肌里，肠、眼，其他脏器也常有寄生。成熟的猪囊尾蚴外形椭圆，约黄豆大，半透明的包囊，长径6～10毫米，短径约5毫米，囊内充满液体，囊壁是一层薄膜，壁上有一个圆形黍粒大的乳白色小结，其内有一个内翻的头节。因囊虫的形状像豆粒，所以又名“豆猪”或“米心肉”。

有钩绦虫可长达3米左右，寄生于人肠道里，孕卵节片不断脱落，随着人的粪便排出，猪吃了这种有虫卵的粪便后，24～72小时内，虫卵就在猪肠内孵化出幼虫，幼虫穿过肠壁，进入血液，带到身体各部，在肌肉内发育成为囊虫。人吃下未杀死囊虫的猪肉，进到小肠里面，经过2个多月就会变成绦虫，绦虫又产卵，卵随粪便排出。这样人传给猪，猪传给人，循环不已。

一般猪患囊虫病多不出现症状，也不容易发现，只有在极强的感染或是某个器官受害时才能见到症状。

防治本病的方法，首先做到猪有圈，人有厕，把猪圈和人的厕所严格分开，取消连茅圈，不让猪有吃到人粪的机会，从而切断猪囊虫的生活史。

其次，认真执行屠宰检验，有囊尾蚴的猪肉，应作无害化处理。按肉品检查常规，每40厘米^{2}面积上平均有3个以上囊虫时，均作工业原料，不得食用。

还要积极防治人绦虫病。开展猪囊尾蚴流行区内居民猪带绦虫病的普查，消灭囊虫病原。用槟榔100克、南瓜子250克、硫酸镁30克治疗人绦虫病：先吃炒过的南瓜子，过20分钟后，喝槟榔水（水三碗槟榔共煎，以煎至一碗水为宜），再经2小时服硫酸镁。也可口服灭绦灵（氯硝柳胺）3克，早晨空腹，一次内服（药片嚼碎咽下，否则无效），2个小时后服硫酸镁导泻。使用驱虫药时，均应在医生指导下进行。人驱虫后排出的虫体和粪便应彻底进行无害化处理。

192. 猪弓形虫病有哪些临床表现？如何防治本病？

弓形虫病是人畜共患的原虫病。流行快，死亡率高，对养猪业的发展威胁很大。

弓形虫很小，外形呈新月牙状，似弓状，故名弓形虫。弓形虫主要寄生在猪的肺、淋巴结、肌肉、肠以及其他脏器细胞内。猫是弓形虫终末宿主，猪舍内不宜养猫。弓形虫可以通过母体胎盘、消化道、呼吸道黏膜感染，也可通过吸血昆虫机械性传播本病。

病猪精神沉郁，食欲减少或吃几口即停食，严重的则食欲废绝，便秘，粪干呈栗状，表面附着黏液。少数猪有呕吐，有的便秘、腹泻交替发生。头、耳、下腹部及四肢下部有淤血斑或发紫；后肢软弱无力，走路打晃，喜卧。体温高达42℃，一般41.5℃左右，发热7～10天，呼吸快，鼻镜干燥，有浆液性或脓性鼻漏，有咳嗽症状，严重的则呼吸困难，气喘，犬坐式张口呼吸，口流白沫，窒息死亡。母猪可发生流产。

为防治本病，应做到以下几点：

(1) 在发病初期，磺胺嘧啶、磺胺甲氧嘧啶、磺胺-6-甲嘧啶等磺胺类药物均有较好的疗效。如用药较晚，虽可使临床症状消失，但不能抑制虫体进入组织形成包囊，从而使病畜成为带虫者。

(2) 猪舍内严禁养猫，严格地阻断猫类及其排泄物对猪舍、饲草、饲料和饮水等的污染。

(3) 对死于本病可疑的猪尸，应有严格的处理办法，防止污染环境。更不准用上述尸肉饲喂猫及其他肉食动物。

(4) 尽一切可能消灭鼠类，防止家养和野生肉食动物接触猪。

193. 猪饲料中毒病有哪些?

猪饲料中毒病最常见的有食盐中毒、亚硝酸盐中毒、氢氰酸中毒、马铃薯中毒、酒糟中毒、淀粉浆（渣）中毒、棉籽饼中毒、菜籽饼中毒、蓖麻籽饼中毒、霉玉米中毒和黑斑病甘薯中毒。

其他饲料中毒病还有水浮莲中毒、亚麻籽中毒、木薯中毒、高粱苗中毒、柽麻中毒、毒芹中毒、苦楝子中毒、猪屎豆中毒等。

194. 猪食盐中毒有哪些临床表现？怎样防治?

猪对食盐比其他家畜更为敏感，如果大量误服食盐，易发生致死性中毒。幼猪中毒较多，多因误食过多的食盐或饲喂酱油渣或其他工业副产品所致。

在误服大量食盐而同时未供给充足的饮水时，能发生脑水肿，脑部供血不足，致使脑组织发生变性，临床上出现神经症状，食盐对猪的致死量为100～150克。

猪中毒后表现极度口渴，口流泡沫状黏液，食欲减退或废绝，呕吐，眼结膜潮红，肚痛，便秘或腹泻，有时多尿。张口咬牙，神经紊乱，怕光后退，呼吸困难，有时转圈，全身颤抖，发生阵发性痉挛，每次持续2～3分钟，甚至连续发作，一般体温正常，但痉挛后有时体温升高到41℃以上。前行不稳，心脏衰弱，最后四肢瘫痪，卧地不起，一般1～6天后死亡。

预防本病首先要合理掌握食盐的用量，每头公母猪、肥猪一天不得超过50克。

中毒口渴时给以少量的饮水，切忌给予大量饮水，以免加重脑水肿，注射强心剂与高渗葡萄糖溶液也有疗效。

治疗本病可选用生石膏、天花粉各20克，鲜芦根、绿豆各30克，煎汤，候温灌服。适于15千克重的猪用量。

195. 为什么猪容易发生亚硝酸盐中毒？如何识别和防治？

猪常吃的青饲料如白菜、萝卜叶、菠菜、甜菜、牛皮菜、包菜和一些野菜等，都含有很多硝酸盐，这些饲料如果蒸煮不透或煮闷在锅内，时间久了，硝酸盐转变为有剧毒的亚硝酸盐，而使猪中毒。有的地方将这些青饲料堆积过久，腐烂，形成亚硝酸盐，也同样使猪中毒。

猪常在吃饱后10～30分钟内突然发病。病猪狂躁不安，呕吐流涎，呼吸困难，转圈，眼结膜和腹部皮肤初期灰白色，后变为青紫色，四肢及耳发凉，剪耳流血量少，呈酱油色。体温下降到常温以下。倒地痉挛，口吐白沫，很快死亡。健壮猪食量大、发病重，往往来不及治疗就死亡。

预防本病首先要做到不喂腐烂的青饲料。青饲料要现煮现喂，不要焖在锅里过夜。青饲料最好生喂，既保证了充分的营养又不致使猪

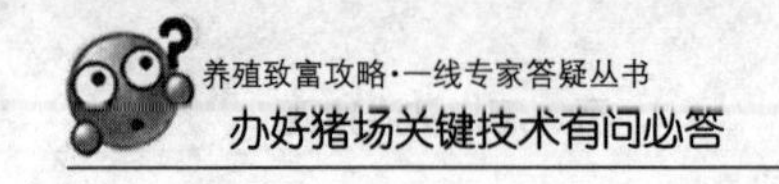

中毒。

一旦中毒应尽快剪猪耳或断尾放血。立即静脉或肌内注射 1%美蓝溶液，每千克体重注射 1 毫升；或注射甲苯胺蓝，每千克体重 5 毫克。

196. 怎样识别和防治猪氢氰酸中毒?

氢氰酸中毒是由于猪采食富含氰苷的青饲料而引起的一种中毒性疾病。该病的主要特征为伴有呼吸困难、震颤、惊厥综合征的组织中毒性缺氧症。氢氰酸以糖苷形式常与一种酶共存于某些植物，如高粱幼苗、特别是高粱收割后的再生苗；亚麻叶和亚麻籽；木薯及杏、桃、枇杷的叶，特别是核仁中。当猪采食上述植物或用做饲料处理不当时，在一定条件下（如胃酸、温水等），酶可使糖苷水解为糖、苯丙醛及氢氰酸而引起中毒。

氢氰酸中毒，发病很快，当猪采食含有氰苷的饲料后约15～20分钟，表现腹痛不安，呼吸加快且困难，眼结膜鲜红，嘴角流出白色泡沫状唾液，首先兴奋，很快转为抑制，呼出气有苦杏仁味，随之全身极度衰弱无力，行走时不稳，很快倒地。体温下降，后肢麻痹，肌肉痉挛，瞳孔散大，呼吸浅表，脉搏细弱，最后昏迷而死亡。

猪吃入含氰苷的饲料越多死得越快，根据其血液颜色为鲜红色可与猪亚硝酸盐中毒血液为酱油色相区别。

猪中毒后可立即用亚硝酸钠 0.1～0.2 克，配成 5%的溶液，静脉注射。随后再注射 5%～10%硫代硫酸钠溶液 20～60 毫升或亚硝酸钠 1 克、硫代硫酸钠 2.5 克、蒸馏水 50 毫升，混合，静脉注射。此外，也可用美蓝治疗，但效果较差。也可根据病情采取对症疗法。

含氰苷的饲料，最好放于流水中浸渍 24 小时，或漂洗后加工利用。此外，不要在含有氰苷植物的地区放猪。

197. 猪酒糟中毒是如何发生的？常表现哪些临床症状？

酒糟是养猪的常用饲料。由于其所用原料不同，其酒糟成分也不相同。在新鲜酒糟中，主要为酿酒原料的残渣，含有酒精和由于发酵酸败形成的大量游离酸（主要是醋酸）及杂醇油（如异丁醇、异戊醇）等有毒物质。适当的酒精和醋酸可增强食欲、促进消化，但大量和长时间的刺激可引起胃黏膜的炎症变化。酒精被吸收后作用于神经中枢，可引起中枢神经先兴奋后麻痹，并可作用于肝，造成组织损害。醋酸被吸收后则可造成机体酸碱平衡破坏。当猪饲喂量过大，或饲喂贮存过久及严重霉变的酒糟时便可发生中毒。

①急性中毒　表现兴奋不安，随之呈现一系列的胃肠炎症状，不吃不喝，腹痛，腹泻，心动过速，呼吸迫促，甚至步态不稳或躺卧不起，终因四肢麻痹、呼吸中枢麻痹而死亡。

②慢性中毒　呈现消化不良，眼结膜潮红、发黄，发生皮疹或皮炎，病部皮肤肿胀或坏死，有时发生血尿。妊娠的母猪往往引起流产。

198. 如何防治猪酒糟中毒?

猪发生酒糟中毒时，应立即停喂酒糟，用1%小苏打水和豆浆给中毒病猪饮服，并用1%小苏打水灌肠，以增加体内的碱储备和保护胃肠黏膜。一般不经任何治疗，2～3天后也可恢复健康。如中毒严重，还应进行输液补碱，促进病猪尽快恢复健康。可肌内注射10%安钠咖5～10毫升，同时静脉或腹腔注射5%葡萄糖生理盐水500～1 000毫升。内服1%小苏打水1 000～2 000毫升，针对病情采取对症疗法。

近年来，随着啤酒工业的迅速发展，啤酒的副产品啤酒糟越来越多。因地制宜地利用啤酒糟喂猪，不仅解决了猪饲料短缺、降低饲料成本，而且可使猪开胃健脾、增加食欲、快速育肥。因此，用啤酒糟喂猪值得推广。但是，啤酒糟喂猪如果失当，也有可能引起猪中毒。所以，啤酒糟喂猪有“四不宜”。

（1）不宜喂量过多　用啤酒糟喂猪，应适当限制喂量。对育肥猪每天的喂量一般不宜超过日粮的20%，及控制在1.5～2千克之间。对仔猪应根据体重，酌情减少。

（2）不宜放置时间过长 用来喂猪的啤酒糟，应以新鲜为好。如果放置时间过长，一般不宜再喂。为此，养猪户购买啤酒糟时，应根据猪的多少和啤酒糟的日喂量，来确定每次购买的数量，不要一次购买太多，以保证经常用新鲜的啤酒糟喂猪，而不喂陈啤酒糟。

（3）不宜露天贮存 啤酒糟露天贮存，堆积过多过厚，日晒夜露，风吹雨淋，很容易发生霉变。猪食霉变的啤酒糟，就有可能中毒。因此，当啤酒糟数量过多、短时间内喂不完时，应浸水贮存在水池或水缸中，也可晒干、烘干后贮存，以防止霉变。

（4）不宜在发酵变酸后饲喂 啤酒糟一旦发酵变酸，就会含有一定的毒素，猪食后会中毒。所以，发酵变酸后的啤酒糟，不可直接用来喂猪。需在其中加入适量的小苏打粉，中和酸性物质，降低毒性后再喂。

199. 棉籽饼为什么能引起猪中毒？如何防治？

棉籽饼中含有棉酚，它是一种细胞毒和神经毒，对胃肠黏膜有强烈的刺激性，并能溶解红细胞。若长期连续使用棉籽饼喂猪，毒素被胃肠黏膜吸收而发生中毒。仔猪吃乳也可引起中毒。

棉籽饼中毒发病较慢，病程较长，一般3～15天，食欲由减食到停食，精神不振，体温升高，呼吸困难，结膜充血，喜卧阴凉处，粪便秘结，皮毛粗乱，黏膜苍白，严重者卧倒不起，咬牙，肌肉痉挛，气喘，尿、粪带血，最后体质瘦弱，虚脱而死。母猪常流产，仔猪常脱水而死亡。

为预防猪棉籽饼中毒，在用棉籽饼喂猪时，最好喂经蒸煮或经脱毒的棉籽饼，用量不超过饲料总量的15%。分娩前后的母猪要停喂。

治疗时，可用0.1%高锰酸钾溶液或3%～5%苏打水洗胃，内服硫酸镁等盐类泻剂或口服硫酸亚铁溶液。粪便秘结时，可用肥皂水或5%～10%苏打水灌肠。

200. 怎样识别猪菜籽饼中毒？都有哪些防治措施？

油菜籽饼营养丰富，蛋白质含量高，但含有程度不等的芥子苷等有毒物质，若不经处理，猪长期或大量食入可引起中毒。

育肥猪易发本病，多呈急性经过，且死亡较快。病猪精神萎靡，站立不稳，常做排尿状，排尿次数增加，有时排血尿。腹痛、肚胀、多腹泻，有时粪便带血。耳尖、蹄部发凉，口鼻等可视黏膜发紫。两鼻孔流出粉红色泡沫状液体，呼吸困难，心率加快。体温变化不大，或稍偏低。妊娠母猪可发生流产，有时产弱仔及无毛仔猪。病猪最后终因心力衰竭而死。

预防本病的关键是对菜籽饼做必要的去毒处理，其去毒方法如下：

（1）坑埋脱毒法 选择向阳、干燥、地温较高的地方挖一宽 0.8 米、深 0.7～1 米、长度按菜籽饼数量决定的长方形坑。将菜籽饼用一定比例的水（1∶1 加水量的效果最好）浸透泡软后埋入坑内，顶部和底部盖和垫一薄层麦草，覆土 20 厘米，2 个月后的平均脱毒率为 84%，是一个很好的脱毒方法。

（2）发酵中和法 在发酵池或大缸中放入清洁的 40℃温水，然后将碎（但不霉）菜籽饼投入发酵。饼与水的比例为 1∶4，温度以 38～40℃为宜，每隔 2 小时搅拌 1 次。经 16 小时左右，pH 达 3.8 后，继续发酵 6～8 小时，充分滤去发酵水，再加清水至原有量，搅拌均匀，后加碱进行中和。中和时，碱浓度要适宜（一般不得超过 10%），在不断搅拌下，分次喷入，中和到 pH 保持 7～8 不再下降为止。待沉淀 2 小时，滤去废液，湿饼即可做饲料。如长期保存，还须进行干燥处理。本法去毒效果可达 90%以上，苦涩味也基本消除。

（3） 一般小规模少量饲喂者，可以将粉碎的菜籽饼用热水浸泡 12～24 小时，把水倒掉，再加水煮沸 1～2 小时，边煮边搅，使毒素蒸发掉，方可喂猪。

目前无特效解毒药物，主要做对症处理。发现中毒后，立即停喂菜籽饼。用 0.05%高锰酸钾液让猪自由饮用，必要时可灌服 0.1%高锰酸钾液或蛋清、牛奶等；粪干者可用油类泻剂导泻；对症治疗应着重于保肝、强心、预防肺水肿，并可适当应用维生素 C、维生素 K 及肾上腺皮质激素等。

201. 如何识别猪黑斑病甘薯中毒？怎样防治？

黑斑病甘薯中毒也称霉烂甘薯中毒，是指猪吃了有黑斑病的甘薯或黑斑病甘薯制粉后粉渣引起的中毒。其主要特征为呼吸困难，急性肺水肿及间质性肺气肿。发病猪以2.2～7.5千克的小猪最为严重，其次是10～15千克的小猪，50千克以上的大猪常仅有个别的出现腹痛症状。

本病多发生在春末夏初甘薯出窖时期，亦见于晚冬甘薯窖潮湿或温度增高时。猪发生中毒时，精神不振，不吃不喝，呼吸困难，气喘，心悸，心律不齐，腹部膨胀，便秘或腹泻，发生阵发性痉挛，运动障碍，步态不稳，约1周后逐渐康复。重剧的病例，具有明显的神经症状，头抵墙，或盲目前进，往往倒地抽搐而死亡。个别猪中毒较轻，持续痉挛2～3小时后，痉挛消失，全身症状减轻，经过1～2日恢复食欲。50千克以上的大猪多呈慢性经过，过3～4天后常自愈。

由于本病常群发，应注意与出血性败血症和猪肺疫区别，发生本病时病猪体温不高，且剖检时在胃内可发现病薯残渣，这些现象在出血性败血症和猪肺疫都没有。

本病的治疗原则是迅速排出毒物，解毒，缓解呼吸困难以及对症治疗。如果早期发现，毒物尚未完全被吸收，可用洗胃；内服氧化剂，1%高锰酸钾溶液，或1%过氧化氢溶液。为缓解呼吸困难：可用5%～20%硫代硫酸钠注射液20～50毫升，静脉注射。亦可同时加入5%维生素C 2～10毫升；3%过氧化氢溶液20～50毫升与3倍以上的生理盐水或5%葡萄糖生理盐水溶液，缓慢静脉注射；当肺气肿时，可用50%葡萄糖溶液100毫升，10%氯化钙溶液20毫升，20%安钠咖5毫升，混合，一次静脉注射。呈现酸中毒时应用5%碳酸氢钠溶液50～100毫升，一次静脉注射。胰岛素注射液30～60单位，一次皮下注射。

为预防中毒，应禁止用霉烂甘薯及其副产品喂猪。

202. 何谓玉米赤霉烯酮中毒？如何防控该病？

玉米赤霉烯酮中毒是由镰刀菌产生的玉米赤霉烯酮（又称F-2毒

素）引起的猪中毒病。本病主要影响生殖系统，表现为阴户红肿、乳房隆起和慕雄狂等发情表征。

（1）发病特点 本病广泛存在世界各地，盛产玉米等谷物的国家均可见到。在多雨的季节和地方多发。发病猪均有采食发霉变质饲料的历史，不传染，仅采食霉变饲料的猪群发病。

（2）临床症状

①急性型 母猪和去势母猪初似发情现象，阴户红肿、阴道黏膜充血、肿胀，分泌物增加，严重者阴道和子宫外翻，甚至直肠和阴道脱垂，乳腺增大，哺乳母猪泌乳量减少或无乳。

②亚急性型 母猪性周期延长，产仔数减少，仔猪体弱，流产，死胎或不育。

③公猪睾丸缩小，包皮水肿，乳腺增大似泌乳状。

（3）剖检变化 阴道黏膜充血、肿胀，严重时阴道外翻，阴道黏膜常因感染而发生坏死。子宫肥大，水肿，子宫角增大，变粗、变长，病程较长时，可见卵巢萎缩。乳头增大，乳腺间质水肿。

（4）防控措施 预防该病的根本措施是不饲喂发霉变质的玉米、麦类等饲料原料及不饲喂发霉的配合饲料。同时应注意用量不应该超过40%。

立即停喂霉变饲料，更换新鲜而富含维生素的全价饲料，多饮清洁水、保持舍内通风卫生。投服人工盐、硫酸钠等药物，清理胃肠道内有毒物质。

六、怎样搞好猪场的经营管理

203. 怎样搞好猪场的生产管理?

高效、高产、优质现代养猪生产，不仅需要提高养猪生产的科学技术水平，还要求生产者具有现代企业的管理能力。

作为猪场的管理者，要把生产、资金、营销和人力资源等管理工作变成一个整体，养猪场要建立健全科学高效的运营管理机制，规范员工的行为，增强企业凝聚力，提升生产指标，降低生产成本，实现企业生产经营目标。

养猪场的实际管理者无论是投资人还是职业经理人，不但要具备良好的基本职业素养，如爱岗、敬业、奉献等，还应具备现代化企业的经营管理理念，才能使企业有一个健康持续稳步的发展，获得良好的业绩。

(1) 科学的发展观 适度发展，切勿盲目立项和扩张。

(2) 尊重科技 科学技术是第一生产力，养猪场的各项生产指标都与生产成本密不可分，一旦建设规模确定，产能的浪费将成为最大的成本，依靠科技知识，深挖生产潜力，将产能发挥到最大化，以降低单位成本，提升利润率。

(3) 学习与创新能力 学习是终生的事情，企业管理者要带领团队不断学习、持续进取，与时俱进，才能让企业保持旺盛的生命力。

(4) 现代人力资源管理的能力 人是一切的根本，在目前养猪行业自动化智能化建设水平还不太高的情况下，在生产活动中人为因素的影响显得尤其重要，建立科学合理的考核方案，组建一支相对稳定、忠诚、有责任心且富有激情的员工队伍需要管理者具有现代企业的管理能力。

(5) 统筹计划能力 养猪场的整体运营计划性非常强，作为管理者要有制定、分解、落实生产经营计划的能力，统筹安排相关资源配置，才能保障全年的均衡生产，使设备的使用率最高，且产能也能最大化。

(6) 现代财务运营能力 从养猪场的立项、投资预算、融资管理、投资回报率分析等，到生产运作过程中年度财务计划的制定、成本费用的分析控制、关键利润点的分析等，管理者应充分了解养猪场的财力核算模式与关键利润点的把控。

(7) 法律意识 作为一个合法的企业和一个现代企业的管理者，应充分了解行业的法律、法规、标准、条例等，管理应时刻遵守法律的准绳、道德的底线，做一个守法的企业，确保产品质量安全，不以不正当手段谋利，不以破坏环境为代价发展。

204. 如何抓好猪场的数据管理？

养猪场的数据管理包括生产数据管理和财务数据管理，规模化猪场要设定专人（生产统计、财务）负责数据记录工作，这是核算生产指标、对员工进行考核、成本分析、利润分析以及场内管理人员进行重大技术、经营等决策调整的依据。

对于数据的记录，可采用购买猪场管理软件，或用 Excel 工具自行设计，总之，数据的收集及记录一定要保持连贯性。

猪场必须建立的数据及档案包括：母猪档案、公猪档案、配种记录、产仔记录、生长记录、饲料使用记录、免疫记录、兽药使用记录、消毒记录、销售记录、无害化处理记录、饲料添加剂使用记录、公猪使用记录、公猪精液质量检测记录、采购记录等。

205. 怎样加强猪场的劳动管理？

(1) 确定人员定岗定编方案，明确岗位职责

养猪场主要岗位工作职责如下：

①场长岗位职责

A. 主持养猪场生产、经营全面管理工作。

B. 负责养猪场职工的任免、工作调度等管理工作。

C. 负责养猪场安全生产工作。

D. 负责养猪场年度生产任务制定、分解、实施，确保完成年生产经营任务。

E. 单位职工的各项培训工作。

F. 规定范围之内的养猪场各项生产费用开支的审核。

②统计员岗位职责

A. 负责产仔舍初生仔猪的称重和仔猪编号工作，并做好每周产仔记录表的统计汇总工作。

B. 负责全场各类猪群周转的统计工作，包括头数、重量。

C. 做好各车间每个饲养员的生产情况统计台账，包括猪只数量、重量、用料、用药、用水、用电等各项数据，要做到数据准确无误，为饲养员的工资结算提供可靠依据。

D. 做好周、月、季、年等各类生产统计报表，并公开张贴。

E. 配合其他生产管理人员做好场里安排的其他生产技术工作。

F. 完成领导分配的其他工作。

③保管岗位职责

A. 认真做好原料、兽药、低值易耗品的计划、供应、保存等工作；做好与财务人员和生产管理人员的配合工作。

B. 严格执行所有物品的出入库手续。凡入库的物品，根据发票清点核对，并开好入库单（无发票的物品入库也要开入库单）。物品领用，要及时开好出库单，并要领用人签字（无领用人签字的出库单为无用单）。

C. 做好仓库进出日记账，做到账物相符，如出现进出不符，除饲料正常的0.3%～0.5%年损耗率之外，查明原因，按损失的100%赔偿。

D. 所有物品要分门别类、堆放整齐，室内干燥、卫生、无鼠害。原料的领用严格执行先进先出的原则；特殊物品的保存（如疫苗、饲料）要严格按规定执行，并定期检查。

E. 每月做好饲料、兽药、低值易耗品的进、出存报表，每月25

日之前送交有关部门。

F. 严格区分好公用药和消毒药、驱虫药、全场预防性投药和承包用药的分类记账，并在每月底之前填制报表上报财务。

G. 经常清点、检查库存物品，发现积压或快过期的物品及时书面报告主要领导，以便及时处理。自然报损物品要单位领导签字认可。

H. 认真完成场领导分配的其他各项工作。

④水电工职责

A. 电工要持证上岗，必须严格遵照水、电安全规定进行操作。不按专业要求操作，出现问题后果自负。

B. 负责全场的水电维护和防火工作，经常向全场职工传授安全用电和防火知识。及时制止生产人员和其他用电人员的违规操作行为。

C. 负责全场机械设备的维修和保养工作，不得因设备故障而出现长时间的断水、断电、断料等。

D. 优先解决并及时完成生产线各车间的设备安装、维修任务，不得无故拖延，保证生产正常进行。

E. 定期检查水电设施，供电、供水、供暖系统使用情况，发现隐患及时排除。坚决杜绝由于电路老化或过度负荷造成电线短路引起火灾或人员触电的安全事故。否则，将追究事故责任。

F. 每月做好全场和各车间用水、用电的登记，核实外单位水电费的清收工作，并监督节约用水、用电制度的落实。

G. 积极、主动、及时地向场领导提出节水、节电措施的建议。

H. 认真完成场领导分配的其他工作。

⑤技术人员岗位职责

A. 平常做好该车间兽医治疗、卫生防疫、定期消毒、猪群保健等基础技术服务和指导工作。

B. 认真落实场部的各项兽医卫生防疫和免疫注射工作，确保各项技术措施及时准确落实到位。

C. 做到勤观察、早发现、早治疗、重护理，把分管猪群的死亡率、淘汰率控制在正常范围内。

D. 坚持科学用药的态度，严禁乱配伍，超常规用药的现象。

E. 爱惜和妥善保管好自己的器械和仪器，损坏或遗弃照价赔偿。

F. 监督和强制落实各项防疫消毒措施，确保全年不发生烈性传染病。

G. 详细记录，认真填写各类记载和报表，及时送报生产办。

H. 及时完成领导分配的其他工作。

⑥销售人员职责　买猪的顾客和车辆对猪场来说是威胁最大的直接传染源，因此，卖猪场所和销售人员由于与顾客及其车辆的直接接触而成为猪场防疫工作的重点环节。为切断此传播途径，销售人员必须坚守以下岗位职责：

A. 卖猪人员要恪守职业道德，做到买卖公平，称重公正，记录准确。磅秤要每天校正，既要维护顾客利益，树立公司形象，又要确保公司的财产不受任何损失，如出现个人原因造成公司财产流失，全部由当事人赔偿。

B. 卖猪人员应尽量避免与顾客及其车辆物品的直接接触，尤其严禁接受任何来自顾客的物品。

C. 猪过完磅后打好免疫耳标，销售过程中，严禁买猪人员进入卖猪场所和上装猪台，严禁上车的猪再返回装猪台。

D. 每天卖猪后必须及时做好卖猪场所和上猪台的清洗消毒工作，程序为：喷洒2%～3%的氢氧化钠—清洗—喷雾消毒—干燥。

E. 卖猪人员不准在生产区内走动，待售猪只由饲养员将猪赶到卖猪场所附近交给卖猪人员。

F. 猪群一旦进入卖猪场所，不准再返回猪舍，由于特殊原因不能及时出售的猪只，卖猪人员应及时通知主管人员处理。

G. 卖猪人员的工作服、胶鞋每次卖猪完毕后，要及时清洗消毒，并坚决杜绝与饲养员的工作服混放接触。

H. 卖猪的销售单一式五联，要当场填写，且字迹清晰、数据准确，严禁事后开单，或用便条记录，销售单要两人以上签字，并交领导审核签字。

I. 每周统计猪群销售周报表。

J. 完成领导分配的其他工作。

⑦饲料加工人员的岗位职责

A. 严格按配方操作准确无误，严格按操作规程进行有计划的保质保量安全生产。

B. 添加剂使用品种、计量准确无误。

C. 原料进入粉碎或配料之前，检查是否有霉烂、变质原料，发现霉烂变质原料立刻挑出，并报告场长处理。

D. 停机后，及时清扫下料坑、地面，保持车间设备、场地清洁卫生。

E. 成品料在车间内存放：夏季不超过3天，冬季不超过5天，因计划不周，造成场内积压超过规定时间或断料，公司将追究其责任。

F. 对计量器具定期校正，保证计量误差在允许的范围之内。

G. 对违章操作造成安全事故，责任人致伤不享受工伤待遇并追究责任。

⑧炊事员岗位职责

A. 严格遵守公司规定的《食堂管理制度》。

B. 食堂炊事员要每半年到公司规定的医院进行体检，体检合格者方可上岗。

C. 保持食堂清洁卫生，各种炊具要保持清洁，用后及时清洗、消毒。

D. 食堂的地面、餐桌要保持干净，要经常进行环境消毒。做好防鼠、防蝇工作。

E. 根据单位作息时间，及时调整开饭时间，做好职工的餐饮保障工作。

F. 努力提高自身的烹调技术，保证饭菜质量。

G. 安全、节约使用水、电、煤气。

H. 注意自身卫生。

I. 完成领导交付的其他工作。

⑨饲养员岗位职责

A. 遵守单位的各项规章制度，爱岗敬业。

B. 严格按照单位的饲养管理操作规程进行规范化、标准化生产。

C. 无条件执行单位的卫生防疫制度，确保猪群的安全生产。

D. 积极配合场内安排的各项生产措施。

E. 加强猪群的饲养管理，保持猪舍清洁和最佳的生长环境。

F. 节约饲料，杜绝饲料浪费，降低生产成本。

G. 努力学习养猪学相关的知识，提高自身饲养技术水平。

H. 爱护猪场财产，正确使用各种工具、电器，提高安全生产意识。

I. 完成领导分配的其他工作。

（2）明确各车间部门的工作重点和目标

①配种妊娠车间　配种妊娠车间的核心是饲养好种猪，确保正常发情、配种、妊娠，能够按计划均衡配种，完成全年计划产仔任务。

②分娩哺乳车间　分娩哺乳阶段是养猪生产中最繁忙的环节，主要岗位职责是做好接产工作，保证母仔平安，养好哺乳母猪，使母猪在下一情期能正常发情配种；护理好哺乳仔猪，提高仔猪成活率，使其生长发育快，个体大小均匀，断奶体重大。

③保育车间　断奶使仔猪面临多方面的刺激：A. 营养的改变；B. 离开母亲独立生活；C. 生活环境改变；D. 由于消化器官和免疫机能不完善易受病原微生物的感染等。以上诸多因素引起仔猪的应激反应，此阶段的主要岗位职责是顺利完成断奶过渡期，最大限度发挥仔猪生长潜力，提高饲料转化率，降低死亡率。

④育肥车间　育肥阶段是养猪生产的终端环节，饲料消耗占养猪饲料总耗量的70%左右，是经营者获得养猪效益高低的重要影响因素，此阶段主要岗位职责是：学习和掌握中大猪体组织生长规律和营养、环境、管理等影响因素，采用科学的饲养管理技术，提高日增重和饲料利用率，降低生产成本，提高经营效益。

206. 如何开展猪场员工的培训工作？

规模化猪场因防疫、环保等需求，一般选址偏僻、交通不太方便、员工生活较为枯燥、寂寞，对年轻人尤其是大学毕业生缺乏吸引力，造成员工流动性大等问题，必然会对场内生产的稳定造成一定影

响，因此场内建立科学有序的人才培养计划和员工培训方案是非常必要的。

（1）培训方式 根据本单位的实际情况和生产需要，人员培训分外部培训、内部培训两种方式。

（2）培训对象 根据岗位不同，分为管理人员、技术人员、饲养员、新入职员工、特殊岗位员工（如锅炉工、质检员等），根据不同人员的岗位需求安排不同的培训内容。

（3）实施培训 根据各岗位的任职资格要求，制定相应的培训内容并实施，以达到员工满足岗位要求的目标。

（4）培训评价 培训实施后，通过理论考核、操作考核、业绩评定和观察等方法，评价培训的有效性，评价被培训的人员是否具备了所需的能力，并征求员工意见和建议，以便更好制定下年度的培训计划。

207. 如何建立猪场的企业文化？

猪场的企业文化，就是在猪场的内部形成独特的文化观念、价值观念、历史传统习惯、作风道德规范和生产观念，作为猪场共同的指导思想和经营哲学。

由于行业的性质和防疫的需要，大多数猪场只能建在较为偏僻的地方，通过企业文化建设，为员工创造一个宽松向上的工作氛围和良好的生活环境，如舒适的员工宿舍、夫妻房，食堂饭菜质量，整洁的环境，活跃的文体生活等。充分体现员工价值，让员工在工作之余，存有家的感觉，增强员工的凝聚力的同时，使员工有归属感，使员工张弛有度，工作热情更高。

猪场的管理者应充分认识到企业文化的灵魂作用、凝聚作用和约束作用。现代的企业包括猪场在内的许多问题，主要是集中在人身上，解决了人的问题，解决了人的意识与心态问题，就意味着解决了企业发展所有难题中最关键的问题。猪场的企业文化建设就是为了解决人的问题，让养猪企业能够可持续发展。

208. 怎样加强猪场的成本控制？

养猪场的主要生产成本包括员工薪酬、饲料、兽药、疫苗、消毒药、工具、种猪折旧、固定资产折旧、水电费用、取暖、维修费用等，生产成本占养猪场成本费用总额的85%～90%，成本控制得好坏直接关系到利润高低。

(1) 生物安全的保障 猪场的管理者应充分认识到，疾病仍是当前影响养猪生产性能和经济效益的主要因素，疾病的预防和控制比疾病的治疗更为重要，猪群一旦发生重大疫情，死猪将是全场最大的成本。因此生物安全是猪群正常生产的前提，健康和稳定的猪群是发挥猪的遗传潜力的一个重要因素。

(2) 数据记录 猪场的基本原则之一就是做到连续的均衡生产，在此原则下，建立完善的生产数据、成本费用支出数据，在同一生产周期内（周、月）对各项成本进行分析对比，及时发现和纠正生产过程中的问题和偏差，改善每一个环节，才能提升企业竞争力，并得到持续发展壮大。

(3) 制定合理的母猪更新计划，保障均衡生产 使猪群全年保持均衡生产，使人员、猪群、资金作用得到最好的发挥，从而使猪群成本得到有效的控制。

①保持生产的均衡节律性，使猪群保持合理的密度，保持管理的节律性，降低各阶段管理风险，最大限度提高猪群的健康状况。

②合理安排人员，让每个生产参与者价值最大化，保持稳定的工作时间。

③有效使用生产设备，最大限度降低生产设备的折旧问题，降低均摊成本。

④有效使用资金，特别是土地、银行利息的月分摊问题更为重要。

⑤有效完成全年的年出栏任务，保持企业稳定经营。

要做到均衡生产，必须要从源头上，做好母猪群的淘汰、更新，后备母猪的选留等方面的工作，做到均衡配种。

209. 猪场的浪费主要表现在哪些方面？如何杜绝这些浪费现象？

猪场的浪费分为显性浪费和隐性浪费，显性浪费即大家都能看到的饲料、兽药、设备、工具等物品的浪费，隐性浪费大多是指管理不到位、技术不达标、员工不尽心等原因造成的成本增加，下面着重讨论猪场的隐性浪费问题。

（1）饲料浪费

①饲料配方的浪费　配方不随季节、原料行情等因素适时调整，如冬季用高蛋白配方，夏季用高能量配方等。

②饲料加工不符合流程要求　如称料不准确、原料单一、原料质量不合格、搅拌不均匀、原料水分超标等问题。

③猪群饲喂不按标准料型，如大猪吃小猪料、后备猪吃肥猪料等不按阶段料型及时换料的，同样造成饲料浪费。

（2）猪的浪费

①饲养无效种公、母猪　包括长期不发情的母猪、多次返情的母猪、习惯性流产的母猪、空怀母猪、繁殖和哺乳能力差的母猪，患肢蹄疾病不能使用的公猪、使用频率低的公猪、精液品质差的公猪等。猪场管理者应对猪群定期评估、清理，建立主动淘汰的制度，对无效公母猪及时淘汰，提高母猪群生产效率。

②肥猪出栏时间长　育肥猪没能在规定的日龄达到标准的体重，延长出栏时间，对于规模化猪场来说，是非常大的损失，因为每增加一天饲养，猪的维持饲养成本就多一天。场内一旦出现育肥猪日增重减慢的情况，生产者要认真分析，找出原因尽快解决，降低损失。

③技术缺陷　如猪群日采食量的控制、适时配种、妊娠母猪阶段性饲喂技术、人工授精等技术，技术人员不能熟练掌握，导致生产指标不达标，场内要加强技术培训以解决上述问题。

④饲养无价值病弱僵猪　对于无价值猪只，场内应严格执行淘汰制度，及时淘汰或无害化处理，否则浪费人力物力，毫无意义。

（3）资金的浪费　猪场管理者根据自身的能力制定企业发展规

划，不要盲目扩大规模，因为猪场的效益和规模是不成正比的，与其把有限的资金用于盲目的扩建上，不如用来提升技术含量和完善猪场设施，进而降低单位成本，增加单位产出，减少日益增加的用工成本，从而提升企业的赢利能力和市场竞争力。

（4）生产计划不合理 猪群周转计划、饲料库存计划、药品供应计划等不合理或在实施的过程中没有按计划落实，导致场内不能均衡生产，母猪产能与设备不能发挥最大价值。

210. 怎样搞好猪场的采购管理？

养殖场应制定采购制度，所有产品由专人统一对外采购。

（1）根据生产计划，制定年度饲料、兽药供应计划。

（2）制定入库产品质量标准。

（3）建立自己的信息渠道，对行情做出正确预测。

（4）根据行情走势和用量做好库存管理。

（5）定期对供应商进行评估。

211. 怎样加强猪场的销售管理？

养猪生产的最终目的是将产品转化为收入，并力争盈利。对于满负荷生产的猪场，猪的品种、技术指标、成本控制等各项工作基本稳定，对市场进行准确分析预测，把握市场波动，实现利润最大化。

（1）优良的品质 通过品种改良、营养调控、饲喂方式的调整、适时出栏等措施，改良育肥猪的肉质、风味，最主要是改良育肥猪的瘦肉率和出肉率，屠宰企业一般会根据生猪级别进行定价。

（2）食品安全 育肥猪出栏必须确保按无公害生猪标准的停药期，饲料中禁止添加违禁药物、添加剂等，确保生猪无药残、无违禁药物、激素等，严禁触犯法律，并守住食品企业的道德底线。

（3）建立销售档案 对出栏猪群按批次管理，建立档案，定期对生猪的屠宰数据进行跟踪，通过数据分析市场的需求趋势，通过更新种猪或引进公猪精液等方式对猪群进行持续改良。

（4）产品结构的调整 生产者应对市场行情予以高度关注，并进行分析预测，结合场内各阶段生产成本，适时调整出栏产品结构（仔猪、育肥猪）、育肥猪重量。

（5）生物安全 销售过程对于猪场是一个非常危险的，有可能与外界病原接触的环节，场内要制定销售过程的生物安全措施，并严格执行。

附　录

一、猪场常用药品

（一）常用抗生素类药物

1. 青霉素类抗生素

（1）青霉素 G 钠（钾）　临床上主要用于治疗链球菌病、葡萄球菌病、炭疽恶性水肿、气肿疽、放线菌病、螺旋体病、乳房炎、子宫炎、化脓性腹膜炎、创伤感染、肾盂肾炎、膀胱炎，也可与破伤风抗毒素合用治疗破伤风。应注意该药易发生过敏反应，与四环素等酸性药物及磺胺类药有配伍禁忌。用法：针剂，肌内注射，1 万～1.5 万单位/千克体重，8～12 小时/次。

（2）氨苄青霉素（氨苄西林）　作用类似于青霉素 G，但对革兰氏阳性菌作用次于青霉素 G，对革兰氏阴性菌强于青霉 G。临床上用于肺炎、肠炎、子宫炎、胆管及尿路等感染的治疗，与卡那霉素、庆大霉素、链霉素有协同作用。片剂，内服，5～20 毫克/千克体重，2 次/日；针剂，肌内注射，2～7 毫克/千克体重，2 次/日。

（3）羟氨苄青霉素（阿莫西林）　临床上主要用于呼吸道、泌尿道及胆管感染，疗效优于青霉素，该药口服吸收好。对肠球菌属和沙门氏菌的作用较氨苄西林强 2 倍。不可在体外与氨基糖苷类混用。用法：胶囊，口服，100 毫克/千克体重，2 次/日；针剂，肌内注射，11 毫克/千克体重，1～2 次/日。

2. 头孢菌素类抗生素

（1）头孢噻吩钠（先锋霉素Ⅰ）　临床用于呼吸道、泌尿道的严重感染及乳房炎、骨髓炎、败血症等。可用于对青霉素耐药的金黄色葡萄球菌感染，本品不宜与庆大霉素合用。用法：肌内注射，10～20

毫克/千克体重，2次/日。

（2）头孢曲松钠　临床上对革兰氏阳性菌和革兰氏阴性菌有较强的抗菌效果，适用于呼吸道、泌尿道等，与氨基糖苷有增效作用，要分别注射。用法：针剂，肌内注射，10～20毫克/千克体重，1次/日。

（3）头孢氨苄　临床上对革兰氏阳性菌和革兰氏阴性菌有强的抗菌作用，不可与红霉素、卡那霉素、四环素、硫酸镁合用。用法：针剂，肌内注射，10～15毫克/千克体重，1～2次/日。

3. 大环内酯类抗生素

（1）红霉素　抗菌范围类似青霉素G，临床上用于耐药金黄色葡萄球菌的严重感染及肺炎、子宫炎、乳房炎、败血症、链球菌病等。用法：片剂，口服，20～40毫克/千克体重，2次/日；针剂，静脉注射或肌内注射，1～2毫克/千克体重，2次/日。

（2）泰乐菌素　抗菌作用类似于红霉素，对支原体作用强，治疗呼吸道炎症、肠炎、乳房炎、子宫炎及螺旋体病等。临床上主要用于猪气喘病的预防。本品与本类抗生素有交叉耐药性。用法：粉剂，混饲，100～120毫克/千克饲料；针剂，肌内注射，2～10毫克/千克体重，2次/日。

（3）替米考星　广谱抗菌，对革兰氏阳性、某些革兰氏阴性菌、支原体、螺旋体等均有抑制；对胸膜肺炎放线杆菌、巴氏杆菌及畜禽支原体具有比泰乐菌素更强的抗菌活性。本品禁止静注。用法：粉剂，混饲，200～400毫克/千克饲料；针剂，肌内注射，10～20毫克/千克体重，1次/日。

4. 氨基糖苷类抗生素

（1）链霉素　临床上主要用于治疗结核病及革兰氏阴性菌引起的感染，如肺炎、细菌性肠炎、膀胱炎、子宫炎、败血症、传染性鼻炎、放线菌病等，与青霉素合用治疗各种细菌性感染。用法：针剂，肌内注射，12毫克/千克体重，2次/日。

（2）庆大霉素　临床上主要用于治疗耐金黄色葡萄球菌及其他敏感菌引起的呼吸道、消化道、泌尿道感染及乳房炎、坏死性皮炎、败血症等。用法：针剂，肌内注射或静脉注射，1～1.5毫克/千克体重，3～4 次/日。

（3）丁胺卡那霉素（阿米卡星） 作用类似于卡那霉素，对卡那霉素、庆大霉素有耐药性菌株疗效好，临床主要用于败血症、菌血症和呼吸道、肠道及腹膜炎症的治疗，与青霉素、氨茶碱不能混合使用。用法：针剂，肌内注射，10～15 毫克/千克体重，2 次/日。

5. 四环素类抗生素

（1）土霉素 本品为广谱抗生素，对革兰氏阳性、阴性菌，对支原体、衣原体、立克次氏体、螺旋体等引起的临床感染都有疗效，也可用治疗子宫炎、坏死杆菌病等局部疾病，不可与青霉素联用。用法：粉剂，混饲，300～500 毫克/千克饲料；针剂，肌内注射或静脉注射，5～10 毫克/千克体重，1～2 次。

（2）四环素 临床应用类似于土霉素，可用于消化道、胆管、尿道等感染。用法：粉剂，混饲，300～500 毫克/千克饲料；针剂，肌内注射，2.5～5 毫克/千克体重，2 次/日。

（3）多西环素（强力霉素） 本品高效、广谱、低毒、抗菌作用类似土霉素和四环素，但作用强 2～10 倍，临床上用于治疗支原体病、立克次氏体病、大肠杆菌病、沙门氏菌病及巴氏杆菌病。不可与青霉素联用。用法：粉剂，混饲，100～200 毫克/千克饲料；针剂，肌内注射，1～3 毫克/千克体重，1 次/日。

6. 磺胺类抗生素

（1）磺胺嘧啶 抗菌谱广，抗菌作用较强，对革兰氏阳性菌和阴性菌等引起的各种感染疗效较好。副作用小，吸收较快而排泄较慢，是治疗脑部细菌性疾病的首选药物，适用于呼吸道、消化道、泌尿道等细菌感染性疾病，内服应配合等量的碳酸氢钠。用法：粉剂，内服，首次量每千克体重 140～200 毫克，维持量减半；针剂，肌内注射，140～200 毫克/千克体重，2 次/日。

（2）磺胺对甲氧嘧啶（磺胺-5-甲氧嘧啶） 对革兰氏阳性菌和阴性菌如化脓性链球菌、沙门氏菌和肺炎杆菌等均有良好的抗菌作用。本品内服吸收迅速，对尿路感染疗效显著，对生殖、呼吸系统及皮肤感染也有效。与三甲氧苄氨嘧啶合用，可增强疗效，内服应配合等量的碳酸氢钠，肾功能受损时慎用。粉剂，混饲，50～100 毫克/

千克饲料，维持量减半；片剂，内服，首次量 50～100 毫克/千克体重，维持量减半；针剂，肌内注射 50 毫克/千克体重，1～2 次/日，连用 2～3 日。

（3）磺胺间甲氧嘧啶（磺胺-6-甲氧嘧啶）　为较好的长效磺胺药，对革兰氏阳性、阴性菌均有良好的抗菌作用，对球虫和弓形虫作用显著，临床可用于治疗消化道、呼吸道及泌尿道感染，内服应配合等量的碳酸氢钠，肾功能受损时慎用。粉剂，混饲，50～100 毫克/千克饲料，维持量减半；片剂，内服，首次量 50～100 毫克/千克体重，维持量减半；针剂，肌内注射 50 毫克/千克体重，1～2 次/日，连用 2～3 日。

（4）三甲氧苄氨嘧啶（TMP）　与磺胺类药物或某些抗生素合用，能增强疗效，不单独使用，一般按 1∶5 的比例使用，对多种革兰氏阳性和阴性菌均有抑制作用，主要用于呼吸道、泌尿生殖道、消化道及全身性感染及败血症。

7. 喹诺酮类抗生素

（1）恩诺沙星　本品为广谱杀菌药，对革兰氏阳性、阴性菌均有杀灭作用，对支原体有特效，用于仔猪腹泻、断奶猪大肠杆菌—肠毒血症和腹泻、猪支原体肺炎、胸膜肺炎、嗜血杆菌感染，乳房炎、子宫炎和无乳综合征等。不可和丁胺卡那霉素或庆大霉素混合使用。用法：片剂，碾碎混饲，2.5～5 毫克/千克体重；针剂，肌内注射，2.5 毫克/千克体重，2 次/日，连用 3 天，必要时停用 2 天，再连用 3 天。

（2）环丙沙星　抗菌谱与氟哌酸相似，对葡萄球菌、链球菌、肺炎双球菌、绿脓杆菌尤强。对 β-内酰胺类和庆大霉素耐药菌也有效。多用于泌尿系统、呼吸系统感染，不可与氨茶碱合用。用法：肌内注射，2.5～5 毫克/千克体重，2 次/日，连用 3～5 日。

8. 林可胺类抗生素

（1）林可霉素（洁霉素）　本品抗菌作用与红霉素类似，但抗菌谱较窄，对革兰氏阳性球菌作用较强，尤其对厌氧菌作用强，可用于支气管炎、肺炎、败血症、乳房炎、骨髓炎、化脓性关节炎、蜂窝织炎及泌尿道感染等。对革兰氏阴性菌无效。不可和卡那霉素、磺胺类及红霉素合用。用法：片剂，口服，10～15 毫克/千克体重，3～4

次/日；针剂，肌内注射，5～20 毫克/千克体重；静脉注射，5～10 毫克/千克体重，2 次/日。

（2）克林霉素　抗菌作用和林可霉素相同，但抗菌效力比林可霉素强 4～8 倍。内服比林可霉素好。用法：按林可霉素用药量减半。

9. 其他抗生素

（1）泰妙菌素（支原净）　抗菌谱与大环内酯类相似，对革兰氏阳性菌、支原体、猪胸膜肺炎放线杆菌及猪密螺旋体等有较强的抗菌作用。本品禁止与聚醚类抗生素合用。用法：粉剂，混饲，100～120 毫克/千克饲料。

（2）氟苯尼考（氟甲砜霉素）　广谱抗菌制剂，对革兰氏阳性菌和革兰氏阴性菌均有强大的杀灭作用，对其他抗生素产生耐药性的菌株引起的感染防治效果显著，能有效控制猪的呼吸道和消化道疾病以及多种病因引起的继发感染和并发症，用于细菌所致的猪细菌性疾病，如猪的气喘病、传染性胸膜肺炎和黄、白痢等。用法：粉剂，混饲，50～100 毫克/千克饲料；针剂，肌内注射，具体见说明书。

（3）痢菌净　广谱抗菌药，对多种革兰氏阴性菌如巴氏杆菌、大肠杆菌、沙门氏菌、李斯特菌等有较强的抑制作用；对某些革兰氏阳性菌如金黄色葡萄球菌、链球菌等也有抑制作用，对密螺旋体有特效，对真菌抑制作用较差。用法：片剂，口服，5～10 毫克/千克体重，2 次/日；针剂，肌内注射，2.5～5 毫克/千克体重，2 次/日，连用 3 天。

（二）常用解热镇痛药

1. 复方氨基比林

本品为氨基比林与巴比妥组成的复合制剂，解热镇痛作用持久而强。广泛用于神经痛，肌肉痛，关节痛，急性风湿性关节炎。本品长期连续使用，可引起粒性白细胞减少症。用法：针剂，肌内注射，5～10 毫升/次。

2. 安乃近（诺瓦经）

解热作用显著，镇痛作用也较强，有一定的消炎和抗风湿作用。本品长期应用，可引起粒细胞减少，加重出血的倾向。用法：片剂，内服，2～5 克/次；针剂，肌内注射，1～3 克/次。

3. 柴胡注射液

解热作用明显，有一定的镇静、镇咳、镇痛、抗炎等作用。用于感冒、上呼吸道感染等发热性疾病。用法：针剂，肌内注射，5～10毫升/次。

(三) 常用组织代谢类药物

1. 地塞米松（氟美松）

临床上用于抗炎、抗风湿、抗过敏、抗中毒及抗休克的治疗。地塞米松没有钠潴留和钾损失的作用，但抗炎作用比可的松强25～30倍。用法：针剂，肌内注射或静脉注射，4～12毫克/次。

2. 维生素C（抗坏血酸）

参与机体氧化还原反应；有解毒作用；参与体内活性物质和组织代谢；增强机体抗病能力。用于缺乏维生素C引起的坏血病，也可用于各种传染病、高热、慢性消耗性疾病、外伤、过敏性疾病和某些中毒病的辅助治疗。用法：片剂，内服，0.2～0.5克/次；针剂，肌内注射或静脉注射，0.2～0.5克/次。

3. 维生素E（生育酚）

维持生殖器官的正常机能，对肌代谢有良好影响，并具有抗氧化作用。可用于猪白肌病、猪肝坏死和黄脂病等。常和硒配合用。用法：针剂，皮下注射或肌内注射，0.1～0.5克/次。

4. 复合维生素B

含有多种维生素B。用于营养不良、食欲不振、神经炎、糙皮症和缺乏维生素B而导致的各种疾病的辅助治疗。用法：针剂，肌内注射，2～6毫升/次。

5. 葡萄糖酸钙

主要用于钙缺乏所致的骨软症、佝偻病以及各种过敏性疾病、血钾过高症、镁离子中毒等，缓慢静注，勿漏出血管外。用法：10%针剂，静脉滴注，50～150毫升/次。

6. 亚硒酸钠

具有抗氧化作用及促进抗体生成，增强机体免疫力作用。主要用于猪缺硒症、营养性肝病和桑葚心等，对母猪流产、胎衣不下、乳房炎也有一定辅助疗效，常与维生素 E 合用，效果佳。用法：肌内注射，仔猪 1～2 毫升/次；母猪 5～10 毫升/次。

7. 等渗氯化钠（生理盐水）

用于严重腹泻和大量出汗时，补充水和盐；大出血或休克时，用于补充血容量；中毒时急救、广泛用于一些静注药物的溶剂和稀释。用法：注射液，静注，250～1 000 毫升/次。

8. 葡萄糖注射液

具有供给机体能力；增强肝脏解毒能力；强心利尿，扩充血容量等作用。本品可用于重病、久病、体质虚弱的病猪以补充能量，也可用做脱水、低血糖症、化学药品及农药中毒、细菌毒素中毒等解救的辅助治疗。用法：注射液，静脉注射，10～50 克/次。

9. 葡萄糖氯化钠注射液

本品可补充体液、能量、钠离子和氯离子。用法：注射液，静脉滴注，250～500 毫升/次。

10. 碳酸氢钠（小苏打、重碳酸钠）　增加血液碱储，纠正酸中毒。主要用于各种原因引起的酸中毒、高钾血症、感染与中毒性休克等。本品不可与酸性药物、生理盐水及磺胺类钠盐、钙剂混合使用；肾功能不全、水肿、缺钾等病猪慎用。用法：5%注射液静脉滴注，40～120 毫升/次。

（四）常用血液循环系统的药物

1. 维生素 K_3

本品在临床上用于各种原因引起的出血性疾病和低血酶原血症（水杨酸钠中毒）及长期服用抗生素药物引起的维生素 K 缺乏症。静注时应缓慢，且用生理盐水稀释，成年猪不超过 10 毫克/分钟，幼猪不超过 5 毫克/分钟。用法：针剂，肌内注射或静脉注射，0.5～2.5 毫克/千克体重。

2. 酚磺乙胺（止血敏）

本品能促进血小板生成，增加循环血液中的血小板数，增加血小板凝集和黏附性，促进释放各种凝血因子，缩短凝血时间。用于手术前后的预防出血和止血、鼻出血、内脏出血、分娩时异常出血、紫癜等。本品过量可致血栓形成。用法：针剂，肌内注射或静脉注射，

0.25～0.5 克/次。

3. 肝素

有抗凝血作用。主要用于输血、体外循环及化验室血样抗凝；防治血栓，栓塞性疾病。不可作肌内注射，过量易引发严重出血，除停药外，还需注射肝素特效解毒剂鱼精蛋白。用法：针剂，肌内注射或静脉注射，100～130 国际单位/千克体重。

4. 牲血素（右旋糖酐铁注射液）

用于仔猪贫血、创伤性贫血、营养障碍性贫血、寄生虫性贫血等。不宜与其他药物同时或混合使用。用法：针剂，肌内注射，100～200 毫克/次。

5. 维生素 B_{12}

用于恶性贫血，亦用于神经炎、肝脏疾病和再生障碍性贫血等。用法：肌内注射，0.3～0.4 毫克/次。

（五）其他药

1. 安钠咖

临床上主要用于解救因急性感染中毒、催眠药、麻醉药、镇痛药中毒引起的呼吸、循环衰竭。与溴化物合用，使大脑皮质的兴奋、抑制过程恢复平衡，用于神经官能症。用法：针剂，具体见说明书。

2. 美蓝（亚甲蓝）

为氧化还原剂，用于缓解亚硝酸盐中毒，也可用于治疗氨基比林、磺胺类药引起的高铁血红蛋白症。大剂量有氧化作用，能使血红蛋白变成高铁血红蛋白，再与氰化物结合解除组织缺氧，用于氰化物中毒，当用于氰化物中毒时，须与硫代硫酸钠合用，严禁皮下注或肌注，不可与其他药物混合使用。用法：针剂，静脉注射，0.1～0.2 毫升/千克体重（解救高铁血红蛋白血症）。

3. 肾上腺素

能兴奋心脏，使心肌收缩力加强，心率加快，心输出量增多，收缩血管，导致血压急剧上升。常用于急性麻醉过深、急性心力衰竭的心跳减弱或骤停以及过敏性休克等。禁与洋地黄、钙剂及碱性药物配伍；水合氯醛中毒患猪禁用。用法：0.1%针剂，肌内注射，0.01～0.02 毫升/千克体重；静脉注射，应用生理盐水稀释 10 倍，隔 15 分钟可重复一次。

4. 催产素

子宫收缩作用同脑垂体后叶素，且不含抗利尿素。用于分娩时子宫收缩无力、产后出血、催产、胎衣不下和排出死胎等。用法：针剂，肌内注射，10～50单位/次。

（六）常用的抗寄生虫药

1. 敌百虫

为有机磷制剂，驱虫范围广，对猪体内外寄生虫均有杀虫作用，临床主要用于驱除猪胃肠道线虫及体外寄生虫，如蜱、螨、蚤、虱、蚊、蝇等。但治疗量与中毒量接近，中毒时可用解磷定、阿托品等解救；勿与碱性药物或碱水配伍。用法：结晶粉末内服，80～100毫克/千克体重（极量7克/头）；外用，配制1%～3%溶液局部涂擦或喷雾。

2. 左旋咪唑（左噻咪唑）

广谱、高效、低毒驱虫药，对多种消化道线虫有较好作用，对猪蛔虫、类圆线虫和后圆线虫有良好驱除效果，并有免疫调节作用。用法：片剂，内服，8毫克/千克体重；针剂，肌内注射，7.5毫克/千克体重。

3. 伊维菌素

具有广谱、高效、用量小和安全等特点，对猪后圆线虫、猪蛔虫、有齿冠尾线虫、食管口线虫、兰氏类圆线虫以及后圆线虫幼虫均有效。对外寄生虫如猪疥螨、猪血虱等亦有极好的杀灭作用。用法：针剂，肌内注射，0.3毫克/千克体重，通常用药1次，必要时可间隔7～9天重复注射。

4. 三氮脒（贝尼尔、血虫净）

本品是治疗猪附红细胞体病的高效药物。用法：针剂，肌内注射，轻病例3.5毫克/千克体重即可，重型病例5～9毫克/千克体重。

（七）常用消毒药

1. 复合酚（消毒灵、菌毒敌、农乐）

本品为广谱、高效消毒药，可杀灭细菌、霉菌及病毒，也可杀灭多种寄生虫卵。主要用于圈舍、器具、排泄物和车辆等消毒。药液用水稀释100～200倍，可用于喷雾消毒。禁与碱性药物或其他消毒剂合用，稀释用水的温度不能低于8℃，对严重污染的可增加浓度及喷洒次数。剂型及使用规格：水溶液（含酚41%～49%、醋酸22%～26%），用水稀释100～200倍。

2. 醋酸（乙酸）

有抗细菌和真菌作用。2%～3%溶液冲洗口腔用；0.5%～2%溶液冲洗感染创面；5%醋酸溶液有抗绿脓杆菌、嗜酸杆菌和假单胞菌属的作用；5.7%～6.3%用于空气消毒，可预防感冒和流感，可带猪消毒。用法：液体，用水稀释到5%～6%。

3. 氢氧化钠（火碱、烧碱、苛性钠）

对病毒和细菌具有较强的杀灭能力，对寄生虫卵也有作用。3%溶液用于车船、猪舍地面及其用具的消毒，但不许带猪消毒，以防止烧坏皮肤。高浓度的氢氧化钠溶液可灼伤组织，损伤铝制品、棉、毛及漆面等，消毒时注意防护。剂型及使用规格：干燥块，用水配成3%～5%溶液。

4. 氧化钙（生石灰）

对细菌有良好的消毒作用，而对芽孢和结核杆菌无效。用20%～30%石灰乳涂刷猪舍墙壁、畜栏和地面等。剂型及用法：块状物，用水配成10%～20%石灰乳。

5. 过氧乙酸

本品能杀死细菌、真菌、病毒和芽孢，在低温下仍有杀菌和抗芽孢能力。主要用于猪舍及器具等的消毒。腐蚀性强，有漂白作用，稀溶液对呼吸道和眼结膜有刺激性；浓度较高的溶液对皮肤有强烈刺激性。有机物可降低其杀菌能力。剂型及用法：液体，用水稀释成0.2%溶液或0.5%溶液。

6. 百毒杀

能迅速杀灭各种病毒、病原菌及有害微生物。环境消毒取本品1毫升，加入3升水中。饮水、水管、水塔等消毒时取1毫升加入10～20升水中。剂型及用法：液体（新型季铵盐类化合物），使用见说明。

7. 碘伏

商品名为安得福、安多福、爱迪优、络合碘等。为碘与表面活性剂的不定型结合物，在溶液中逐渐释放碘而起消毒作用。对大部分细菌、病毒、真菌、原生动物及细菌芽孢均有杀灭作用。用于畜栏、猪舍、墙壁和车辆工具、衣物等消毒。剂型及用法：液体，使用见说明书。

8. 漂白粉

杀菌作用快而强，但不持久。喷洒、撒粉，用于消毒猪舍、猪栏、排泄物；饮水消毒 0.3～1.5 克/升水。剂型及用法：粉剂，用水配成 5%～20%混悬液。

9. 三氯氰尿酸散

杀菌谱广，能迅速杀灭各种细菌、病毒、真菌孢子，溶液的 pH 越低，杀菌作用越强。加热可加强杀菌效力。有机物对本消毒剂的杀菌作用影响较小。水溶液喷洒、浸泡、擦拭用具及地面；也可用于饮水消毒；另外，可与多聚甲醛干粉配合用于熏蒸，与去污剂配合，用于清洁消毒。剂型及用法：白色粉末，具体使用见说明书。

10. 新洁尔灭（溴苄烷铵）

是一种表面活性消毒剂，不能与肥皂同时用。常用 0.1%溶液，用于手、皮肤、手术器械、冲洗黏膜及工作服等消毒。

11. 高锰酸钾（过锰酸钾）

本品是一种强氧化剂，对细菌、病毒具有杀灭作用。常用 0.1%溶液，用于猪乳房消毒，化脓创、溃烂创冲洗等。

12. 40%甲醛溶液

有极强的还原性，可使蛋白质变性，具有较强的杀菌作用。2%福尔马林用于器械消毒。猪舍熏蒸消毒，要求室温 20℃，相对湿度 60%～80%，门窗密闭，不许漏风。预防性消毒每立方米空间用福尔马林 14 毫升、水 14 毫升、高锰酸钾 7 克，消毒 12 小时以上；发生传染病时消毒，每立方米空间用福尔马林 28 毫升、水 28 毫升、高锰酸钾 14 克，消毒时间12～24 小时。由细菌芽孢或强病毒引起的传染病，每立方米空间用福尔马林 42 毫升、水 42 毫升、高锰酸钾 21 克，消毒时间最好 24 小时以上。先把福尔马林和水放在一个容器里，再加入高锰酸钾；甲醛蒸气迅速蒸发，人必须快速退出。特别要注意的是先放福尔马林和水，后放高锰酸钾，按这个程序进行，不允许颠倒。

13. 酒精、碘酊

（1）酒精 制成70％酒精浸泡脱脂棉球，具有溶解皮脂、清洁皮肤、杀菌快、刺激性小的特点。用于注射针头、体温计、皮肤、手指及手术器械的消毒。

（2）碘酊 5％碘酊用于外科手术部位、外伤及注射部位的消毒。

二、猪的免疫程序（仅供参考）

1. 育肥猪

1 日龄：猪瘟弱毒苗超免。仔猪生后在未采食初乳前，先肌内注射 1 头份猪瘟弱毒疫苗，隔 1～2 小时后再让仔猪吃初乳，这适用于常发猪瘟的猪场，在 60 日龄二免 2 头份。

7～10 日龄：猪伪狂犬病灭活苗，颈部肌内注射 0.5～1 毫升，断乳后二免 2 毫升。

20～25 日龄：仔猪水肿病苗，颈部肌内注射 2 毫升。

20～30 日龄：猪蓝耳病灭活苗，肌内或皮下注射 1～2 毫升；猪链球菌病灭活苗，肌内或皮下注射 1 毫升，2 周后二免 2 毫升。

30 日龄或断乳后：仔猪副伤寒活苗，口服 1 头份，常发病场 3～4 周后二免。

45～50 日龄：猪口蹄疫浓缩灭活苗，颈部肌内注射，体重 30 千克以下 1 毫升、体重 30～80 千克的 2 毫升、体重 80 千克以上 3 毫升。

50～60 日龄：猪肺疫菌苗口服 1 头份。

60 日龄：猪丹毒菌苗，颈部肌内注射或口服 1 头份。

外购仔猪，进场观察 48 小时后免疫口蹄疫疫苗 1 次，20～30 天后二免。在首免口蹄疫疫苗 3～7 天后分别免疫猪瘟、猪丹毒、猪肺疫、仔猪副伤寒疫苗各 1 次，每次间隔 3～7 天。

2. 种用仔猪

1日龄：猪瘟弱毒苗超免。仔猪生后在未采食初乳前，先肌内注射1头份猪瘟弱毒疫苗，隔1～2小时后再让仔猪吃初乳，这适用于常发猪瘟的猪场，在60日龄二免2头份。

3～5日龄：仔猪黄白痢基因工程苗，颈部肌内注射2毫升。

7～10日龄：猪伪狂犬病灭活苗，颈部肌内注射0.5～1毫升，断乳后二免2毫升。

10～15日龄：猪气喘病苗，肺内注射2毫升，常发病猪场15～21天后进行二免。

20～25日龄：猪瘟细胞苗（未超前免疫者），颈部肌内注射2头份，60～65日龄进行二免；仔猪水肿病苗，颈部肌内注射2毫升。

20～30日龄：猪蓝耳病灭活苗，肌内或皮下注射1～2毫升；猪链球菌病灭活苗，肌内或皮下注射1毫升，2周后二免2毫升。

30日龄或断乳后：仔猪副伤寒活苗，口服1头份，常发病场3～4周后二免。

45～50日龄：猪口蹄疫浓缩灭活苗，颈部肌内注射，体重30千克以下1毫升、体重30～80千克的2毫升、体重80千克以上3毫升。

50～60日龄：猪丹毒菌苗，颈部肌内注射或口服1头份；猪肺疫菌苗口服1头份。

60～70日龄：猪传染性胸膜肺炎灭活苗，肌内或皮下注射2毫升，2周后加强免疫1次。

3. 种母猪

配种前4周：猪口蹄疫浓缩灭活苗，颈部肌内注射，体重30千克以下1毫升、体重30～80千克的2毫升、体重80千克以上3毫升，分娩前4周二免；或每年3月下旬、10月上旬各免1次。

仔猪二免后6个月：猪瘟细胞苗，颈部肌内注射4头份，产仔断乳后至再配间隔期内免1次或每半年免1次。

每年3月下旬、10月上旬：猪丹毒菌苗，颈部肌内注射或口服1头份，每半年免1次；猪肺疫菌苗，口服1头份，每半年免1次。

配种前4～5周：猪细小病毒灭活苗，颈部肌内注射2毫升，2～

3周后二免。

临产前1个月：猪伪狂犬病灭活苗，颈部肌内注射2毫升。

配种前4～5周：猪蓝耳病灭活苗，颈部肌内注射2～4毫升，分娩前4～5周二免。

临产前30～40天：猪大肠杆菌基因工程苗，颈部肌内注射2～5毫升，临产前15～20天二免，以后每次临产前15～20天免1次即可。

临产前20～30天：猪传染性胃肠炎与流行性腹泻二联灭活苗，后海穴注射4毫升。

临产前2个月：猪萎缩性鼻炎灭活苗，颈部肌内注射2毫升，临产1个月二免，以后每次临产前1个月免1次即可。

临产前70天：猪链球菌病灭活苗，肌内或皮下注射2毫升，临产前21天二免。

临产前40～45天：猪传染性胸膜肺炎灭活苗，颈部肌内注射2毫升，临产前20～25天二免，以后每次临产，前1个月免1次即可。

临产前50～60天：猪梭菌性肠炎灭活苗，颈部肌内注射2毫升，临产前25～30天二免，以后每次临产前30天免1次即可。

每年蚊虫出现前20～30天：猪乙型脑炎灭活苗，颈部肌内注射2毫升，10～15天后二免，以后每年免1次即可。

每4个月：猪口蹄疫浓缩灭活苗，颈部肌内注射或穴位注射，体重30千克以下1毫升、体重30～80千克的2毫升、体重80千克以上3毫升、或穴位注射1毫升。

每6个月：猪气喘病苗，肺内注射2毫升；猪瘟细胞苗，颈部肌内注射4头份；猪丹毒菌苗，颈部肌内注射或口服1头份；猪肺疫菌苗，口服1头份；猪链球菌病灭活苗，肌内或皮下注射2毫升；猪传染性胸膜肺炎灭活苗，颈部肌内注射2毫升；猪细小病毒灭活苗，颈部肌内注射2毫升；猪伪狂犬病灭活苗，颈部肌内注射2毫升；猪蓝耳病灭活苗，颈部肌内注射2～4毫升。

4. 种公猪

每4个月：猪口蹄疫浓缩灭活苗，颈部肌内注射或穴位注射，体重30千克以下1毫升、体重30～80千克的2毫升、体重80千克以上3毫升、或穴位注射1毫升；

每6个月：猪瘟细胞苗，颈部肌内注射4头份；猪丹毒菌苗，颈部肌内注射或口服1头份；猪肺疫菌苗，口服1头份；猪链球菌病灭活苗，肌内或皮下注射2毫升；猪气喘病苗，肺内注射2毫升；猪传染性胸膜肺炎灭活苗，颈部肌内注射2毫升；猪细小病毒灭活苗，颈部肌内注射2毫升；猪伪狂犬病灭活苗，颈部肌内注射2毫升；猪蓝耳病灭活苗，颈部肌内注射2～4毫升。

三、生产管理档案卡

1. 种猪常用档案卡

(1) 母猪档案记录表

序号：

品种		耳号		出生日期						父系品种耳号										母系品种耳号						
胎龄	第一次配种		第二次配种		配后非正常猪状况日期	复配1				配后非正常猪状况日期	复配2				产仔数					断奶		带仔状况				备注
						第一次		第二次			第一次		第二次													
	日期	公猪耳号	日期	公猪耳号		日期	公猪耳号	日期	公猪耳号		日期	公猪耳号	日期	公猪耳号	日期	合格	弱仔	烂胎	死胎	日期	日龄	优	良	一般	差	
淘汰日期						原因																				

部门：　　　　　　　　审核：

（2）母猪试情/配种表

部门：生产　　　部

舍别栏位	品种	母猪耳号	胎次	上次配种日期	发情确定	初配日期	公猪耳号	复配日期	公猪耳号	配后非正常猪状态日期			
										返情	流产	淘汰	死亡
					A/P	A/P		A/P					
					A/P	A/P		A/P					
					A/P	A/P		A/P					
					A/P	A/P		A/P					
					A/P	A/P		A/P					
					A/P	A/P		A/P					
					A/P	A/P		A/P					
					A/P	A/P		A/P					

其中A代表上午，P代表下午。

（3）母猪分胎繁殖统计表

舍别：　　　　　　　　　　　　制表：

母猪			与配公猪						分娩期	产仔数				均产只数	初生称重					平均称重只数	60日称重数					
			第一次			第二次																				
耳号	品种	胎次	耳号	品种	配种日期	耳号	品种	配种日期		仔猪	存活	死胎	烂胎		仔猪	窝重	平均	最大	最小		仔猪数	窝重	平均	最大	最小	均只

（4）母猪产仔/带仔记录表

部门：

舍别	母猪耳号	胎次	配种日期	产仔日期	合格仔猪头数	弱仔数	腐烂胎数	死胎数	备注	断奶日期	带仔日龄	带仔情况				备注
												优	良	一般	差	

（5）公猪使用记录表

日期：　　年　　月　　日

耳号	星期	一	二	三	四	五	六	日	一	二	三	四	五	六	日	一	二	三	四	五	六	日
	月号																					

(6) 公母猪配种情况表

日期：

栏号	母猪耳号	系别	胎次	断奶日期	配种情况				孕检	预产期	备注
					配种日期	配种公猪	输精次数	返情（流产）情况			

(7) 精液质量评定表

猪号：　　　　出生日期：　　　　系别：

采精日期	重量	比色度	头份	精子活力				畸形率（%）	爬跨状态	备注
				鲜精	第一天	第二天	第三天			

(8) 公/母猪淘汰表

部门：生产　　部　　　　序号：

月/日	公/母猪耳号	胎次	所在圈舍号	淘汰原因	生产部意见（淘汰√ 否×）	签名

2. 产房常用档案卡

(1) 产房接产记录表

日期	分娩时间		床号	母猪号	系别	新生公仔猪	新生母仔猪	死胎		木乃伊	是否助产	接产人
	起始	结束						公	母			

(2) 产房仔猪死亡记录

产房号	死亡日期	耳号	出生日期	死亡原因					日龄		
				母猪压死	饿死	体重过轻	畸形八字腿	其他	2天以内	2～8天	8天以上

3. 育肥猪常用档案卡

(1) 育肥舍猪只进出动态表

年　月　日

舍别	月初存栏		转入小猪		出售大猪		出售中猪		调出食品猪		调拨		转群		淘汰猪		死亡猪		月末存栏	
	只数	重量	只数	重量	只数	重量	只数	重量	只数	重量	只数	重量	只数	重量	只数	重量	只数	重量	只数	重量

（续）

舍别	月初存栏		转入小猪		出售大猪		出售中猪		调出食品猪		调拨		转群		淘汰猪		死亡猪		月末存栏	
	只数	重量	只数	重量	只数	重量	只数	重量	只数	重量	只数	重量	只数	重量	只数	重量	只数	重量	只数	重量

制表：

（2）育肥猪舍饲喂记录表

圈舍号：

月	存栏数			喂料袋数				备注	月	存栏数			喂料袋数				备注
日	大猪	中猪	小猪	01	02	03	04		日	大猪	中猪	小猪	01	02	03	04	
1									12								
2									13								
3									14								
4									15								
5									16								
6									17								
7									18								
8									19								
9									20								
10									21								
11									22								

（续）

月日	存栏数			喂料袋数				备注	月日	存栏数			喂料袋数				备注
	大猪	中猪	小猪	01	02	03	04			大猪	中猪	小猪	01	02	03	04	
23									28								
24									29								
25									30								
26									31								
27																	

部门：　　　　　　　　　　　　　　　　　　　饲养员签字：

4. 其他常用生产管理档案

（1）周转移记录表

生产　　部

转移日期	转出圈舍	转入圈舍	转移日期	转出圈舍	转入圈舍	转移日期	转出圈舍	转入圈舍	转移日期	转出圈舍	转入圈舍
序号	耳号	重量（千克）	序号	耳号	重量（千克）	序号	耳号	重量（千克）	序号	耳号	重量（千克）
1			1			1			1		
2			2			2			2		
3			3			3			3		
4			4			4			4		
5			5			5			5		
6			6			6			6		
7			7			7			7		
8			8			8			8		
9			9			9			9		
10			10			10			10		
11			11			11			11		
12			12			12			12		
13			13			13			13		
14			14			14			14		
15			15			15			15		
16			16			16			16		
17			17			17			17		

（续）

转移日期	转出圈舍	转入圈舍	转移日期	转出圈舍	转入圈舍	转移日期	转出圈舍	转入圈舍	转移日期	转出圈舍	转入圈舍
序号	耳号	重量（千克）	序号	耳号	重量（千克）	序号	耳号	重量（千克）	序号	耳号	重量（千克）
18			18			18			18		
19			19			19			19		
20			20			20			20		
21			21			21			21		
22			22			22			22		
合计			合计			合计			合计		
转移交接人			转移交接人			转移交接人			转移交接人		
转移受理人			转移受理人			转移受理人			转移受理人		
不合格头数			不合格头数			不合格头数			不合格头数		
备注：			备注：			备注：			备注：		

（2）周生产报表

表号：

公母猪头数及各舍饲料																			
舍别	上周存		增加		转入	转出	淘汰		死亡		现存		饲料				
	公	母	公	母			公	母	公	母	公	母	01	02	03	基础料	合计
合计																	

产　仔

配种舍别	产仔舍别	配种头数	产胎头数	产胎率	总产仔数	均只	产活仔数	均只	弱残畸烂	头胎			经产		
										胎	头	均	胎	头	均
1															
2															
3															
合计															

（续）

断奶										
舍别	产仔				断奶					
	胎数	头数	均只	带仔33天以下	胎数	头数	重量	头重	均只	成活率
1										
2										
3										
合计										

转群												
舍别	进猪				转群							
	日期	头数	总重	头重	日期	头数	总重	头重	净重	饲料	料比	育成率
保育舍												
保育舍												
保育舍												

(3) 月生产报表

生产　部　　　　　　　　　　　　　　　　年　月　日

母猪进出动态表								
生产部门	月初存栏	进后备母猪	合计	淘汰	处理	死亡	作肉猪出售	月末结存
合计								

仔猪进出动态表								
生产部门	月初存栏	出生仔猪数	合计	转群繁育舍	处理	死亡	月末结存	生产部门
合计								

（续）

保育舍猪只进出动态表								
生产部门	月初存栏	转入仔猪	合计	转群肉猪舍	处理	死亡	月末存栏	生产部门
合计								

（4）猪场生猪盘存表

年 月 日

舍别	合计			基本公母猪		后备公母猪		肉猪		仔猪	
	只数	重量	金额	只数	重量	只数	重量	只数	重量	只数	重量

负责人　　　　制表

（5）死亡/扑杀记录表

圈舍号：

月/日	数量	死亡/扑杀原因	兽医签名	死猪处理		处理人签字	备注
				数量	方式		

（续）

月/日	数量	死亡/扑杀原因	兽医签名	死猪处理		处理人签字	备注
				数量	方式		
合计			合计				
备注	死猪处理方式：A. 投入厌氧池　B. 焚烧　C. 深埋						

部门：生产　部　　　　　饲养员：

（6）防疫消毒记录表

消毒日期	时间	圈舍号	药物名称	批号	剂量浓度	消毒对象	消毒人签字
	A/P						
	A/P						
	A/P						
	A/P						
	A/P						
	A/P						
	A/P						
	A/P						
	A/P						
	A/P						
	A/P						
	A/P						
	A/P						
	A/P						

其中A代表上午，P代表下午。

四、国内直辖市及其他地区主要种猪场及其联系方法

直辖市

1. 北京六马养猪科技有限公司
地址：北京市顺义区大孙各庄镇后六马村北
联系电话：010-61474237
传真电话：010-61474238
联系人：李金萍
E-mail：bjlmhr@163.com
邮编：101308

2. 北京养猪育种中心
地址：北京市海淀区上庄镇前章村西中荷培训中心
联系电话：13501038210
传真：82475589 转 8010
联系人：蒲万雄
E-mail：sylhpwx@yeah.net
邮编：100194

3. 北京顺鑫农业股份有限公司小店畜禽良种场
地址：北京顺义区木林镇茶棚村东
联系电话：13601028069
传真：010-60458998
联系人：潘永杰
E-mail：chapeng8998@tom.com
邮编：101314

4. 天津市宁河原种猪场

地址：天津宁河区东棘坨镇艾林村南
联系电话：022-69431311
传真：022-69431760
联系人：李继良
E-mail：tjsnhyzzc@eyou. com
邮编：301504

5. 天津市惠康种猪育种有限公司
地址：天津市宁河区苗庄镇苗枣村南
联系电话：022-69216018
传真：022-69390287
联系人：陈海明
E-mail：chenhaiming2009@sina. cn
邮编：301500

6. 天津恒泰牧业有限公司
地址：天津市宝坻区高家庄镇后西苑村
联系电话：022-82669851
传真：022-29228832
E-mail：baodichina@163. com
邮编：301800

7. 上海祥欣畜禽有限公司
地址：上海市浦东新区老港镇
联系电话：13472670773　021-58051338
传真：021-58053660
联系人：张和军
E-mail：shxxgx@shxxgx. com
邮编：201302

8. 上海市上海农场

地址：江苏省大丰县四岔河
联系电话：0515-3262528
E-mail：shncbgs@brightfood. com
邮编：224151

9. 重庆南方金山谷农牧有限公司
地址：重庆市高新区科园四路 195 号
联系电话：15856014120
传真：023-68629303
联系人：熊平伟
E-mail：nfjsgxs@163. com
邮编：400041

10. 重庆市六九原种猪场有限公司
地址：重庆市黔江区城西七路 449 号计生委家属院
联系电话：18723350550
传真：023-79648369
联系人：邱进杰
E-mail：ly69696969@vip. 163. com
邮编：409000

东北地区

1. 阜新原种猪场
地址：辽宁省阜新县红帽子乡三家子村
联系电话：0418-8109666
传真：0418-8109988
联系人：邹德华
E-mail：zoudehua4358@163. com
邮编：123136

华东地区

1. 山东省日照原种猪场
地址：山东省日照国际海洋城 341 省道路北
联系电话：0633-8269398
联系人：葛长利
E-mail：cnswine@163.com
邮编：276800

2. 潍坊江海原种猪场
地址：山东省青州市黄楼街道办事处月季路南 1500 米
联系电话：0536-3831860
传真：0536-3830832
E-mail：jhai2005@tom.com
邮编：262518

3. 菏泽宏兴原种猪繁育有限公司
地址：山东省定陶县陈集镇南三公里
联系电话：13854086066
传真：0530-2791525
联系人：郝有彪
E-mail：hzhxp@hzhxp.net
邮编：274108

4. 威海大北农种猪科技有限公司
地址：山东省文登市宋村镇硝三村
联系电话：0631-8893299　13953920310
传真：0631-8893299
联系人：张岩
E-mail：lyzhangyan1212@126.com
邮编：264400

5. 山东益生种畜禽股份有限公司
地址：山东烟台福山区空港路南益生路一号
联系电话：0535-2119086
传真：0535-2119002
E-mail：ys@yishenggufen. com
邮编：265508

6. 山东华特希尔育种有限公司
地址：山东省无棣县荣昌路
联系电话：0543-2251886
传真：0543-2251686
E-mail：sdhtxe@163. com
邮编：251999

7. 山东鼎泰牧业有限公司
地址：济南市长清区归德镇西张村西
联系电话：0531-87367188
传真：0531-3-87369966
E-mail：13969054722@163. com
邮编：250301

8. 临沂新程金锣牧业有限公司
地址：山东省临沂市兰山区方城镇
联系电话：0539-7057057
传真：0539-7057057
联系人：文永庆
E-mail：Wenyq81@126. com
邮编：276400

9. 安徽长风农牧科技有限公司
地址：安徽合肥双凤开发区双凤大道1号

联系电话：0551-6975228
传真：0551-6975208
E-mail：changfengjituan@126. com
邮编：231131

10. 安徽省安泰种猪育种有限责任公司
地址：安徽合肥肥东县包公镇高亮林场
联系电话：0551-7423687
传真：0551-3527272
联系人：王志华
E-mail：739666560@qq. com
邮编：231613

11. 安徽大自然种猪育种有限公司
地址：安徽省淮北市濉溪县五铺果园场
联系电话：0561-7097678
传真：0561-7292555
联系人：田绿兵
E-mail：www. dzrpig@163. com
邮编：235000

12. 安徽浩翔农牧有限公司
地址：安徽利辛工业园永兴西路9号
联系电话：0558-8080800
传真：0558-8085555
E-mail：ahhxnm@126. com
邮编：236800

13. 安徽绿健种猪有限公司
地址：安徽省全椒县六镇镇柴岗村长冲村民组
联系电话：0550-5484788

传真：0550-5484548
E-mail：ahljgs@126. com
邮编：239500

14. 常州市康乐农牧有限公司
地址：江苏省常州市武进区夏溪镇周庄村
联系电话：0519-86361238
传真：0519-86361116
联系人：黄小国
E-mail：jsklyz@163. com
邮编：213148

15. 江苏省永康农牧科技有限公司
地址：江苏省金坛市朱林镇咀头村
联系电话：0519-82625288
传真：0519-82625518
联系人：田青芳
E-mail：925770542@qq. com
邮编：213241

16. 江苏天兆实业有限公司
地址：江苏省连云港市灌南县三口镇
联系电话：13382962022
传真：0518-83586022
E-mail：lzj@tianzow. com
邮编：222500

17. 浙江加华种猪有限公司
地址：浙江省金华市加华路1号
联系电话：13905792867
传真：0579-82771887

联系人：华坚青
E-mail：jpbf@jpbf. com
邮编：321053

18. 杭州大观山种猪育种有限公司
地址：杭州市余杭区瓶窑彭公
联系电话：0571-88524539
传真：0571-88523061
E-mail：hzzzc2@hzzzc. com
邮编：311115

19. 福清市永诚畜牧有限公司
地址：福建省福清市高山镇薛港村
联系电话：400-000-1895　0591-85885666
传真：0591-85870826
联系人：薛永钦
E-mail：ycwaldo@vip. 163. com
邮编：350319

20. 福建光华百斯特生态农牧发展有限公司
地址：福建三明尤溪县洋中镇洋边村
联系电话：15959815193
传真：0598-5088663
联系人：刘亚轩
E-mail：sales@ghbt. cn
邮编：365106

21. 福清市丰泽农牧科技开发有限公司
地址：福建省福清市阳下镇作坊村 34 号
联系电话：0591-85291518
传真：0591-85292317

联系人：陈立伟
E-mail：61350774@qq.com
邮编：350023

22. 厦门国寿种猪开发有限公司
地址：福建厦门同安区竹坝华侨经济开发区竹坝路 699 号
联系电话：0592-7233967　0592-7233499
传真：0592-7231007
联系人：李军山
E-mail：xmgscn@163.com
邮编：361100

23. 福建宁德南阳实业有限公司
地址：福建宁德蕉城区国道路 56 号
联系电话：0593-2731518
传真：0593-2731896
联系人：阮绍明
E-mail：nanyang858@fjnysy.com
邮编：352100

24. 福建一春农业发展有限公司
地址：福建南平市延平区四鹤街道西溪路 65 号右幢 14 层
联系电话：0599-8466206
传真：0599-8463456
联系人：刘逢源
E-mail：yc@fjyichun.com
邮编：353000

25. 井冈山市傲新华富育种有限公司
地址：江西省井冈山市厦坪镇
联系电话：0796-6651441

传真：0796-6651441
E-mail：jgs _ huafu@163. com
邮编：343603

26. 加美（北京）育种科技有限公司（江西省原种猪场有限公司）
地址：江西南昌艾溪湖一路 569 号
联系电话：0791-88151935　400-886-8656
传真：0791-88108208
E-mail：jiamei@126. com
邮编：330096

27. 江西加大种猪有限公司
地址：江西南康市潭口镇江坝村
联系电话：0797-6521778
邮编：341400

28. 江西绿环种猪育种有限公司
地址：樟树市沿江路 1 号-15（香樟外滩 C 区 6 栋）
联系电话：0795-7311123
传真：0795-7311099
E-mail：379785305@qq. com
邮编：331299

华北地区

1. 河北安平浩源养殖有限公司
地址：河北安平县南王庄镇后辛庄村南
联系电话：0318-7625509
传真：0318-7625333
联系人：冯彦涛
E-mail：sales@aphaoyuan. com
邮编：053600

2. 河北吴氏润康牧业股份有限公司
地址：河北邯郸成安县大寨村南
联系电话：0310-2053985
传真：0310-2053989
联系人：臧全普
E-mail：hbwsrk@163.com
邮编：056700

3. 河北裕丰京安养殖有限公司
地址：河北省衡水市安平县东寨子村
联系电话：13503187005
传真：0318-7812113
联系人：闫恒普
E-mail：yhp7005@163.com
邮编：053600

4. 石家庄双鸽食品有限责任公司
地址：石家庄市胜利南街 307 号
联系电话：400-633-9009　0311-85210316
传真：0311-85210316
E-mail：shgshp@163.com
邮编：050000

西北地区

1. 陕西省原种猪场
地址：陕西省扶风县召公镇
联系电话：0917-5384998
传真：0917-5384989
联系人：张选应
E-mail：qsgs@sx-shiyang.com

邮编：722203

2. 陕西省安康市秦阳晨原种猪有限公司
地址：陕西安康市高新区科技路安康阳晨生物饲料科技有限公司
联系电话：15389519111　0915-3325524
联系人：李爱云
邮编：725029

3. 兰州正大食品有限公司
地址：兰州市皋兰县新兴路 155 号
联系电话：0931-5752088
传真：0931-5752088
E-mail：418537599@qq.com
邮编：730299

4. 新疆天康原种猪育种有限公司
地址：新疆昌吉市昌五路 96 号天康畜牧大厦
联系电话：0994-2209555
E-mail：xjtcsw@tcsw.com.cn
邮编：831100

华中地区

1. 河南省诸美种猪育种集团有限公司
地址：河南省正阳县 219 省道（正大路）吕河乡政府南 6.5 千米
联系电话：400-0396-187
传真：0396-8731187
联系人：肖锦红
E-mail：allbestgroup@126.com
邮编：463612

2. 河南省新大牧业有限公司

地址：三门峡义马市常村镇白矾岭村
联系电话：0398-5637299
传真：0398-5637299
联系人：杨森
E-mail：yangs@xindamuye. com
邮编：472300

3. 牧原食品股份有限公司
地址：河南省南阳市内乡县灌涨镇水田村
联系电话：0377-65230888
传真：0377-65230888
联系人：田方平
E-mail：mygfxsb1@163. com
邮编：474360

4. 河南黄泛区鑫欣牧业有限公司
地址：河南周口黄泛区农场
联系电话：0394-2566628
传真：0394-2566460
E-mail：chengfangcheng@263. net
邮编：466632

5. 河南太平种猪繁育有限公司
地址：河南原阳县城东三公里路北
联系电话：0373-7275668
传真：0373-7275000
E-mail：1602409901@qq. com
邮编：453500

6. 河南省谊发牧业有限责任公司
地址：河南鹤壁市浚县白寺乡前岗

联系电话：0392-5853058
传真：0392-5853137
联系人：赵建志
E-mail：yifamuye@126.com
邮编：456285

7. 湖北天种畜牧股份有限公司
地址：湖北武汉黄陂区三里镇银湖大道52号
联系电话：18986061688
传真：027-61917013
联系人：杨华威
E-mail：yhw@tianzhong.com.cn
邮编：430344

8. 湖北金林原种畜牧有限公司
地址：湖北武汉江夏区纸坊街文化路农村商业银行12楼
联系电话：027-87018289
传真：027-87011289
联系人：林万清
E-mail：whjinlin@163.com
邮编：430200

9. 湖北三湖畜牧有限公司
地址：湖北荆州江陵县三湖管理区天星街2号
联系电话：0716-4661350
传真：0716-4661352
联系人：何信龙
E-mail：hbshzx@163.com
邮编：434108

10. 武汉市江夏区金龙畜禽有限责任公司

地址：湖北武汉江夏区纸坊街文化路农村商业银行大楼14层
联系电话：027-81811179　027-81815911
传真：027-81828186
E-mail：whjinlong@whjinlong.com
邮编：430200

11. 湖北省桑梓湖种猪场
地址：湖北荆州沙市区桑梓湖
联系电话：0716-8399005
传真：0716-8399292
E-mail：hbszh1962@163.com
邮编：434010

12. 宜昌正大畜牧有限公司
地址：湖北宜都大堰农场
联系电话：0717-4800100
传真：0717-4800100
E-mail：yczdxmxxb@163.com
邮编：443302

13. 湖北龙王畜牧有限公司
地址：湖北京山县新市镇京空路1号
联系电话：0724-7323082
传真：0724-7321942
E-mail：hblongwangxm2008@sohu.com
邮编：431899

14. 湖北正嘉原种猪场有限公司（原湖北省原种猪场）
地址：湖北鄂州杜山镇
联系电话：18696253717
传真：0711-3601599

联系人：牛俊超
E-mail：512513350@qq. com
邮编：436096

15. 湖北浠水长流牧业有限公司
地址：湖北浠水县关口镇长流湾
联系电话：0713-4868666
传真：0713-4868248
E-mail：changliumuye@163. com
邮编：438215

16. 湖北金旭爵士种畜有限公司
地址：湖北省襄阳市襄州区峪山镇金寨村
联系电话：0710-2388558
传真：0710-2388555
E-mail：1418819430@qq. com
邮编：441108

17. 湖南天心种业有限公司
地址：湖南长沙望城区国家农业科技园
联系电话：0731-85607906　4000018810
传真：0731-85607903
E-mail：txzy_ljn@163. com
邮编：410004

18. 正虹原种猪场
地址：湖南岳阳市屈原行政区
联系电话：0730-5570475
传真：0730-5724383
联系人：贺赛美
E-mail：xmfgs@chinazhjt. com. cn

邮编：414418

19. 湖南佳和农牧有限公司汨罗分公司
地址：湖南岳阳汨罗市古伦乡盘石村
联系电话：400-8731-000
传真：0731-86846881
E-mail：hnjhnm@163. com
邮编：414400

20. 湖南鑫广安农牧股份有限公司
地址：湖南长沙星沙开元路17号湘商·世纪鑫城37楼
联系电话：0731-84067356
传真：0731-84067611
E-mail：hnxga@xganm. com
邮编：410100

21. 湖南新五丰湘潭原种猪场
地址：湖南湘潭县易俗河镇吴家巷工业园区
联系电话：13707328049
传真：0731-57803878
联系人：袁正佳
E-mail：xwf _ xiangtan@163. com
邮编：411228

22. 湖南美神育种有限公司
地址：湖南株洲市姚家坝乡沈家桥村
联系电话：0731-28591071
传真：0731-28591006
联系人：陈锋剑
E-mail：358921228@qq. com
邮编：412000

23. 伟鸿（湘潭）农牧科技有限公司
地址：湖南湘潭市岳塘区荷塘乡团山铺街 8 号办公楼
联系电话：0731-53580501
E-mail：583347157@qq. com
邮编：411102

华南地区

1. 中山市白石猪场有限公司
地址：广东中山三乡镇白石村
联系电话：0760-86681783
传真：0760-86689783
联系人：余丽明
E-mail：zsbsp@zsfco. com
邮编：528463

2. 广东华农温氏畜牧股份有限公司
地址：广东新兴县新城镇温氏科技园
联系电话：0766-2986839
传真：0766-2986024
E-mail：jcs@wens. com. cn
邮编：527400

3. 广东广三保养猪有限公司
地址：广东广州天河区华景路华晖街 2 号楼
联系电话：0203-8760070
传真：0203-8760059
联系人：谭德明
E-mail：dagsp@163. com
邮编：510630

4. 深圳市农牧实业有限公司
地址：广东深圳市罗湖区桃园路8号4楼
联系电话：0755-82424756
传真：0755-82404176
联系人：郑华
E-mail：sznm999@163.com
邮编：518023

5. 广东源丰农业有限公司
地址：广东阳江阳东县新洲镇东安村
联系电话：0662-6759986
传真：0662-6759555
联系人：孙奕南
E-mail：dgynsun@163.com
邮编：529938

6. 汕头市德兴种养实业有限公司
地址：广东汕头潮阳区海门镇湖边工业区
联系电话：13433363204
传真：0754-86612673
联系人：姚志祥
E-mail：xiang19860614@163.com
邮编：515132

7. 广东王将种猪有限公司
地址：广东阳江阳东县塘坪镇禾石村
联系电话：0662-6254688
传真：0662-6254638
联系人：叶肖学
E-mail：yettdd@163.com
邮编：529948

8. 肇庆市益信原种猪场有限公司
地址：广东省肇庆市封开县江口镇封川五村探塘埇
联系电话：0758-6689162
传真：0758-6712433
E-mail：yixin@zqyixin. com
邮编：526500

9. 惠州市广丰农牧有限公司
地址：广东惠州三栋镇大帽山
联系电话：0752-2592632
传真：0752-2596982
E-mail：gf20071112@126. com
邮编：516001

10. 东瑞食品集团有限公司
地址：广东省河源市东源县仙塘镇蝴蝶岭工业城
联系电话：0762-8729999
传真：0762-8729900
E-mail：gdruichang@126. com
邮编：517583

11. 广西柯新源（种猪）有限责任公司
地址：广西南宁邕武路 24 号广西畜牧研究所内
联系电话：13878899052
传真：0771-3338758
联系人：杨厚德
网址：http：//www. gxkxy. net
邮编：530001

12. 广西农垦永新畜牧集团有限公司良圻原种猪场

地址：广西南宁横县良圻农场
联系电话：0771-7350620
传真：0771-7350177
联系人：苏华
E-mail：yx.bgs@163.com
邮编：530317

13. 广西扬翔农牧有限责任公司
地址：广西贵港金港大道 844 号
联系电话：0775-6797697
传真：0775-4291208
E-mail：cqs126@126.com
邮编：537100

14. 广西桂宁种猪有限公司
地址：广西南宁青秀区仙葫大道西东门海鲜市场三楼
联系电话：13878105641
传真：0771-6757568
联系人：雷树桥
E-mail：gxpig@sina.com
邮编：530023

15. 桂林美冠原种猪育种有限责任公司
地址：广西桂林象山区二塘乡第二水产养殖场内
联系电话：0773-3863618
传真：0773-3863618
E-mail：mgyz888@163.com
邮编：541006

16. 海南罗牛山种猪育种有限公司
地址：海南海口美兰区江东新市工业园区富康达饲料场内 4 楼育

种中心

联系电话：13907569350

传真：0898-66532821

联系人：谢洪涛

E-mail：xiehongtao2008@sohu. com

邮编：571126

西南地区

1. 四川铁骑力士牧业科技有限公司

地址：四川绵阳现代农业科技示范园区

联系电话：0816-2821862

传真：0816-2821862

联系人：郑德兴

E-mail：tqlsmykj@126. com

邮编：621023

2. 四川省乐山牧源种畜科技有限公司

地址：四川乐山市井研县马踏镇石泉村 7 组

联系电话：0833-3862368

传真：0833-3716096

联系人：黄莉华

E-mail：huanglihua@lanyangrop. com

邮编：613100

3. 四川省天兆畜牧科技有限公司

地址：四川省南充市嘉陵区春江路 2 号

联系电话：18623453766

联系人：王映

E-mail：wying@tianzow. com

邮编：637500

4. 绵阳明兴农业科技开发有限公司
地址：四川绵阳市三台县花园镇八字老村
联系电话：0816-5962888
传真：0816-5963033
E-mail：mxny-2008@163.com
邮编：621102

5. 都江堰巨星猪业科技有限公司
地址：四川省成都市都江堰市胥家镇金胜村 11 组
联系电话：18982016099
传真：028-61049005
邮编：611833

6. 云南西南天佑牧业科技有限责任公司
地址：云南省五华区沙朗乡母格村半路街
联系电话：0871-8308359
E-mail：290194701@qq.com
邮编：650102

7. 云南惠嘉育种有限公司
地址：云南昆明安宁市
联系电话：0871-68681236
传真：0871-68686755
E-mail：zhsj2008@sina.com
邮编：650300

参考文献

程德君，于振洋 . 2003. 规模化养猪生产技术问答［M］. 北京：中国农业大学出版社 .

丁伯良 . 2004. 巧防巧治猪病［M］. 北京：中国农业出版社 .

丁伯良 . 2012. 猪繁殖障碍病防治技术 100 问［M］. 天津 . 天津科技翻译出版公司 .

董彝 . 2004. 实用猪病临床类症鉴别［M］. 北京：中国农业出版社 .

傅润亭，丁伯良 . 2007. 瘦肉型猪疾病防治问答［M］. 2 版 . 北京：中国农业出版社 .

甘孟候 . 2003. 科学养猪问答［M］. 3 版 . 北京：中国农业出版社 .

金岳 . 2004. 猪繁殖障碍病防治技术［M］. 北京：金盾出版社 .

李千军，高荣玲 . 2014. 规模化猪场生产与经营管理手册［M］. 北京：中国农业出版社 .

史秋梅 . 2009. 猪病诊治大全［M］. 2 版 . 北京：中国农业出版社 .

王英珍 . 2014. 种猪日程管理及应急技巧［M］. 北京：中国农业出版社 .

鄢明华 . 2006. 猪传染性疾病诊断与防治技术［M］. 北京：中国农业出版社 .

杨小燕 . 2004. 现代猪病诊断与防治［M］. 北京：中国农业出版社 .

张闯，张宝荣 . 2007. 猪标准化生产技术周记［M］. 哈尔滨：黑龙江科学技术出版社 .

张鹏举，程方程，李春群 . 2005. 瘦肉型种猪的生产与管理［M］. 北京：中国农业科学技术出版社 .

张永泰 . 1994. 高效养猪大全［M］. 北京：中国农业出版社 .

图书在版编目（CIP）数据

办好猪场关键技术有问必答/丁伯良，张克刚主编
.—北京：中国农业出版社，2017.1（2018.7重印）
（养殖致富攻略·一线专家答疑丛书）
ISBN 978-7-109-22563-3

Ⅰ.①办…　Ⅱ.①丁…②张…　Ⅲ.①养猪场－经营管理－问题解答　Ⅳ.①S828-44

中国版本图书馆CIP数据核字（2017）第007053号

中国农业出版社出版
（北京市朝阳区麦子店街18号楼）
（邮政编码 100125）
责任编辑　肖　邦

北京通州皇家印刷厂印刷　　新华书店北京发行所发行
2017年1月第1版　　2018年7月北京第11次印刷

开本：880mm×1230mm　1/32　　印张：9.25
字数：260千字
定价：28.00元